Uwe Westphal

Das große Buch der Gartenvögel

Gedruckt auf
100% Recyclingpapier

Uwe Westphal

Das große Buch der Gartenvögel

Unsere Vögel im Garten
erleben, fördern, schützen

Illustrationen von Christopher Schmidt

pala verlag

Inhalt

Gefiederte Nachbarn – eine Liebeserklärung

Vor rund einem halben Jahrhundert, als Schüler im zarten Alter von elf Jahren, nahm ich auf Anregung meiner Biologielehrerin und mit ihr gemeinsam zum ersten Mal an einer vogelkundlichen Exkursion teil, die von der örtlichen Volkshochschule veranstaltet wurde. Bis zu diesem Zeitpunkt interessierte ich mich nicht sonderlich für die Vogelwelt, doch diese Führung weckte meine Begeisterung. Schon bald schenkte Opa mir sein altes Fernglas. Damit erschloss sich mir eine neue Welt: Stundenlang beobachtete ich die Vögel im Garten meiner Eltern und in dessen direkter Umgebung. Im Laufe der Jahre kam ich dabei auf die stolze Zahl von rund 90 Vogelarten, Gäste und Überflieger inbegriffen.

Aus hohen Obstbäumen sang der Trauerschnäpper sein wehmütiges Lied und der Grünspecht durchlöcherte den blumenreichen Rasen auf der Suche nach Ameisen. Aus dem geheimnisvollen Dunkel des dichten Gebüschs an der Grenze zum Nachbargrundstück ertönten die silberhell perlenden Strophen des Rotkehlchens, mitunter begleitet vom Schlagen und Schluchzen einer Nachtigall. Sogar der seltene Wendehals machte den Garten zeitweilig zu seinem Revier. Zu Heckenbraunelle und Schwanzmeise, die direkt vor meinem Fenster brüteten, gesellten sich Gimpel, Goldhähnchen und Klappergrasmücke. Die alte Nachbarin, zu der ich als Kind so gerne ging, zeigte mir ein Zaunkönignest in der Hainbuchenhecke, und an lauen Frühlingsabenden schmetterte die Singdrossel ihre lauten Strophen aus den hohen Fichten.

Vieles davon gehört in der inzwischen dicht bebauten Siedlung mit überwiegend eintönigem Exotengrün der Vergangenheit an, manche Arten wie Eichelhäher und Ringeltaube sind dagegen heute viel häufiger zu sehen als in den Jahren meiner Kindheit und Jugend – eine spannende Entwicklung, die ich hautnah verfolgen durfte. Diese und viele weitere Beobachtungen und Erlebnisse haben mich und mein Leben geprägt, und umso glücklicher bin ich, dass ich als Miteigentümer eines großen Grundstücks in der westmecklenburgischen Schaalsee-Region mich auch weiterhin an gefiederten Nachbarn erfreuen darf. Darunter nicht wenige, die man anderenorts bereits vergeblich in vielen Gärten sucht, wie Gelbspötter und Gartenrotschwanz, Stieglitz und Bachstelze oder auch Grauschnäpper, Sumpfmeise und Feldsperling. Diese und viele weitere Arten profitierten von der jahrzehntelangen erzwungenen Abgeschiedenheit der Sperrzone entlang der ehemaligen innerdeutschen Grenze, die mittlerweile unter dem Schutz des Biosphärenreservats Schaalsee weitgehend nachhaltig bewirtschaftet wird.

Vieles, was ich mit den Vögeln im Garten erlebt habe und erlebe, ist in dieses Buch eingeflossen, sei es in anekdotischer Form oder atmosphärischer Beschreibung. Da mich Vogelstimmen seit meiner Kindheit faszinieren und man viele der gefiederten Gartenbewohner

Seltener Gast im Garten – der Wendehals

leichter hört als sieht, bin ich in den folgenden Kapiteln über die Vogelarten auch darauf mehr oder weniger intensiv und kreativ eingegangen. Nah verwandte Arten oder solche mit ähnlicher Lebensweise werden vergleichend vorgestellt, ansonsten ist die Reihenfolge dieser Kapitel eine bunte, subjektiv zusammengestellte Mischung.

Wie auch immer: Ich hoffe, dass ich ein wenig von der Freude und Begeisterung vermitteln kann, die mich bei der Beschäftigung mit Vögeln im Allgemeinen und mit Gartenvögeln im Besonderen stets aufs Neue erfüllen. Nicht umsonst bezeichnet man die Vogelkunde auch als *scientia amabilis,* als eine liebenswerte Wissenschaft. Mögen sachliche Informationen und Empathie die vorgestellten Vögel zwischen den Buchseiten lebendig werden lassen und dabei helfen, sie und ihr verborgenes, aufregendes Leben besser zu verstehen. Vor allem aber ist es mir ein Anliegen, die zahlreichen Möglichkeiten aufzuzeigen, wie man unseren Gartenvögeln helfen kann und sollte, wie man sie schützen und anlocken kann. Neben klassischen Maßnahmen wie dem Angebot von Nistkästen oder der Zusatzfütterung spielt hierfür insbesondere eine naturgemäße Gestaltung des eigenen Umfelds eine entscheidende Rolle. Wer keinen Garten besitzt, wird die meisten der im Folgenden ausführlich vorgestellten Vogelarten sicherlich auch bei einem Spaziergang im Park oder sogar vom Balkon aus beobachten und belauschen können. In diesem Sinne: Auf eine gute Nachbarschaft mit Amsel, Zaunkönig und Co.!

Gartenvögel im Porträt

Die Amsel

Ein schwarzer Amselhahn hüpft über den kurz geschorenen Rasen im Garten, stochert eifrig nach Regenwürmern und lässt sich dabei von den menschlichen Gartennutzern kaum aus der Ruhe bringen. Für uns eine vertraute Begegnung – so alltäglich, dass wir uns heute kaum mehr vorstellen können, dass die Amsel noch vor 150 bis 200 Jahren eine scheue Waldbewohnerin war. Ihre ursprünglichen Lebensräume waren dichte, gern feuchte, unterholzreiche Wälder, wo man ihr auch heute noch regelmäßig begegnen kann. Dort legt sie ihr napfförmiges Nest meist bodennah bis halbhoch und gut verborgen an möglichst dunklen Stellen an, wo die schwarzen Männchen und die düster bräunlich gefärbten Weibchen und Jungvögel perfekt getarnt sind. Nur der leuchtend orangegelbe Schnabel und Augenring erwachsener Männchen stechen hervor und dürften eine optische Signalfunktion für die Vögel haben. Auch das für Singvögel außergewöhnlich gute Sehvermögen der Amsel in der Dämmerung ist sicherlich eine Anpassung an ihr Leben im Waldesdunkel. Heute besiedelt die Amsel ein breites Habitatspektrum, das von Hecken, Parks, Friedhöfen und Gärten bis ins Innere der Städte reicht.

Die vielleicht von Anfang an vorhandene, vielleicht auch erst erworbene Anpassungsfähigkeit ermöglichte es der Amsel, sich allmählich im Siedlungsraum des Menschen zu etablieren. Jedenfalls ging dieser Prozess, im Fachjargon als »Verstädterung« bezeichnet und inzwischen bei zahlreichen Vogelarten zu beobachten, offenbar nicht von einer lokalen, genetisch abweichenden Population mit hypothetischem Ursprungsgebiet aus, sondern erfolgte durch ökologische Umstellung und Anpassung auf breiter Basis. Erst Ende des 18. Jahrhunderts, verstärkt ab Beginn bis Mitte des 19. Jahrhunderts wurde die Amsel zunächst in Süddeutschland in Parks und Gärten beobachtet, so etwa um 1820 in Bamberg und 1850 in Stuttgart und Frankfurt. Die britische Hauptstadt London wurde dagegen erst in den 1930er-Jahren besiedelt. Ausschlaggebend für diese Entwicklung waren mehrere Faktoren: Zum einen haben Städte ein wärmeres Mikroklima als das Umland, was überwinternden Amseln half, besser durch den Winter zu kommen. (Die Amsel ist auch heute noch Teilzieher, vor allem die alten Männchen bleiben im Winter hier. Zusätzlich kommen dann auch nordische Amseln zu uns.) In der Stadt hatten die Amseln auch weniger unter menschlicher Verfolgung und natürlichen Feinden zu leiden als auf dem Lande. Vor allem

Federkleider und Altersstadien der Amsel: Weibchen an Vogelbeeren, leuzistische Amsel, erwachsenes Weibchen, älterer Jungvogel, eben flügger Jungvogel, junges Männchen, altes Männchen (v. o. im Uhrzeigersinn)

aber war es die zunehmend in Mode gekommene Anlage von Parks und Gärten, die einerseits Hecken und dichte Gebüsche zum Brüten boten, andererseits aber kurz gemähte Rasenflächen, auf denen Amseln bevorzugt nach Nahrung suchen.

Kurioserweise profitieren Amseln im Gegensatz zu den meisten anderen Vogelarten besonders von intensiv gepflegtem »Golfrasen«: Beim regelmäßigen Mähen fällt stets ein mehr oder weniger großer Anteil Grasschnitt auf den Boden – selbst bei Verwendung eines Fangkorbes am Rasenmäher. Dieser klein gehäckselte proteinreiche Grasschnitt wiederum ist bestes Futter für Regenwürmer, die Leibspeise der Amseln. Auch im und unter dem Falllaub, das man im Garten unter Büschen und Bäumen liegen lassen sollte, finden die Vögel so manchen Leckerbissen in Form von Insekten, Asseln oder Spinnen. Im Herbst und Winter stehen auch Beeren und andere Früchte wie etwa Fallobst auf ihrem Speiseplan.

Weil die meist kleinräumige Kammerung des Stadtgrüns mit Hecken und Gebüschen viele Brutmöglichkeiten und Reviergrenzen bietet und die Vögel auch ihre anfängliche Scheu vor dem Menschen abgelegt haben, kommt die Amsel in Gärten und Parks mittlerweile in weit höherer Dichte vor als in ihrem ursprünglichen Lebensraum. Das gilt allerdings nicht für alle Bereiche ihres ausgedehnten natürlichen Verbreitungsgebietes, das sich mit Ausnahme des hohen Nordens über ganz Europa bis nach Nordafrika und inselartig bis nach Südostasien erstreckt. In Südeuropa etwa ist die Amsel wegen der dort immer noch verbreiteten Jagd auf Singvögel ein scheuer Waldvogel geblieben, der den Menschen und seinen Siedlungsraum meidet, und auch in Osteuropa schreitet ihre Verstädterung nur zögerlich voran.

Doch auch hierzulande ist das Stadtleben nicht ohne Gefahren: So fordern etwa spiegelnde Fensterscheiben oder transparente Lärmschutzwände sowie der Straßenverkehr viele Opfer. Allerdings gibt es, wie die österreichische Vogelkundlerin Ruth Lidauer beim Vergleich von Wiener Stadtamseln mit Artgenossen in ländlichen Bereichen nachweisen konnte, unter den Städtern auch Vögel, die mehrfach verheilte Knochenbrüche aufwiesen und somit offensichtlich mehrere Unfälle überlebt hatten. Offenbar sind die Heilungschancen innerhalb des Stadtgebietes aufgrund des größeren Nahrungsangebotes und des geringeren Feinddrucks größer als auf dem Land.

Mitunter bringen sich Amseln durch die Wahl kurioser Nistplätze selbst in Gefahr: Während erfahrene Vögel meist Nistplätze in immergrünen Gehölzen oder dichter Efeuberankung anlegen, die ihren natürlichen Vorlieben entsprechen, wählen manche Amseln denkbar ungeeignete Orte: Ich habe es einmal erlebt, dass eine Amsel ihr Nest in der Dachrinne meines Elternhauses baute – direkt über der Öffnung des ins Erdreich führenden Regenfallrohres. Das merkten wir allerdings erst, als es im Fallrohr anhaltend kratzte und flatterte: Die Amsel war mitsamt Nest hineingerutscht und beide hatten sich kurz über dem Bodenniveau verfangen. Ein Wunder, dass sie den Lärm beim Aufmeißeln des metallenen Fallrohres lebend überstand – befreit, schoss sie hysterisch zeternd davon. Andere Neststandorte, etwa in Balkonkästen oder gänzlich frei auf Balken, auch in Schriftzügen von Leuchtreklame, sind zwar weniger gefährlich für die brütenden Altvögel, doch an solchen Orten hat ihr Nachwuchs kaum eine Chance, von Elstern unentdeckt zu bleiben. Auch Katzen stellen eine große Gefahr insbesondere für die Jungvögel dar. Denn Jungamseln verlassen das Nest im Alter von 13 bis 15 Tagen noch nahezu flugunfähig. Sie verteilen sich dann gut versteckt im Garten und minimieren so das Risiko, alle auf einmal erbeutet zu werden. Mit scharfen »tschizick-tschizizick«-Rufen teilen sie ihren Eltern mit, wo sie sitzen und dass sie Hunger haben. Solche Vögelchen sollte man unbedingt in Ruhe lassen – sie benötigen in aller Regel keine Hilfe (s. S. 259).

Die im Vergleich zu Waldamseln höhere Jungensterblichkeit machen Stadtamseln durch eine größere Anzahl an Bruten wett: Während Amseln im Wald meist zwei Jahresbruten aufziehen, sind es im Siedlungsraum mitunter drei, vier, ausnahmsweise gar fünf Bruten oder Brutversuche, bei denen trotz aller Verluste insgesamt genügend Jungvögel flügge werden – so viele, dass die Amsel in Deutschland zur häufigsten Stadtvogelart und zu einer der häufigsten Brutvogelarten überhaupt wurde (s. S. 173). Allein in Hamburg leben etwa 70 000 Revierpaare. Haben sie die kritische Jungvogelzeit erst einmal überstanden, können Amseln durchaus ein Alter von zehn Jahren oder mehr erreichen, in menschlicher Obhut sogar von bis zu 20 Jahren. Normalerweise kann man das im Freiland nur durch Beringung nachweisen, doch gibt es mitunter Exemplare, die durch einzelne weiße Federn oder ein weißes Scheckenmuster (partieller Leuzismus) individuell kenntlich sind. Selten sind rein weiße Amseln. Solche farblichen Abweichungen sind entweder genetisch bedingt oder eine Folge von Mangelernährung während der Mauser. Sie sind in der Stadt deutlich häufiger zu beobachten als im Wald, wo die natürliche Auslese durch Feinde wie Habicht, Sperber oder Marder offenbar stärker wirkt als im Siedlungsraum. Eine neuartige Erscheinung ist das Auftreten abweichend gefärbter Amseln indes nicht: Bereits in der vorchristlichen Antike beschrieb der griechische Philosoph Aristoteles (384–322 v. Chr.) dieses Phänomen.

Auffallend ist vor allem aber der laute, volltönend melodiöse Gesang der Amsel, der auch ornithologischen Laien vertraut sein dürfte. Bei milder Witterung bereits ab Februar, in Städten, angeregt durch die künstliche Beleuchtung, mitunter noch früher, und bis zum Ende der Brutzeit Mitte Juli lassen die Amselhähne ihren Reviergesang von einer erhöhten Warte aus erklingen. Das Amselkonzert beginnt in den frühen Morgenstunden etwa eine Stunde vor Sonnenaufgang. Zu dieser Zeit bilden die für 20 bis 30 Minuten nahezu ununterbrochen vorgetragenen Flötenstrophen einen regelrechten Klangteppich, aus dem die Gesänge einzelner Amselhähne kaum herauszuhören sind. Das gelingt viel besser in den Abendstunden, dem zweiten Schwerpunkt der Gesangsaktivität. Die Pausen zwischen den einzelnen Strophen sind dann länger und es singen offenbar auch nicht alle Amseln der Gegend gleichzeitig, sodass man abends die einzelnen Gesangsdarbietungen besser unterscheiden kann.

Eine Amselstrophe besteht aus einem Motivteil aus melodischen Flötentönen und einem mehr zwitschernden oder »schnirkenden«, geräuschhaften Anhängsel. Amseln gelten hinsichtlich der Erfindung, Anzahl, Kombination und Variation von mehr oder weniger komplexen, aus einzelnen Elementen zusammengesetzten Motiven als besonders kreativ und zählen zweifellos zu den besten Komponisten unter den heimischen Vögeln. Meist hat ein Amselhahn einige Lieblingsmotive, die er bevorzugt hören lässt und an denen man ihn als einzelnes Individuum häufig gut erkennen kann. Auch die Amseln untereinander erkennen sich individuell am Gesang. Pfeift man als Mensch diese Motive nach, antworten die Vögel oft mit sogenanntem »Kontergesang«. Darunter versteht man das wechselseitige Antworten zweier benachbarter Amselmännchen auf die Strophe des anderen. Dabei greifen die Vögel die Anfangsmotive des jeweils anderen Sängers auf und erwidern mit möglichst ähnlicher Strophe. Manchmal übernehmen Amseln sogar Menschenpfiffe, die etwa Hunden gelten, oder technische Geräusche wie bestimmte Handyklingeltöne in ihren Gesang und geben diese neuen Motive an ihre Nachkommen weiter. Für unsere Ohren kommt der komplexe Amselgesang menschlichen Vorstellungen von Musik nahe, und in der Tat wurde er wiederholt unter musikwissenschaftlichen Gesichtspunkten behandelt. Besonders intensiv hat sich der deutsche Komponist und Dirigent Heinz Tiessen (1887–1971) in seinem Buch »Musik der Natur« mit dem Gesang der Amsel befasst, die er für den »musikalisch höchststehenden Singvogel Mitteleuropas« hielt und von dem er schwärmte: »Die Spannweite des tonlichen Ausdrucks [...] reicht vom Schlichtesten bis zum Differenziertesten, von reinen Dreiklangmotiven und diatonischen Intervallen in ausgeprägten Tonarten bis zur Chromatik und darüber hinaus bis ins tonartlich wie harmonisch Unfassbare hinein.«

So schön und melodisch der Gesang der Amsel auch sein mag, so misstönend klingen für unsere Ohren viele ihrer sonstigen Lautäußerungen, insbesondere ihre Warnlaute bei Gefahr. Erscheint zum Beispiel eine Katze, so wird das Artgenossen und anderen Vögeln durch das sogenannte »Ducken« angezeigt, eine Folge von »duck«- oder »djück«-Lauten, das sich mit zunehmender Erregung zum zeternden »dackderrigigigi duck duck« steigern kann. Bekannt ist auch das »Tixen«, ein anhaltendes, nervtötendes »tix tix tix ...«, das nicht nur gegen Feinde oder rivalisierende Artgenossen gerichtet wird, sondern auch ertönt, bevor die Amseln schlafen gehen. Warum sie ihre bevorstehende Nachtruhe derart auffällig und misstönend kundtun müssen, hat sich mir bisher nicht erschlossen. Ob damit vielleicht potenzielle Feinde wie Fuchs oder Katz' quasi vorbeugend demotiviert werden sollen? Ich weiß es nicht. Ich empfinde es nur immer als sehr störend, wenn ich zum Sonnenuntergang die Gesänge von Singdrossel und Rotkehlchen genießen möchte und die Amseln, nachdem sie kurz zuvor noch das Abendkonzert höchst melodisch bereichert hatten, die romantische Stimmung »zertixen«.

Rufe und Gesänge – die Lautäußerungen der Vögel

Vögel verfügen über ein breites Repertoire verschiedener Rufe mit unterschiedlicher Funktion. Sie werden in bestimmten Situationen geäußert, zum Beispiel als Warnrufe oder sogenannte Stimmfühlungslaute, mit denen die Vögel untereinander Kontakt halten. Es gibt spezielle Rufe, mit denen sich Brutpartner begrüßen oder zur Paarung auffordern, Drohlaute in unterschiedlicher Intensität, Angstschreie und verschiedene Laute zur Verständigung zwischen Jungvögeln und ihren Eltern, um nur die wichtigsten zu nennen.

In der Regel komplexer aufgebaut als die meist einfachen Rufe sind Gesänge. Sie haben im Wesentlichen zwei Funktionen: Sie dienen der Revierverteidigung und dem Anlocken von Weibchen. Mitunter gibt es hierfür unterschiedliche Ausprägungen: Werbegesang und Kampfgesang. Gesänge sind in der Regel nur von den Männchen zur Brutzeit zu hören. Vor allem außerhalb der Brutzeit singen allerdings bei einigen Arten auch die Weibchen, häufig weniger gut und intensiv als ihre männlichen Artgenossen. Einfach strukturierte Gesänge, die mehr einer Aneinanderreihung von Rufen ähneln, bezeichnet man als »Rufgesänge«, zum Beispiel beim Kuckuck oder bei der Bachstelze.

Gesänge sind nicht allein Singvögeln vorbehalten: Auch das Gurren einer Taube oder das Heulen des Waldkauzes sind im wissenschaftlichen Sinne als Gesänge zu werten. Manche Schnepfenvögel wie der Brachvogel verfügen sogar über sehr melodische Gesänge. Das gilt auch für viele Singvögel wie die Amsel – aber beileibe nicht für alle: Elstern oder Spatzen etwa sind aus menschlicher Sicht keine begnadeten Sänger, zählen aufgrund bestimmter anatomischer Merkmale des vogelspezifischen Stimmapparates, der Syrinx, aber dennoch zur Gruppe der Singvögel. Die Unterscheidung zwischen Singvogel und Nichtsingvogel, diesen beiden großen Gruppen innerhalb der Klasse der Vögel, wird also nicht anhand der Gesänge, sondern aufgrund anatomischer Besonderheiten vorgenommen.

Neben den Stimmlauten gibt es bei einigen Arten auch noch sogenannte Instrumentallaute, etwa das Trommeln des Buntspechts oder das Flügelklatschen einer Ringeltaube bei der Balz.

Die Singdrossel und Verwandte

Bei meinen Veranstaltungen pflege ich gerne das Publikum zu fragen, welches denn der Unterschied zwischen einer Amsel und einer Drossel sei. Immerhin beginnt ein bekanntes Kinderlied mit der Zeile »Amsel, Drossel, Fink und Star ...«, und in der ebenso bekannten »Vogelhochzeit« heißt es: »Die Drossel war der Bräutigam, die Amsel war die Braute.« Erstaunlicherweise wissen nur wenige über die genauen Verwandtschaftsbeziehungen Bescheid. Man kann es so ausdrücken: Jede Amsel ist eine Drossel, aber nicht jede Drossel eine Amsel. Die Drosseln bilden innerhalb der Singvögel eine Gruppe nah verwandter Arten, die Familie der *Turdidae,* zu der neben anderen, wie Singdrossel oder Misteldrossel, auch die Amsel zählt. Wegen der schwarzen Gefiederfärbung der Männchen wird Letztere auch Schwarzdrossel genannt. Im Gegensatz zu allen anderen heimischen Drosselarten sind die Geschlechter bei der Amsel jedoch unterschiedlich gefärbt (s. S. 11), sodass nicht wenige Menschen sie für verschiedene Arten halten.

Singdrossel

Die bekannteste Drosselart ist neben der Amsel die **Singdrossel,** etwas kleiner als diese und durch ein dunkles Tropfenmuster auf der hellen Unterseite gekennzeichnet. Ihr Name ist sozusagen Programm: Von allen heimischen Drosselarten hat die Singdrossel das umfangreichste Repertoire an höchst unterschiedlichen Motiven. Trotzdem ist ihr sehr lauter Gesang, der von hoher Warte aus ertönt, sehr leicht und eindeutig zuzuordnen: Die einzelnen Motive aus flötenden, zwitschernden, schnarrenden und schnirkenden Lauten – etwa wie »tülip tülip tülip – tschidi-trü tschidi-trü tschidi-trü …« werden stets drei- bis fünfmal wiederholt, bevor eine neue Strophe vorgetragen wird. Die Rhythmik des Gesanges lässt sich recht gut mit entsprechenden Merksprüchen wiedergeben, etwa: »Davíd, Davíd, Davíd – du Kúhdieb, du Kúhdieb, du Kúhdieb ...« Oder auch: »Dürre Ficht', dürre Ficht', dürre Ficht' – hack se ab, hack se ab, hack se ab, hack se ab! – Gib' gut acht, gib' gut acht, gib' gut acht! – Förster kimmt, Förster kimmt, Förster kimmt, Förster kimmt!« Abgesehen von der charakteristischen Rhythmik klingt der Gesang der Singdrossel härter, »geräuschhafter« und weniger volltönend flötend als der feierlich getragene Gesang der Amsel. Gern baut die Singdrossel auch Laute anderer Vogelarten in ihre Strophen ein. So hörte ich einmal von einer Singdrossel, deren Revier in einer Weihnachtsbaumkultur am Rande einer Feuchtwiesenlandschaft lag, Rufe und Gesangsausschnitte typischer Wiesenvögel wie Brachvogel, Uferschnepfe und Rotschenkel, von einem anderen Exemplar im Wald die Sozialrufe (»mjock«) des Schwarzspechts. Auch zahlreiche andere Vogelarten – vom Mäusebussard über Kuckuck und Nachtigall bis hin zu Stieglitz und Buchfink – kann die Singdrossel imitieren. Neben dem auffallenden, lauten Reviergesang ist zur Zeit der Paarbildung ab etwa Mitte März auch ein leiser, nur aus der Nähe hörbarer und weniger flötender Werbegesang zu hören. Hat sich ein Singdrosselpaar gefunden, lässt die Gesangsaktivität spätestens mit Beginn der Bebrütung des Geleges schnell nach. Erst in der Zeit kurz vor und nach dem Ausfliegen der Jungen steigt sie wieder merklich an, beschränkt sich aber zumeist auf jeweils recht kurze Zeiten in den frühen Morgenstunden sowie am späten Abend. Nur unverpaarte oder in der jeweiligen Brutsaison verwitwete Männchen singen ausdauernder.

Als typischer Waldvogel bevorzugt die Singdrossel auch im Siedlungsbereich vor allem große Parkanlagen und Friedhöfe mit alten Bäumen und dichtem Unterwuchs mit eher schattigem Charakter. Doch auch in größeren Gärten mit entsprechendem Umfeld kommt sie regelmäßig vor, etwa in Waldsiedlungen oder in Vierteln mit großzügigen Parkgrundstücken. Insgesamt ist die Singdrossel in der Stadt viel stärker als die Amsel an die »grünen« Außenbezirke gebunden, dicht bebaute Bereiche meidet sie. Ihr stabiles, napfförmiges Nest legt sie gern in Nadelgehölzen wie Fichte und Tanne an. Außen besteht es aus kleineren Zweigen, vermischt mit Gräsern, Moos, dürren Blättern und anderem Pflanzenmaterial, innen wird die Nestmulde mit feuchtem Lehm und mit Speichel vermengtem Holzmulm ausgekleidet. Daran kann man das Nest einer Singdrossel gut von dem einer Amsel unterscheiden, die zwar auch Lehm und feuchte Erde verbaut, aber diese Schichten zusätzlich mit weichem Polstermaterial überdeckt. Singdrosselnester sind durch diese Bauweise recht stabile Gebilde und werden daher nicht selten mehrfach genutzt.

Anders als die Amsel ist die Singdrossel zur Nahrungssuche nicht so sehr auf offene, kurzrasige Flächen angewiesen, sondern sucht eher im schattigen Unterholz nach Regenwürmern, Käfern und anderen Insekten. Bevorzugt erbeutet sie auch Gehäuseschnecken bis zur Größe einer kleineren Weinbergschnecke. Ist die Schnecke zu groß, um sie in Gänze zu verschlucken, oder das Gehäuse zu stabil, um es aufzuhacken, wendet die Singdrossel eine ganz besondere Methode an, die man durchaus als gezielten Werkzeuggebrauch bezeichnen kann: Sie sucht sich einen flachen Stein als Amboss und schlägt das Schneckenhaus mit dem Schnabel so lange auf diesen, bis es zerbricht und sie den Weichkörper herausziehen kann. Oft benutzt ein Vogel einen solchen Stein oder wenige Steine über längere Zeit als »Drosselschmiede«, sodass sich zertrümmerte Schneckengehäuse und Bruchstücke daneben anhäufen. Diese Technik beherrscht unter den heimischen Drosselarten nur die Singdrossel. Mitunter wird sie aber um den Lohn ihrer Mühe gebracht: Manche Amseln lauern ihr an der Schmiede auf und jagen der Drossel den Leckerbissen ab, sobald sie auf diese Weise das Schneckenhaus geöffnet hat. Auch habe ich schon gelegentlich beobachtet, dass eine Amsel im Sturzflug angeschossen kam, sobald ihre kleinere Verwandte einen Regenwurm aus der Erde gezerrt hatte, und ihr die Beute streitig machte. Meist jedoch suchen Amseln und Singdrosseln einträchtig nebeneinander am Boden nach Nahrung.

Der Singdrossel im Aussehen ähnlich, aber deutlich größer, mit mehr grauer als brauner Oberseite und gröberer Fleckung an Hals, Bauch und Flanken, ist die **Misteldrossel.** Diese größte heimische Drosselart ist eine Bewohnerin aufgelockerter Wälder und Feldgehölze und besiedelt ähnliche Bereiche auch in Dörfern und Städten. Am Boden sieht man sie häufig in hoch aufgerichteter Körperhaltung, wenn der zumeist recht scheue Vogel aufmerksam seine Umgebung auf mögliche Gefahren prüft. Durch diese Haltung und ihre bedeutende Größe macht die Misteldrossel auf mich immer einen »aristokratischen« Eindruck. Ursprünglich wie alle Drosseln ein Zugvogel, der die kalte Jahreszeit im südwestlichen Mittelmeerraum verbringt, überwintern inzwischen viele Misteldrosseln bei uns, sodass man ihren etwas leiernden, weit tragenden Flötengesang, der wie der einer »stümperhaften«, ungeübten Amsel klingt, bereits ab Februar hört, bei milden Temperaturen mitunter sogar schon gegen Ende Dezember. Der Name »Misteldrossel« nimmt Bezug auf ihre (ursprünglich) bevorzugte Winternahrung, die Beeren von Mistelgewächsen, die als immergrüne Halbschmarotzerpflanzen auf verschiedenen Baumarten wachsen. Im Vogelmagen wird nur ein Teil der schleimigen Frucht verdaut, sodass die darin enthaltenen Mistelsamen mit einem Rest des fadenziehend-klebrigen Fruchtfleisches ausgeschieden werden. Lässt der Vogel seinen Kot auf einen Ast fallen, bleiben die Samen dort kleben, können auskeimen und zu neuen Misteln heranwachsen.

Wegen ihrer klebrigen Konsistenz verwendeten schon die alten Römer Mistelbeeren, um Leim zum Vogelfang herzustellen: Auf Äste gestrichen und von angebundenen oder gekäfigten Lockvögeln ins Verderben gelockt, blieben Drosseln und andere kleinere Singvögel an der klebrigen Paste hängen und konnten so leicht eingesammelt werden – eine Methode, die sich auch in Deutschland teilweise bis in die Neuzeit hielt und im Mittelmeerraum noch immer Zigtausende Opfer fordert (durch den Einsatz von Fangnetzen noch weitaus mehr). Da die Misteldrossel die Verbreitung ausgerechnet der Pflanzen fördert, aus deren Früchten der Vogelleim gewonnen wurde, spotteten die Römer seinerzeit: »Turdus ipse sibi cacat malum« – frei übersetzt: Die Drossel kackt sich selbst ihr Verderben.

Besonders begehrt bei den hiesigen Vogelfängern war die **Wacholderdrossel,** damals unter dem Namen »Krammetsvogel« allgemein bekannt. Der Name ist abgeleitet von dem früher in manchen Gegenden gebräuchlichen Wort »Krammet« für den Wacholder, dessen blauschwarze Beeren bei den Drosseln – wie auch bei vielen anderen Vogelarten – als Nahrung sehr beliebt sind und ihrem Fleisch ein besonderes, bitterwürziges Aroma verleihen. Kein Kochbuch, das auf sich hielt, kam früher ohne Rezepte zur Zubereitung der fetten Krammetsvögel aus. Fett waren sie besonders im Herbst, wenn Brutvögel aus Skandinavien und Osteuropa in Deutschland eintrafen, die sich vorher ein Fettpolster für den Flug in ihre Winterquartiere angefuttert hatten. Ein Teil der Vögel verbringt den Winter hierzulande, andere ziehen weiter nach Frankreich oder auf die Iberische Halbinsel. Wacholderdrosseln

Wirkt wie eine große Singdrossel – die Misteldrossel

schließen sich dabei häufig zu großen Schwärmen zusammen, die Hunderte oder Tausende von Vögeln umfassen können. Meist suchen sie auf Wiesen und Weiden nach Regenwürmern und Insekten, laben sich in Obstplantagen an übrig gebliebenen Früchten oder suchen in Feldhecken nach Beeren. Sind diese Nahrungsquellen ausgebeutet oder verhindern Schnee und Eis die Nahrungssuche am Boden, dringen die Wacholderdrosseln einzeln oder in kleineren Gruppen in Dörfer und Städte vor. Dort tun sie sich an Falläpfeln gütlich oder ernten, nicht selten vergesellschaftet mit nordischen **Rotdrosseln** (s. Abb. auf S. 202), die reifen Früchte von Eberesche, Mehlbeere, Weißdorn und anderen beerentragenden Sträuchern. Mit ihrem blaugrauen Kopf, dem kastanienbraunen Rücken, grauem Bürzel und dunklem Schwanz, dazu mit drosseltypischer Fleckung auf der ockerfarbenen Brust, sind Wacholderdrosseln die buntesten Vertreter der bei uns vorkommenden Drosseln. Ihr Gesang ist allerdings nicht der Rede wert, laut einem meiner Vogelbestimmungsbücher (Kightley, Madge & Nurney) »ein enttäuschendes Geschwätz unmusikalischer Quietscher und Krächzer«. Am häufigsten hört man ein elsternartiges Schackern im Fluge.

Wacholderdrosseln treten bei uns aber nicht nur als Durchzügler und Wintergäste auf, sondern brüten hier auch. Die Schwerpunkte der Brutverbreitung liegen in den Mittelgebirgsregionen und im Alpenvorland. Das norddeutsche Tiefland ist hingegen nur spärlich besiedelt. In Deutschland ist die Wacholderdrossel eine Bewohnerin halboffener Landschaften, man findet sie dort vor allem in Feldgehölzen oder an Waldrändern in der Nachbarschaft zu feuchtem Grünland oder Ackerflächen. Seltener brütet sie am Rande von Städten und Dörfern. Ganz anders in Osteuropa und in weiten Teilen Skandinaviens und Finnlands: Dort ist der Prozess der Verstädterung (s. S. 171) schon viel weiter fortgeschritten als bei uns, und die Wacholderdrossel ersetzt dort vielfach die Amsel. Ihre Nester bauen die geselligen Vögel ungeniert offen und vielfach gut sichtbar auf hohen Bäumen. Dennoch sind sie Feinden nur scheinbar ungeschützt ausgesetzt, denn Wacholderdrosseln sind wehrhaft und brüten gern – einzigartig unter den heimischen Drosselarten – in Gruppen oder kleinen Kolonien, die ausnahmsweise mehrere Dutzend Paare umfassen können. Kommt eine Krähe oder ein Greifvogel den Nestern zu nahe, attackieren die Vogeleltern den potenziellen Feind mit schneidigen Angriffsflügen. Das tun andere Drosseln zwar auch, besonders die große, mutige Misteldrossel, aber als Gemeinschaft sind Wacholderdrosseln noch deutlich effektiver bei der Feindabwehr. Ein Angreifer wird dabei nicht von allen Vögeln gleichzeitig attackiert, sondern quasi von einem zum nächsten Verteidigerpaar »weitergereicht«. Falls das nicht ausreicht, um einem hungrigen Greifvogel den Appetit zu vergällen, folgt die nächste Stufe der Flugabwehr: Die Drosseln attackieren ihren Widersacher mit gezielten Kotbomben. Das ist nicht nur unangenehm, sondern kann für den Angreifer auch üble Folgen haben: Es wurden schon Greifvögel tot oder völlig entkräftet aufgefunden, deren Gefieder von dem Drosselkot dermaßen verschmiert war, dass sie nicht mehr fliegen und demzufolge auch nicht mehr jagen konnten – für die Betroffenen eine im Wortsinne beschissene Situation.

Wann finden Vogelpaare zusammen?

Der genaue Zeitpunkt für eine Paarbildung bei Singvögeln lässt sich nicht immer genau ermitteln. Standvögel wie Spatzen verpaaren sich mitunter bereits im Herbst, spätestens im zeitigen Frühjahr. Bei Zugvögeln wie der Singdrossel findet die Paarbildung in der Regel kurz nach ihrer Ankunft in den Brutrevieren statt. Das kann im Süden Deutschlands früher sein als im Norden, wo Zugvögel naturgemäß etwas später eintreffen. Überwinterer verpaaren sich meist früher als ziehende Artgenossen, und auch das Wetter spielt mitunter eine Rolle für den genauen Zeitpunkt der Paarbildung. Darüber hinaus kann es für eine Zweitbrut auch zu einer Neuverpaarung kommen, zum Beispiel im Mai oder Juni. Eine jahrelange oder gar lebenslange Gattentreue, wie sie bei Kranichen, Gänsen oder Schwänen die Regel ist, stellt bei Singvögeln eine große Ausnahme dar.

Die Wacholderdrossel besucht vor allem im Winterhalbjahr größere Gärten mit Obstbäumen.

Das Rotkehlchen

Das Rotkehlchen ist ein häufiger und gern gesehener Brutvogel in unseren Gärten und Parks und allgemein bekannt. Aber Hand aufs Herz: Könnten Sie auf einer gezeichneten Silhouette eines Rotkehlchens die orangerot gefärbten Gefiederpartien des Vogels korrekt markieren? Falls nicht, können Sie sich mit den Ergebnissen eines Versuches trösten, den einst der Leiter eines vogelkundlichen Wochenendseminars den Teilnehmerinnen und Teilnehmern zum Abschluss als spielerische Aufgabe stellte: Nur eine einzige Person lag mit ihrer Zeichnung einigermaßen richtig. Denn anders als sein Name es nahelegt, ist nicht nur die Kehle des Rotkehlchens rot. Vielmehr ziert die auffällige Färbung bei beiden Geschlechtern auch die Brust und zieht sich über die vorderen Seiten von Hals und Kopf bis auf die Stirn. Sollten Sie tatsächlich einmal einem Vogel begegnen, bei dem die rostrote Färbung auf die Kehle und allenfalls den oberen Brustbereich beschränkt ist, handelt es sich um einen männlichen Zwergschnäpper, der in Gärten und Parks jedoch, wenn überhaupt, nur ganz ausnahmsweise einmal als seltener Gast auf dem Durchzug zu beobachten sein dürfte (s. Abb. auf S. 26). Jungen Rotkehlchen wiederum fehlt die Rotfärbung völlig, sie besitzen stattdessen ein dunkles Schuppenmuster auf der braungelb gefärbten Kehle und Brust.

Mit seiner oft pummelig aufgeplusterten Gestalt und dem runden Kopf mit hoher Stirn, kurzem, spitzem Schnabel und großen, dunklen Augen wirkt das Rotkehlchen auf uns unweigerlich niedlich. Es erfüllt mit diesen Merkmalen das »Kindchenschema«, das der Vater der modernen Verhaltensforschung, Konrad Lorenz, im Jahr 1943 erstmals beschrieb: Der Anblick junger Säugetiere und Kleinkinder, deren Gesichtsproportionen stets diesem Kindchenschema entsprechen, weckt bei den Elterntieren und bei erwachsenen Menschen einen starken Beschützerinstinkt und Brutpflegetrieb. Die Merkmale des Rotkehlchens erfüllen nur zufällig die Kriterien des Kindchenschemas, wirken auf uns Menschen aber ebenso als Schlüsselreiz. Hinzu kommt, dass das uns ohnehin sehr sympathisch erscheinende Vögelchen nur wenig Scheu zeigt – im Gegenteil: Wenn wir uns im Garten zu schaffen machen, insbesondere die Beete umgraben, kommt es schnell und scheinbar furchtlos ganz nah herangehüpft und pickt die Würmchen und Insektenlarven auf, die bei der Bodenbearbeitung zutage gefördert werden. Das hat allerdings nichts mit besonderer Zahmheit zu tun. Vielmehr ist das Rotkehlchen ein sogenannter »Großwildfolger«, das in seinem natürlichen Lebensraum, dem unterholzreichen Wald, ebenso einem den Boden umpflügenden Wildschwein folgt, um den einen oder anderen Leckerbissen zu erhaschen. Keine allzu angenehme Vorstellung: Für den kleinen Vogel ist der im Schweiße seines Angesichts grabende Gärtner vermutlich nichts anderes als die zweibeinige Version eines wühlenden Schweins ... Angewiesen ist das Rotkehlchen auf diese Hilfe allerdings nicht. Am häufigsten hüpft es am Boden und sucht dort zwischen der Laubstreu nach kleinen Insekten und Spinnen oder späht von einem niedrigen Ansitz aus nach Beute, auf die es

Beim Rotkehlchen sind beide Geschlechter gleich gefärbt.

dann blitzschnell herabstößt. Mitunter erhascht es fliegende Insekten im Sprung oder sogar im Fluge.

Offensichtlich gar nicht so selten betätigt sich das Rotkehlchen auch als erfolgreicher Fischer, der sich von einem Stein oder einem Stück Holz, mitunter aus kurzem Schwirrflug heraus, in flaches Wasser stürzt und auf diese Weise die fetten Larven von Libellen, Köcherfliegen oder anderen Wasserinsekten erbeutet. Es wurde sogar beobachtet, dass einzelne Vögel im flachen Wasser watend kleine Fische fingen. Ein besonders cleverer Vertreter entwickelte über einen Zeitraum von mehreren Wochen eine ganz eigene Technik des Fischfangs, die man, wäre sie nicht von einem geduldigen Naturfotografen ausführlich dokumentiert worden, getrost für »Ornithologen-Latein« halten könnte: Dieses Rotkehlchen beobachtete immer wieder einen Eisvogel bei seinen Sturztauchmanövern und versuchte schließlich selbst sein Glück auf diese Weise – allerdings vergeblich. Doch es gab nicht auf. Immer wieder beobachtete es, dass die Fischchen nach einer Eisvogel-Attacke jedes Mal ins flache Wasser flüchteten, dort konnte es sie im Stehen erwischen. Der nächste Schritt ließ dann nicht lange auf sich warten und machte das Rotkehlchen unabhängig vom Appetit des Eisvogels: Es flog im Schwirrflug über das tiefere Wasser und scheuchte die Fische durch seinen Schatten ins Flache, wo ihm reiche Beute sicher war – eine geniale Strategie und ein eindrucksvoller Beweis für die enorme Anpassungsfähigkeit und hohe Intelligenz des kleinen Vogels.

Diese konnte ich in einem ganz anderen Zusammenhang selbst beobachten: Eines Tages war ich mit einem Team des Norddeutschen Rundfunks, das einen Bericht über den Einfluss des Verkehrslärms auf die Gesangsaktivität von Stadtvögeln machen wollte, in Hamburg unterwegs. An einer regennassen Hauptverkehrsstraße, auf der auch viele laute LKW und Busse fuhren, gab es an einer Bushaltestelle eine Fußgängerampel mit Bedarfsschaltung. Bei fließendem Verkehr verstand man kaum sein eigenes Wort, Vögel hatten dort erst recht keine Chance – dachte ich zumindest. Bis jemand den Ampelknopf drückte und der Verkehr zum Stehen kam. In diesem Moment begann ein Rotkehlchen in einem benachbarten Gebüsch zu singen. Sobald die Fahrzeuge bei Grün wieder anrollten, verstummte der Gesang. Dieses wiederholte sich vorhersagbar im unregelmäßigen Wechsel der Ampelphasen, der Vogel sang sozusagen auf Knopfdruck.

Anderenorts verschieben städtische Rotkehlchen ihre Gesangsaktivitäten in die verkehrsärmeren und damit stilleren Nachtstunden. Dann klingen ihre variablen, silberhell perlenden Strophen oft so laut und klar, dass viele Menschen sie fälschlich für den Gesang einer Nachtigall halten. Überhaupt ist das Rotkehlchen ein sehr eifriger Sänger, der in unterschiedlicher Intensität fast das ganze Jahr über zu hören ist, am intensivsten in der Brutzeit zwischen Ende März und Juli. Bereits lange vor Sonnenaufgang verkündet es den anbrechenden Tag, und in der späten Abenddämmerung beschließt es nach der Amsel und der Singdrossel das Vogelkonzert in Garten und Park.

Niedliches Äußeres, lieblicher Gesang – auf uns Menschen macht das Rotkehlchen einen schutzbedürftigen, harmlosen und sanften Eindruck. Doch untereinander sind diese Vögel überaus streitbar und aggressiv. Die orangerote Färbung von Kehle und Brust, die beim Singen mit gesträubten Federn präsentiert wird, signalisiert Artgenossen unmissverständlich: »Dieses Revier ist besetzt!« Eindringlinge tun gut daran, diese optische und akustische Warnung zu beachten, anderenfalls kann es zu ernsten Auseinandersetzungen kommen. Innerartliche Kämpfe werden häufig mit großer Intensität geführt – gelegentlich sogar bis zum Tode eines der Kontrahenten. In einem Experiment wurde ein ausgestopftes Rotkehlchen, das Forscher im Revier eines lebenden Artgenossen platziert hatten, regelrecht zerfetzt. Da die Geschlechter äußerlich nicht zu unterscheiden sind und sich die Weibchen ebenso aggressiv gebärden wie die Männchen, ist auch die Paarbildung nicht ganz einfach. Sie ist anfangs mit wilden Verfolgungsflügen verbunden, bis sich die Geschlechter an unterschiedlichem Verhalten erkennen und ihre Aggressivität gegeneinander allmählich nachlässt. Im Herbst gründen die Weibchen eigene Reviere, die sie mit Gesang verteidigen – selbst gegen die Männchen, mit denen sie zuvor noch gemeinsam Junge aufgezogen hatten. Doch nicht alle Rotkehlchen bleiben im Winter hier: Ein Teil der Population verbringt den Winter im Mittelmeerraum, dafür überwintern nordische Artgenossen in unseren Gefilden. Ansehen können wir den Vögeln ihre Herkunft nicht, wenn sie in der kalten Jahreszeit ans Futterhaus kommen und sich am Boden an heruntergefallenem Fettfutter oder an den angebotenen Haferflocken bedienen. Auch Beeren verschiedener Sträucher stehen dann auf dem Speiseplan. Besonders beliebt sind die rot-orange-farbigen Früchte des Pfaffenhütchens, die daher im Volksmund auch als »Rotkehlchenbrot« bekannt sind.

Im März kehren diejenigen Rotkehlchen, die den Winter im wärmeren Süden verbrachten, zurück und beginnen ebenso wie die Hiergebliebenen bald darauf mit dem Brutgeschäft. Hinsichtlich der Neststandorte erweisen sich die Vögel als ebenso anpassungsfähig und flexibel wie bei ihrem Nahrungserwerb: Das napfförmige Nest wird meist gut versteckt am Boden oder kurz darüber in Holzstapeln, Reisighaufen, zwischen Wurzelwerk oder in dichtem Brombeergestrüpp angelegt, aber auch in umgefallenen Gießkannen und Eimern, in Briefkästen und alten Schuhen. Künstliche Nistkästen, besonders Halbhöhlen, werden ebenfalls angenommen.

Auf der Terrasse meines Elternhauses brütete einmal ein Rotkehlchen-Paar in einer an der Hauswand befestigten schmiedeeisernen Konstruktion zwischen den Geranientöpfen. Es ließ sich auch nicht stören, wenn wir direkt daneben beim Kaffeetrinken saßen. Als die Jungen geschlüpft waren und gefüttert wurden, herrschte reger Flugverkehr um unsere Köpfe – allerdings nur solange wir die Vögel nicht beachteten. Sobald wir sie genauer beobachten wollten, ließen sie – mit einer Ladung Raupen im Schnabel – aus sicherer Entfernung ihr warnendes »Schnickern« hören und trauten sich nicht ans Nest. Erst wenn wir uns wieder dem Kuchen auf unseren Tellern zuwandten, huschten sie schnell hinein und waren ebenso schnell wieder fort. Drei junge Rotkehlchen wurden damals flügge – ein Vertrauensbeweis der besonderen Art.

Bei flüchtiger Betrachtung mit einem Rotkehlchen zu verwechseln – ein männlicher Zwergschnäpper

Die Heckenbraunelle

Die Heckenbraunelle ist regelmäßig in unseren Gärten und Parks anzutreffen – allerdings nicht überall gleich häufig. Ihr Verbreitungsschwerpunkt liegt im atlantischen Klimabereich, wo es überwiegend feucht und kühl gemäßigt ist. Man könnte auch salopp sagen, sie liebt das berühmt-berüchtigte Hamburger »Schmuddelwetter«. Im Hamburger Grün ist sie denn auch weitaus zahlreicher vertreten als etwa im kontinental getönten Berlin, das sie erst ab Mitte der 1950er-Jahre besiedelte. Dort ist es im Vergleich zum Nordwesten der Bundesrepublik deutlich wärmer und trockener – mit der Folge, dass wärmeliebende Vogelarten wie die Nachtigall wiederum in der Hauptstadt ungleich zahlreicher vertreten sind als etwa im Stadtgebiet von Hamburg oder Bremen.

Doch selbst wo die Heckenbraunelle häufig vorkommt, wird sie regelmäßig übersehen. Denn sie verhält sich unauffällig und ähnelt mit ihrem schlichten, bräunlichen Federkleid bei oberflächlicher Betrachtung einem weiblichen Haussperling. Im Englischen trägt sie daher neben der offiziellen Artbezeichnung »dunnock« auch den umgangssprachlichen Namen »hedge sparrow«, also »Heckensperling«. Ein genauerer Blick offenbart jedoch die Unterschiede: Von Spatzen unterscheidet sich die Heckenbraunelle durch eine blaugraue Färbung von Kopf und Brust sowie rötliche Augen, vor allem aber durch die Schnabelform, die auf andere Ernährungsgewohnheiten hinweist: schlank und spitz bei der Heckenbraunelle, wie es für Insektenfresser typisch ist, gedrungen und kräftig bei den Spatzen, die sich überwiegend von Körnern und Sämereien ernähren.

Letztere stehen allerdings auch bei der Heckenbraunelle in sehr erheblichem Maße auf dem Speiseplan, vor allem im Winter. Besonders geschätzt werden sehr kleine, feine Samen, die unzerkleinert geschluckt werden, etwa von Mohn, Vogelmiere und Vogelknöterich sowie von manchen Gräsern. Auch Erlensamen werden gern gefressen, aber keine Beeren. In der warmen Jahreszeit sucht der Vogel am Boden nach kleinen Insekten und anderen Wirbellosen. Als Anpassung an den zeitweise hohen Anteil pflanzlicher Nahrung besitzt die Heckenbraunelle einen Kropf und einen muskulösen Magen, in dem sie mithilfe aufgepickter Steinchen die Samen zerquetschen kann – genau wie Finken oder Spatzen.

Wegen dieser bemerkenswerten Zwischenstellung zwischen Insektenjäger und Körnerfresser rätselten Vogelkundler lange über die genaue verwandtschaftliche Stellung der Heckenbraunelle innerhalb des zoologischen Systems der Singvögel. Molekulargenetische Untersuchungen zeigten schließlich, dass sie einer eigenen Gruppe angehört, der Familie der Braunellen *(Prunellidae)*, die mit den Spatzen nah verwandt ist und weltweit nur ein Dutzend Arten umfasst.

Besonders gern bewohnt die Heckenbraunelle halbdunkle bis dunkle Gehölzdickichte, etwa Fichtenschonungen, durchsetzt mit kleinen, offenen Flächen mit niedriger Gras- oder Staudenvegetation. Interessanterweise hat das vorherrschende Klima einen Einfluss auf die Habitatwahl des Vogels: Im kühl-feuchten Küstenklima erweitert sich das Lebensraumspektrum. Dort begegnet man der Heckenbraunelle auch in Knicks und Feldhecken, Weidendickichten an Gräben und an sonstigen gebüschreichen Orten. In Gärten und Parks findet sie geeignete Brutmöglichkeiten zum Beispiel in den häufig gepflanzten Thuja-Hecken oder buschig wachsenden Nadelgehölzen. Vor allem im Nordwesten Deutschlands ist sie eine Charakterart aufgelockerter Wohnsiedlungen mit Ziergärten, in denen immergrüne Büsche, Hecken und Bodendecker dominieren. Besonders auffällig und weit fortgeschritten ist der Verstädterungsprozess (s. S. 171) bei der Heckenbraunelle in Holland und vor allem in England. Dort ist sie in manchen Gegenden im Siedlungsraum inzwischen die zweithäufigste Vogelart nach der Amsel, noch vor Buchfink und Rotkehlchen, die in unseren Gärten und Grünanlagen dominieren. Der britische Schriftsteller Nigel Hinton verhalf dem unauffälligen Vogel mit seinem auch in deutscher Übersetzung erschienenen Roman »Im Herzen des Tals«, in dem er das abenteuerliche, gefahrvolle Leben einer Heckenbraunelle detailreich beschrieb, zu größerer Popularität.

Dieser Vogel ist zwar nicht eigentlich scheu, lebt aber meist im Verborgenen und bewegt sich in dichter Vegetation fast so schnell und geschickt wie eine Maus. Dieses typische Verhalten kann man im Winter gut an einer Futterstelle beobachten: Wenn sich Meisen, Kleiber, Finken und Spatzen bedienen, fällt immer wieder etwas ab für die Heckenbraunelle, die sich am Boden hüpfend nur kurz aus dem Schatten eines dichten Strauches wagt, ein Futterbröckchen aufpickt, um gleich danach wieder in die sichere Deckung zu huschen. Doch im Gegensatz zu den britischen Artgenossen verbringen in Mitteleuropa nicht alle Heckenbraunellen die kalte Jahreszeit in heimischen Gefilden: Ein Teil von ihnen zieht zum Überwintern in den südwestlichen Mittelmeerraum und kehrt Anfang März zurück. Wegen ihres unauffälligen Äußeren und Verhaltens beschrieb der englische Pfarrer und Naturforscher Francis Orpen Morris (1810–1893) in seinem in Großbritannien sehr populären Werk »A History of British Birds« die Heckenbraunelle als tugendhaftes Beispiel für Zurückhaltung und Bescheidenheit – ganz im Sinne der Moralvorstellungen der Viktorianischen Zeit. Morris ahnte allerdings nichts von der komplexen Sozialstruktur und dem freizügigen Paarungsverhalten der Heckenbraunelle ...

Britische Ornithologen kamen dem Leben und Treiben der Vögel, die so gerne im Dunkeln munkeln, durch individuelle Markierung mit farbigen Fußringen auf die Spur: Sie stellten fest, dass sowohl Männchen als auch Weibchen voneinander unabhängige Territorien besetzen, die sich mit denen des jeweils anderen Geschlechts überlagern. Weibliche Heckenbraunellen bleiben ihren Revieren, die sie vehement gegen Geschlechtsgenossinnen verteidigen, nach Möglichkeit über Jahre treu und verlassen sie höchstens im Winter für einige Wochen, wenn die Nahrungsgrundlage dort nicht ausreicht. Männchen haben demgegenüber größere Territorien, die manchmal die Reviere von zwei oder gar drei Weibchen umfassen. Anders als bei anderen Vogelarten können sich die Reviere

Wird häufig mit einem Spatz verwechselt – die Heckenbraunelle

männlicher Heckenbraunellen weitgehend bis nahezu vollständig überlappen. Teilen sich auf diese Weise zwei Männchen ein Revier, so ist stets eines, in der Regel der ältere Vogel, gegenüber dem anderen dominant. Man bezeichnet sie daher auch als α-Männchen und als ß-Männchen. Erfahrene, kampfstarke Vögel, die ein Revier allein verteidigen, werden auch »Solo-Männchen« genannt. Anders als die reviertreuen Weibchen haben die Hähne stets das Bestreben, sich hinsichtlich ihrer Territorien zu »verbessern« und ein günstigeres Revier zu besetzen, das zum Beispiel mehr Deckung oder Nahrung bietet. Wird ein solches Revier frei, weil der Inhaber stirbt, Opfer eines Beutegreifers wird oder umzieht, wird es umgehend von einem Solo-Männchen oder einem α-Männchen aus der Nachbarschaft übernommen. In letzterem Falle kann das zugehörige ß-Männchen in den α-Rang aufsteigen, indem es im bisherigen Revier bleibt. In Kontaktbereichen, wo mehrere Artgenossen regelmäßig zusammentreffen, zum Beispiel an ergiebigen Nahrungsquellen, bildet sich eine Rangordnung heraus, die Konflikte zu verringern hilft.

Interessant ist dabei das Dominanzverhältnis zwischen den Geschlechtern, das sich im Verlaufe des Jahres, offenbar hormonell bedingt, verändert: Zur Brutzeit dominieren grundsätzlich die Weibchen gegenüber den Männchen, während es im Winter umgekehrt ist. Wenn in winterlichen Notzeiten die männlichen Heckenbraunellen die Damen ganz ungalant von den besten Futterplätzen verjagen, erleiden die Weibchen höhere Verluste und das Geschlechterverhältnis verschiebt sich in wechselndem Maße zugunsten der Männchen. Das hat verwirrende Folgen: Weil sich die Weibchen-Reviere mit denen von Solo-Männchen oder den Territorien von α/ß-Männchenduos überschneiden, kommt es neben normaler monogamer Paarbildung zu einem dem wechselnden Geschlechterverhältnis entsprechenden unterschiedlich hohen Anteil an Trios oder gar Quartetten aus zwei Männchen und einem oder zwei Weibchen.

In einer solchen Konstellation achtet das jeweilige α-Männchen sehr darauf, dass das ß-Männchen dem oder den Weibchen nicht zu nahe kommt, damit es sich nicht mit ihnen paaren kann. Die Weibchen wiederum haben durchaus ein Interesse daran, sich mit beiden Männern einzulassen – wohl nicht zum Vergnügen, sondern aus Fürsorge: Denn ß-Männchen, die sich mit dem oder den Weibchen paaren konnten, beteiligen sich später auch an der Aufzucht der gemeinsamen Jungen. Ein Vogel mehr, der hilft, die vier bis sechs hungrigen Schnäbel zu stopfen, kann ein entscheidender Überlebensvorteil für die Brut sein. Andererseits stehen die männlichen Heckenbraunellen in genetischer Konkurrenz: Jeder will sein – und allein sein – Erbgut weitergeben. Weil das α-Männchen nicht ständig aufpassen kann und das Weibchen es offenbar auch gezielt »austrickst«, kommt es vor der Paarung zu einem eigenartigen Verhalten: Die Männchen picken an der Kloake des Weibchens, das daraufhin, zumindest in einigen der beobachteten Fälle, einen Spermatropfen ausscheidet – Sperma, das möglicherweise von der Konkurrenz stammt. Auf diese Weise erhöht das jeweils begattende Männchen die Wahrscheinlichkeit seiner Vaterschaft. Da keines der beteiligten Männchen mit Sicherheit weiß, ob die Jungen seine Gene in sich tragen, beteiligen sich beide an der Aufzucht und damit an der potenziellen Weitergabe ihres Erbgutes. Ein ß-Männchen aber, das bei der Paarung nicht zum Zuge kam, erspart sich diese Mühe. Immerhin hilft es dem α-Männchen bei der Revierverteidigung.

Diese sogenannte »Spermakonkurrenz«, die es möglicherweise auch bei Spatzen gibt, dürfte in dieser Form einzigartig in der heimischen Vogelwelt sein. Die so unscheinbar wirkende Heckenbraunelle steckt also voller Überraschungen. Allerdings ist nicht restlos geklärt, ob sich die in Mitteleuropa lebenden Heckenbraunellen genauso verhalten wie ihre britischen Artgenossen, die einer eigenen Unterart angehören. Im Garten bekommen wir von diesem Verhalten ohnehin kaum etwas mit, dort fällt der Vogel vor allem durch seinen eilig quietschenden Gesang auf, den er als einer der ersten Frühlingsboten gern von der Spitze eines kleinen Nadelbaumes aus vorträgt.

Der Zilpzalp

Der Zilpzalp gehört zu den Vogelarten, dessen einfacher Gesang auch vogelkundlichen Laien vertraut sein dürfte und der vor allem leicht zuzuordnen ist: Praktischerweise wiederholt der kleine Vogel mit großer Ausdauer seinen Namen. Sein Lied besteht aus einer monoton klingenden Abfolge von Silben in rhythmisch wechselnder Tonhöhe, oft abgeschlossen oder unterbrochen von zwei bis drei ebenso kurzen, zirpenden Elementen: »zip zalp zip zalp zip zelp zilp zalp zalp zilp zlp ... tzr tzr«. Von den verschiedenartigen Lauten hat der Volksmund nur zwei für die Namensgebung verwendet. Die Gesangsdarbietung des Vogels erinnert ein wenig an klimpernde Münzen, die man beim schnellen Sortieren auf verschiedene Haufen wirft. Deshalb gab ihm der französische Ornithologe Louis Pierre Vieillot 1817 den wissenschaftlichen Namen *Phylloscopus collybita* – die Artbezeichnung »collybita« ist aus dem Griechischen abgeleitet und bedeutet »Geldwechsler«. Manchen Zeitgenossen mag das unablässige Gezilpe und Geklimper nerven, aber ganz so eintönig, wie der Gesang klingt, ist er durchaus nicht: Wissenschaftler haben mithilfe einer besonderen Methode, mit der sich Vogellaute als Sonagramme grafisch abbilden lassen, festgestellt, dass es nicht nur erhebliche individuelle Unterschiede zwischen einzelnen Sängern gibt, sondern auch spezielle Ausprägungen etwa für die Brautwerbung oder Aggression gegen einen Rivalen. Übrigens hört man den Gesang anders als bei den meisten anderen heimischen Singvogelarten nicht nur zur Brutzeit, sondern auch – wenngleich weniger intensiv – im Herbst.

Der Zilpzalp bewohnt eine Vielzahl unterschiedlicher Lebensräume. Voraussetzung ist allerdings, dass es nicht zu nass und zu schattig ist, denn er liebt es sonnig und schätzt überdies ausreichend Deckung in dichtem Unterholz, überragt von kleineren, lichtkronigen Bäumen. Da der Vogel zudem nur kleine Reviere von einem bis zwei Hektar Größe benötigt, bei guten Bedingungen noch weniger, können auf geringer Fläche viele Paare brüten. Er gehört daher zu den häufigsten Brutvogelarten Deutschlands und kommt auch in größeren Gärten, Parks und anderen Grünanlagen ganz regelmäßig vor. Im März kehrt der Zilpzalp als einer der ersten Frühlingsboten aus seinen Winterquartieren rund um das Mittelmeer zurück – die Männchen gewöhnlich eine Woche bis knapp 14 Tage vor den Weibchen.

In den dann noch unbelaubten Bäumen und Sträuchern kann man ihn gut beobachten, wenn er sich rastlos und geschickt durch die Zweige bewegt, immer auf der Suche nach kleinen Insekten, die er gern von blühenden Weidenkätzchen abpickt. Inwieweit der Weidenlaubsänger, wie der Vogel wegen dieser Vorliebe auch genannt wird, dabei auch den energiereichen Nektar trinkt, ist bis jetzt nicht zweifelsfrei geklärt. Wenn das Laub austreibt, sammelt er durch die Zweige huschend Beutetiere von den Blättern – mitunter nach Meisenart rücklings hängend – oder fängt sie in kurzem Rüttelflug. Mit einer Länge von zehn bis elf Zentimetern ist der Zilpzalp kleiner als eine Blaumeise. Entsprechend winzig sind oft die Insekten, die er fängt.

Der Zilpzalp zählt zu den ersten Frühlingsboten.

Das konnte ich als Jugendlicher einmal im Wortsinne hautnah bei einem Vogel beobachten, der nach einem Scheibenanflug benommen am Boden saß. Ich hielt ihn vorsichtig in der Hand, bis er wieder halbwegs bei Sinnen schien, und wollte ihn anschließend in eine dichte Hainbuchenhecke setzen, wo er sich verborgen im schützenden Blattwerk weiter erholen konnte. Während ich ihn vorsichtig ins Innere der Hecke bugsierte, begann er blitzschnell an den Blättern zu picken. Ich hatte große Mühe, die Mini-Blattläuse überhaupt zu erkennen, auf die er es abgesehen hatte. Noch erstaunter war ich allerdings, dass er sich schon wieder fürs Essen interessierte, während der kleine Bursche noch auf meiner Hand saß. Offenbar hatte er schnell gemerkt, dass ich ihm nichts Böses wollte.

Interessanterweise nutzen beim Zilpzalp die Geschlechter unterschiedliche Höhenbereiche der Vegetation in ihrem gemeinsamen Revier: Die Männchen sind nur in den ersten Tagen nach ihrer Ankunft aus dem Winterquartier in der Strauchschicht zu finden, danach leben und singen sie bis zur sommerlichen Mauser vor allem im Kronenraum der Bäume. Nur in der Zeit des Nestbaues, wenn das Männchen sein allein bauendes Weibchen zum Schutz vor eventuellen Nebenbuhlern ständig im Auge behält und oft in Nestnähe singt, kommt es zum Singen tiefer herab, ebenso zum Schlafen oder bei gelegentlicher Beteiligung an der Fütterung und Führung der Jungvögel. Die Weibchen halten sich dagegen ganz überwiegend in Sträuchern und bodennah in dichter Krautschicht auf. Nur zur Begattung treffen sich beide Geschlechter sozusagen auf halber Höhe im unteren Bereich der Baumkronen. Diese unterschiedliche Raumnutzung dient vermutlich unter anderem dazu, die Nahrungskonkurrenz untereinander zu verringern. Herausfinden konnten die Forscher dieses Verhalten allerdings nur durch unterschiedlich farbige Fußringe, mit denen sie die Vögel gekennzeichnet hatten. Denn für uns Menschen sind die Geschlechter beim Zilpzalp unter Freilandbedingungen an äußeren körperlichen Merkmalen und der Gefiederfärbung nicht zu unterscheiden, allenfalls am Verhalten und natürlich am Gesang der Männchen. Die Vögel zeigen zudem eine individuell und jahreszeitlich leicht variierende Gefiederfärbung: oberseits unscheinbar bräunlich grüngelb und unterseits heller beige oder weißlich gelb.

Damit ähneln sie einer ganzen Reihe anderer Kleinvogelarten, ganz besonders aber dem nah verwandten **Fitislaubsänger** oder kurz **Fitis** genannt. Beide Arten gleichen sich in ihrem Äußeren so sehr, dass man sie auch als Zwillingsarten bezeichnet. Subtile Unterscheidungsmerkmale, vor allem hinsichtlich unterschiedlicher Länge der Flügelfedern, lassen sich nur zweifelsfrei erkennen, wenn man die Vögel in der Hand hat.

Anhand ihrer Gesänge kann man Zilpzalp und Fitis jedoch eindeutig voneinander unterscheiden – meistens jedenfalls. Die weich schwebenden, etwas melancholisch klingenden variablen Pfeifstrophen des Fitis klingen völlig anders als das monotone »zilpzalp« seines Zwillings. Doch hörte ich auch schon einmal einen Vogel, der als Fitis begann und als Zilpzalp endete. Solche »Mischsänger« kommen auch bei anderen untereinander nah verwandten Vogelarten vor, etwa bei Mönchsgrasmücke und Gartengrasmücke. Nach Angaben in der

Fachliteratur soll es sich im Falle von Zilpzalp/Fitis-Mischsängern entweder um seltene Hybriden aus beiden Arten handeln oder aber – soweit die genaue Artzugehörigkeit überprüft werden konnte – um Fitisse, die Zilpzalp-Strophen übernommen hatten. Bei genauer Analyse wird nämlich deutlich, dass bestimmte Gesangselemente beider Arten, trotz des so unterschiedlichen Gesamteindrucks ihrer Gesänge, sehr ähnlich sind. Bei Versuchen mit in Gefangenschaft gehaltenen Vögeln zeigte sich zudem, dass der Fitis in der Lage ist, den Gesang der Schwesterart zu lernen, nicht jedoch umgekehrt. Möglicherweise ist dem Zilpzalp der Gesang also in stärkerem Maße angeboren als dem Fitis, der – wie fast alle anderen Singvögel (soweit bekannt) – seinen Gesang in der Jugend erst lernen muss. Die Rufe, ein sanftes »huid«, klingen bei beiden Arten ähnlich, sind für erfahrene Vogelkundler aber dennoch unterscheidbar.

In Gärten und Parks trifft man den Fitis gewöhnlich nicht als Brutvogel an, er ist kein Gartenvogel im herkömmlichen Sinne und stellt andere Ansprüche an seinen Lebensraum als der Zilpzalp. Allenfalls auf dem Durchzug macht er dort gelegentlich Station. Mehrfach schon habe ich es bei Bestandsaufnahmen der Vogelwelt in Hamburg erlebt, dass Anfang Mai nach einer guten Zugnacht überall in den Gärten und Kleingärten, in innerstädtischen Grünanlagen und auf Sportplätzen Fitisgesang zu hören war – es wirkte, als hätte jemand über Nacht einen Sack Fitisse ausgeschüttet. Die nachts ziehenden Vögel hatten dort nur einen kurzen Zwischenstopp eingelegt und zogen in der nächsten Nacht weiter Richtung Skandinavien. Wenn einer dieser kleinen Laubsänger also in unserem Garten brütet, ist es mit an Sicherheit grenzender Wahrscheinlichkeit ein Zilpzalp.

Sein Nest baut er direkt am Boden oder bodennah bis in eine Höhe von knapp einem halben Meter gut versteckt in dichter Vegetation, zum Beispiel in Brombeergebüschen, verfilzten Altgrasbeständen, in Brennnesseldickichten oder auch in den unteren Etagen junger Nadelbäume. Es ist ein recht unordentlich wirkender backofenförmiger Bau mit seitlichem, etwas nach oben gerichtetem Eingang und besteht außen aus trockenen Grashalmen, Blättern und Moos. Die Innenauskleidung erfolgt mit ähnlichem, aber feinerem Material, zusätzlich werden hierzu fast immer auch kleine Federn verwendet. Vier bis sechs Tage, mitunter doppelt so lange, benötigt das allein bauende Zilpzalp-Weibchen zur Fertigstellung des Nestes und muss hierfür 1200 bis 1500 Sammel- und Transportflüge unternehmen. Ihm obliegt auch ein Großteil der Versorgung des Nachwuchses, an der sich das Männchen erst ab dem siebten Tag nach dem Schlüpfen der Jungen beteiligt. Meist brüten die Vögel zweimal im Jahr, denn die Sterblichkeit unter den Jungvögeln ist groß. Nicht nur Katzen und andere vierbeinige Räuber können die bodennah errichteten Nester leicht erreichen, auch Mäuse und sogar große Nacktschnecken vergreifen sich gelegentlich an den hilflosen Kleinen. Einmal erwachsen, haben die Vögel nur wenig natürliche Feinde. Sie sind so klein, flink und aufmerksam, dass selbst der Sperber, ein ausgesprochener Kleinvogeljäger, nur selten einen Zilpzalp erwischt.

Vom Zilpzalp im Freiland fast nur am andersartigen Gesang zu unterscheiden – der Fitis

Und diese Vögelchen sind auch erstaunlich keck, ja mitunter geradezu draufgängerisch: Junge führende Weibchen greifen selbst viel größere Vögel wie etwa eine Misteldrossel an. Doch nicht immer ist es Brutfürsorge- oder Territorialverhalten, das den kleinen Zilpzalp antreibt. Offenbar aus purem Übermut neckt er andere Vögel, attackiert und verfolgt sie, selbst wenn diese nur friedlich in der Sonne sitzen. Sogar Tauben werden mitunter nicht verschont. Es wurde auch beobachtet, dass ein Zilpzalp sich energisch, aber ohne Parteinahme, mal auf der einen, mal auf der anderen Seite in einen Kampf zwischen zwei Amselmännchen einmischte. Ein richtiger kleiner Giftzwerg also, der auch einem Kuckuck, immerhin mehr als dreimal so groß und bis zu zwanzigmal so schwer wie ein Zilpzalp, vehement klarmacht, dass er nicht gewillt sei, dessen Brut unfreiwillig großzuziehen – sehr häufig mit Erfolg.

Der Zaunkönig

Wussten Sie, dass unser Zaunkönig ursprünglich ein Amerikaner ist? Weltweit zählt die Vogelfamilie der Zaunkönige *(Troglodytidae)* rund 60 Arten, von denen die allermeisten im tropischen Süd- und Mittelamerika leben. Eine Art jedoch hat sich von Nordamerika aus in Richtung Westen über Asien bis nach Europa ausgebreitet und zählt inzwischen in Deutschland zu den häufigsten Brutvogelarten überhaupt. Mit seiner rundlichen Gestalt und dem häufig keck aufgestellten kurzen Schwänzchen ist der nur etwa zehn Gramm leichte Winzling, der ausgestreckt von der Schnabelspitze bis zum Schwanzende ganze neuneinhalb Zentimeter misst, unverkennbar und mit keiner anderen europäischen Vogelart zu verwechseln. Ein rotbraun gefärbtes Federbällchen mit einer gewaltigen Stimme, die mit einem Schalldruckpegel von bis zu 90 Dezibel den Lärm einer Hauptverkehrsstraße zur Rushhour übertönt und bis zu einem halben Kilometer weit zu hören ist.

Wie kann ein solcher Vogelzwerg derart laute Töne produzieren? Diese Frage stelle ich mir immer wieder, wenn ich das abwechslungsreiche Schmettern, Rollen und Trillern eines Zaunkönigs höre: »Ich, ich, ich bin drrrrr König, zi zi zi bin bin bin drrrr König, bin ich ich!« Häufig ertönt der Gesang aus der Deckung heraus, etwa aus einem dichten Brombeergebüsch, doch regelmäßig tut der Vogel seinen Revieranspruch auch von einer erhöhten Warte aus kund und sitzt dann oft völlig frei. Wenn eine Katze durch den Garten schleicht

Kleiner Vogel, laute Stimme – der Zaunkönig

oder dem Zaunkönig sonst irgendetwas suspekt oder gefährlich vorkommt, lässt er seine Warnrufe ertönen, ein bis zum Zetern gereihtes »te te – tetete ...« oder ein schnurrendes »zerrrb zerrrb ...«. Diese Rufe hört man fast nur von den Männchen, die einen potenziellen Feind im Revier oft gut sichtbar eskortieren, die Weibchen verhalten sich bei Störungen meist still und unauffällig und bleiben in Deckung. Nur wenn unmittelbare Gefahr für das Nest oder die Jungen droht, schimpfen auch sie lauthals gegen den Störenfried.

Der Zaunkönig kann als eine Leitart für eine vogelfreundliche Gartengestaltung dienen. Wer sein Grundstück in ein Zaunkönigreich verwandeln möchte, sollte sich allerdings von überzogenen Ordnungsvorstellungen lösen. In der Natur findet man den Vogel besonders häufig in Wäldern mit viel Unterholz sowie in deckungsreichem Gelände in Wassernähe, etwa entlang von Bächen, Gräben und eingewachsenen Teichufern. Damit sich der Zaunkönig im Garten wohlfühlt, sollte man also »wilde Ecken« anlegen oder dulden. Dazu reicht schon ein Reisighaufen: Häufiger schon habe ich es erlebt, dass ich Astholz vom Obstbaumschnitt achtlos auf einen Haufen geworfen hatte und bereits kurze Zeit später daraus der lautstarke Gesang eines Zaunkönigs ertönte. Auch dichte Efeuberankung an Haus, Schuppen oder Bäumen, Totholzhecken und Brennholzstapel sind bei Zaunkönigen sehr beliebt. Wie eine Maus schlüpfen sie durch dichteste Vegetation, zwängen sich noch durch kleinste Lücken und suchen in Ritzen und Spalten, die für andere Vögel unerreichbar sind, nach kleinen Insekten und deren Larven, Spinnen, Asseln und anderen Krabbeltieren. Am Wasser sind selbst winzige Frösche und Jungfische nicht vor dem spitzen Schnabel eines Zaunkönigs sicher.

Sein Nest baut er gut versteckt und bodennah in Höhlungen und Nischen, in der freien Natur etwa in den Wurzeltellern umgestürzter Bäume oder hinter frei gespültem Wurzelwerk der Ufervegetation. Im Garten bieten die bereits erwähnten »wilden Ecken« wie Reisighaufen, Holzstapel oder von Brennnesseln überwuchertes Gerümpel gute und sichere Nistmöglichkeiten. Mauerlöcher und versteckte Winkel an Carport oder Geräteschuppen werden ebenfalls gern bezogen. Zaunkönignester wurden auch schon in Türkränzen und sogar in der Tasche einer auf der Wäscheleine vergessenen Trainingshose gefunden. Man kann den Vögeln auch speziell für sie entwickelte kugelförmige Nisthilfen anbieten, die im Fachhandel erhältlich sind. Damit lässt sich das Nistplatzangebot im Garten erhöhen, denn mit nur einem Nest ist es bei Zaunkönigen nicht getan: Um einem Weibchen zu imponieren, muss seine Majestät erst einmal Schwerstarbeit leisten und eine Reihe von Wahlnestern im Rohbau errichten.

Aus feuchten, verschmutzten Blättern, die beim Trocknen stabil miteinander verkleben, verfilztem Moos, Grashalmen, Pflanzenstängeln und kleinen Zweigen entsteht ein dickwandiges, kugelförmig geschlossenes Nest mit seitlichem querovalen Einschlupfloch, ein sogenanntes »Backofennest«, das seinem Erbauer mancherorts auch den volkstümlichen Namen »Backöfelchen« eintrug. In der Regel drei bis vier, mitunter bis zu neun solcher

Bauwerke legt ein einzelnes Zaunkönig-Männchen in seinem Revier an, bevor es um ein Weibchen wirbt. Dieses wählt nach gründlicher Inspektion ein Rohnest aus, das es dann mit Moos, Tierhaaren und Federn auskleidet. Währenddessen versucht das Männchen häufig, ein weiteres oder sogar mehrere Weibchen für sich zu gewinnen. Der Aufwand für die Wahlnester soll schließlich nicht umsonst gewesen sein ... Nicht zur Brut genutzte Nester dienen auch als Schlafnester und als kuscheliger Rückzugsort bei Regen und Kälte.

Die Bebrütung der meist fünf bis acht Eier obliegt allein der Mutter, die auch den Großteil der Jungenaufzucht übernimmt. Währenddessen wacht das Männchen eifersüchtig und eifrig singend über sein Reich und vertreibt vehement jeden Nebenbuhler aus dem Revier. Die Zaunköniginnen hingegen vertragen sich untereinander und nisten oft nur wenige Meter nebeneinander im Revier des Männchens. Meist brüten die Vögel zweimal im Jahr, entweder im selben Nest oder in einem anderen der vorher angelegten Wahlnester. Durch diese Vielweiberei (Polygynie) können Verluste durch Katzen, Wiesel und andere Feinde sowie eine hohe Sterblichkeit in harten Wintern innerhalb weniger Jahre wieder ausgeglichen werden.

Denn anders als fast alle anderen heimischen Insektenfresser unter den Vögeln, die die kalte, nahrungsarme Zeit im warmen Süden verbringen, bleiben die meisten Zaunkönige ganzjährig bei uns. Jungvögel sind allerdings reiselustiger, und Populationen aus dem Norden und Osten ihres riesigen, sich über nahezu den gesamten eurasischen Kontinent erstreckenden Verbreitungsgebietes, wo die Winter ungleich strenger sind als bei uns, sind gezwungen, in mildere Regionen auszuweichen. Ebenso wandern manche Zaunkönige, die im Sommer in der freien Landschaft lebten, im Herbst in Städte und Dörfer ein, wo es immer einige Grade wärmer ist als im Umland, was ihre Überlebenswahrscheinlichkeit deutlich erhöhen kann. Ställe und Schuppen stellen in dieser Zeit beliebte Wohnquartiere für die Vögel dar. Vielfach verteidigen sie auch im Winter Reviere, selbst die zur Brutzeit untereinander verträglichen Weibchen, denn die Nahrung ist knapp und reicht nicht für mehrere hungrige Schnäbel. In ihrem Territorium kennen sie jeden Schlupfwinkel und jede Nahrungsquelle – eine Überlebensgarantie in der kalten Jahreszeit, in der bei lang anhaltenden Kälteperioden dennoch viele Tiere an Hunger und Entkräftung sterben. In sehr kalten Nächten überwinden die Vögel notgedrungen ihre Streitlust und kuscheln sich zu mehreren an einer geschützten Stelle, zum Beispiel in einer Baumhöhle oder in dichtestem Gebüsch, zusammen, um sich gegenseitig zu wärmen. Mitunter liegen dann ein Dutzend oder mehr von ihnen dicht aneinander geschmiegt im Kreis, die Köpfe nach innen und die Schwänzchen nach außen gerichtet. Tagsüber allerdings wird jeder Zaunkönig wieder zum Eigenbrötler, der sein Reich sogar bei Eis und Schnee mit lautem Gesang verteidigt. Seine Strophen klingen in den Ohren vieler Menschen fröhlich keck – zumal im Winter, wenn andere Vögel ihren Schnabel halten. So entstand die Redewendung »sich freuen wie ein Schneekönig«. Wie aber kam der winzige Vogel überhaupt zu seinem Namen?

Zaunkönig füttert jungen Kuckuck

Der Sage nach wollten einst die Vögel einen König wählen und starteten einen Wettbewerb. Derjenige, der am höchsten fliegen könnte, sollte fortan ihr König sein. Zum Schluss startete der Adler, und er flog höher als alle anderen vor ihm. Als er eben begann, wieder zur Erde hinabzugleiten, kroch aus seinem Rückengefieder ein bislang namenloses Vögelchen, das sich dort verborgen gehalten hatte, und flog noch ein Stück höher als der Adler. Lauthals schrie es »Ich bin König!«, doch zurück auf dem Boden, stürzten sich die anderen Vögel wütend auf den Betrüger, der daraufhin in ein Mauseloch flüchtete. Damit er nicht entkäme, sollte die Eule davor Wache halten. Doch diese wurde nach Stunden vom Schlaf übermannt und das Vögelchen konnte entwischen. Noch heute fürchtet der Winzling den Zorn der anderen Vögel, hält sich daher stets bodennah in der Deckung verborgen und schlüpft durch die Zäune – die früher häufig aus Dorngebüsch oder Holzgeflecht bestanden. Seitdem heißt der Vogel Zaunkönig ...

Die Goldhähnchen

Mag auch der Zaunkönig den Majestätstitel im Namen tragen, so sind die wahren Könige unter unseren heimischen Vögeln die Goldhähnchen: Zwei nah verwandte, ähnlich gefärbte Arten gibt es bei uns, das **Wintergoldhähnchen** und das **Sommergoldhähnchen.**

Ihr lateinischer Gattungsname *Regulus* bedeutet »kleiner König«, und mit ihrem schwarz eingefassten Scheitelstreifen aus beim Weibchen gelben, beim Männchen gelborangefarbigen Federn sind sie tatsächlich gekrönte Häupter – zumal wenn sie diese Federn bei Erregung auffällig sträuben. Nur dann lässt sich auch die geschlechtsspezifisch unterschiedliche Färbung der Scheitelfedern gut erkennen. Denn im Normalfall überdecken die gelben Randfedern beim Männchen die Federchen im zentralen Bereich des Scheitelstreifens, die durch ihre besondere Struktur orange erscheinen, dies ganz besonders beim Wintergoldhähnchen. Beim Männchen der Schwesterart ist meist auch bei angelegten Scheitelfedern ein orangeroter Hauch zu erkennen. Der lateinische Artname *ignicapillus* des Sommergoldhähnchens bedeutet frei übersetzt »mit feurigem Haar«. Auch der englische Name »Firecrest« (Feuerschopf) nimmt auf die orangerote Scheitelfärbung des Vogels Bezug. Das Wintergoldhähnchen heißt nach seiner gelben »Krone« »Goldcrest« (Goldschopf).

Mit einer Gesamtlänge von nur neun Zentimetern und einem Gewicht zwischen vier und sieben Gramm sind die Goldhähnchen die kleinsten Vögel Europas – kleiner und leichter noch als ein Zaunkönig. Nur mit dessen Lautstärke können sie es nicht aufnehmen: Der Gesang der Goldhähnchen ist so hoch und fein, das viele ältere Menschen ihn gar nicht mehr wahrnehmen können. Anhand ihrer Gesänge lassen sich die beiden Arten gut unterscheiden: Das Wintergoldhähnchen lässt ein auf- und absteigendes nadelspitzes Wispern in »galoppierendem« Takt hören, gefolgt von einem Schlussschnörkel: »sisi titisiss titisiss titisiss titisiss titisiüh«. Jedes Männchen verfügt offenbar über mehrere Varianten dieses Schlussteils, die auch kombiniert werden können. Mehr noch: Endschnörkel sind ein individuelles Erkennungsmerkmal für den Partner und insbesondere die Reviernachbarn. Spielt man den Vögeln fremde Endschnörkel vor, reagieren sie darauf ungleich heftiger mit intensivem Gesang als bei Endschnörkeln ihnen bekannter Nachbarn. Ähnlich komplex ist der Gesang der Sommergoldhähnchen, den das menschliche Ohr als hochfrequente, ansteigende Tonfolge, als ein feines, aber durchdringendes »sisisisisisisisih«, wahrnimmt. Tatsächlich verfügen die Vögel über vier bis fünf verschiedene Gesangsstrophen mit jeweils unterschiedlicher Funktion, zu deren Unterscheidung und genauer Analyse es allerdings technischer Hilfsmittel bedarf. Daneben hört man von beiden Arten eine Reihe verschiedener, aber oft verwirrend ähnlich und sehr hoch klingender Rufe.

Die Lautäußerungen sind oft der beste Hinweis auf die Anwesenheit der Goldhähnchen, denn zu sehen bekommt man diese Vogelzwerge nicht so leicht, und wenn, dann meist nur flüchtig. Sie halten sich im Sommer normalerweise im Kronenbereich hoher Nadelbäume

Vogelzwerg mit markanter Kopfzeichnung – das Sommergoldhähnchen

auf und bewegen sich bei der Nahrungssuche rastlos und unstet durch das Geäst. Dabei zeigen sie ein sehr auffallendes und typisches Verhalten, ein ständiges einseitiges, nervös wirkendes Flügelzucken.

Insbesondere das Wintergoldhähnchen ist zur Brutzeit sehr stark an das Vorkommen der Fichte gebunden und hat sich in den letzten Jahrzehnten durch die forstbauliche Verbreitung dieser Baumart neue Lebensräume auch im norddeutschen Flachland erschlossen, wo die Fichte von Natur aus nicht vorkommt. Da es nur verhältnismäßig kleine Reviere benötigt, konnte das Wintergoldhähnchen auch Parks und vor allem alte Friedhöfe mit Waldcharakter besiedeln, in denen größere Gruppen älterer Fichten zu finden sind. Hingegen ist das Sommergoldhähnchen in deutlich geringerem Maße auf geschlossene Nadelholzbestände angewiesen als sein Zwilling, ihm reichen einzelne Fichten oder andere größere Nadelbäume inmitten von Laubgehölzen, in denen es sich ebenfalls gerne aufhält. Hin und wieder besiedelt es sogar reine Laubwaldbestände. Aus diesem Grund brütet das Sommergoldhähnchen weit häufiger in Parks und großen Gärten mit gemischtem Baumbestand als das Wintergoldhähnchen, wobei der Prozess der Verstädterung (s. S. 171) beim »Feuerkrönchen« erst in den letzten Jahrzehnten eingesetzt hat und noch immer anhält.

Wo beide Arten nebeneinander vorkommen, überlappen sich ihre Reviere oft. Da stellt sich die Frage, wie zwei so nah verwandte Arten nebeneinander existieren können, ohne sich gegenseitig Konkurrenz zu machen, zum Beispiel bei der Nahrungssuche. Genaue Beobachtungen – die im Freiland schwierig sind und daher vor allem an Tieren in naturnah eingerichteten Volieren gemacht wurden – ergaben, dass sich die Vögel kleinräumig aus dem Weg gehen: Wintergoldhähnchen suchen die Unterseite von Kammästen nach winzigen, weichhäutigen Insekten und Spinnen ab. Sie klammern sich dazu an die von einem Hauptast herabhängenden kleinen, dicht benadelten Nebenzweige, klettern diese auch kopfunter herab und zwängen sich, notfalls mit Flügelhilfe, durch eng stehendes, biegsames Zweiggewirr. Selbst an einzelnen Nadeln vermag sich der Vogel noch sicher festzukrallen, mitunter nach Meisenart sogar mit dem Rücken nach unten hängend. Sich bewegende wie unbeweglich verharrende Beute wird auch in kurzen Schwirrflügen ergriffen. Sommergoldhähnchen suchen dagegen in bequemerer, waagerechter Haltung die Oberseite der Äste ab. Zu akrobatischen Einlagen sind sie dabei weder gezwungen noch in der Lage. Sie sind zudem auf deutlich größere Beutetiere aus als ihre Verwandten.

Nur sehr hungrige Wintergoldhähnchen wagen sich auch einmal an (zu) große Brocken. So wurde einmal ein Vogel bei dem Versuch beobachtet, eine Großlibelle zu fangen – mit einer Körperlänge von sieben bis acht Zentimetern nur unwesentlich kleiner als er selbst. Das Manöver misslang gründlich: Die Libelle riss das Vögelchen im Flug ein Stück mit sich durch die Luft und entkam augenscheinlich unverletzt. Mit Beutetieren auf dem anderen Ende der Größenskala hat es mehr Glück: Unter Volierenbedingungen pickte ein Wintergoldhähnchen mikroskopisch kleine Einzeller aus einer Wasserschale! Aus Spinnennetzen

»stiehlt« es gerne darin gefangene Kleinstinsekten und muss dabei aufpassen, sich nicht selbst in den klebrigen Spinnenfäden zu verheddern. Sommergoldhähnchen haben demgegenüber mehr Interesse an der Spinne selbst als an deren Speisekammer.

Im Brutrevier zeigen beide Arten keinerlei territoriale Aggression gegeneinander, sie beachten einander kaum. »Mischehen« werden durch hinreichend große Unterschiede im Gesang, in der Gefiederfärbung und im Balzverhalten verhindert. Höchst bemerkenswert ist der kunstvolle Nestbau der Goldhähnchen, der zweifellos zu den Meisterleistungen tierlicher Baukunst zählt: Die Nester werden – beim Wintergoldhähnchen fast immer in Fichten – in dichtem Zweiggewirr in die hängenden Nebenästchen im äußersten Drittel oder Viertel eines stärkeren Hauptastes eingeflochten. Das Sommergoldhähnchen nimmt im Garten, wenn kein passender Nadelbaum vorhanden ist, auch mit Efeu, Mauerwein, Clematis und anderen Rank- und Klettergewächsen vorlieb, die Kinderstube errichtet es aber auch dort auf ähnliche Art. Das dreischichtige Nest besteht aus Moos und Flechten sowie einer Auspolsterung mit Federchen und manchmal Tierhaaren. Einige größere Federn werden baldachinartig in die Nestwände gesteckt und bieten dem Hängenest Sichtschutz von oben und einen gewissen Schutz vor der Witterung. Die Nester beider Arten lassen sich gut unterscheiden: Das Wintergoldhähnchen verkleidet die Außenwand stets mit Flechten, das Sommergoldhähnchen mit Moos. Durch die Verwendung von elastischer, gleichzeitig sehr fester und belastbarer Spinnseide aus Spinnweben oder Raupenkokons in der Außenschicht bekommt das kugelförmige Nest eine große Stabilität. Gleichzeitig kann es so »mitwachsen«, wenn die sieben bis elf Jungvögel, die nach etwa zweiwöchiger Brutzeit aus den winzigen Eiern schlüpfen, größer werden.

Diese verlassen das Nest erst nach rund drei Wochen und damit etwa eine Woche später, als es sonst bei kleinen Singvögeln üblich ist. Danach werden sie noch einmal etwa 14 Tage lang geführt und gefüttert, im Alter von sieben Wochen sind sie selbstständig. Obwohl das Nest nach dem Brutgeschäft noch tadellos erhalten und manchmal noch Jahre später intakt ist, wird für eine zweite Jahresbrut stets ein neues Nest gebaut. Wegen der ungewöhnlich langen Nestlingszeit kommt es zu Schachtelbruten: Während der Vater noch die Jungen aus der ersten Brut im Nest versorgt, brütet das Weibchen in der Nähe bereits auf einem zweiten Gelege. Die daraus schlüpfenden Jungvögel können sich dann der Fürsorge beider Eltern sicher sein. So nutzen die Goldhähnchen die Zeitspanne des sommerlichen Insektenreichtums optimal aus.

Im Winterhalbjahr sieht man bei uns in der Regel nur das Wintergoldhähnchen – daher auch der Name. Sommergoldhähnchen ziehen im Herbst in den Mittelmeerraum und kehren im März zurück. Reine Standvögel sind die Wintergoldhähnchen dennoch nicht, vielmehr ist Mitteleuropa das Winterquartier nordischer Vögel, und das Zugverhalten der bei uns brütenden Artgenossen hängt stark von den jeweiligen Witterungsbedingungen und dem Nahrungsangebot ab. Fachleute sprechen in diesem Fall von »Zugopportunisten«.

Wintergoldhähnchen (mit hell eingefasstem Auge) und
Sommergoldhähnchen (mit schwarzem Augenstreif) im Vergleich

Wenn sich die Vögel ausreichend Fettreserven für anstrengende Langstreckenflüge anfuttern konnten und günstige Luftströmungen und Windverhältnisse herrschen, ziehen sie Richtung Süden, wenn nicht, müssen sie eben dableiben oder ihren Zug unterbrechen. Dann kann man ihnen einzeln oder in kleinen, lockeren Trupps auch mitten in der Stadt in einem Forsythienbusch begegnen oder in anderen für sie untypischen Lebensräumen, in denen man die Vögel nicht vermuten würde.

Trotz ihrer winzigen Körpergröße können die so zerbrechlich wirkenden Goldhähnchen einiges aushalten, sogar eisige Temperaturen von 20 Minusgraden und mehr. Um nicht zu erfrieren, müssen sie allerdings stets genügend Nahrung finden. Solange ausreichend Schnee liegt, schlüpfen sie durch kleine Lücken in den Schneehauben in die Wipfel der Nadelbäume oder in dichten Fichtenjungwuchs und stöbern dort unbehelligt und vor Kälte geschützt nach kleinen Insekten. Gefährlich wird es vor allem bei abwechselnd Frost und Tauwetter mit verharschtem Schnee und vereisten Zweigen, was die Nahrungssuche sehr erschwert oder gänzlich unmöglich macht. Dann kommen die kleinen Federkugeln mit dem gelbschwarzen Scheitel auch schon mal ans Vogelhäuschen oder sogar auf das Fenstersims, um ein Krümelchen Fettfutter zu erhaschen.

Brutzeiten der Gartenvögel

Von Ausnahmen abgesehen, brüten nahezu alle Vögel im Frühjahr, allgemein zwischen April und Juli. Manche Standvögel wie Meisen beginnen auch schon im März mit der Eiablage. Bei Zugvögeln richtet sich der Beginn des Brutgeschäfts nach der artspezifisch unterschiedlichen Ankunft, bei spät heimkehrenden Arten liegt er teilweise erst Mitte bis Ende Mai oder sogar Anfang Juni. Im wärmeren Süden Deutschlands beginnen vor allem die Kurzstreckenzieher häufig eher mit dem Brutgeschäft als im raueren Norden, wo sie naturgemäß später eintreffen – dazu kommen zeitliche Unterschiede aufgrund von Höhenlage und Witterung. Mitunter gibt es Zweitbruten oder die Vögel brüten noch häufiger. Insofern ist es kaum möglich, für eine bestimmte Vogelart einen genauen, landesweit gültigen Zeitpunkt des Brutbeginns anzugeben. Brutzeiten sind deshalb in der Regel als Zeiträume formuliert.

Kohlmeise, Blaumeise und Verwandte

Die **Kohlmeise** und die etwas kleinere **Blaumeise** zählen neben der Amsel zu den häufigsten und sicherlich auch zu den bekanntesten Vogelarten in Gärten und Parks. Als Gäste an Futterstellen sind die munteren und anpassungsfähigen Meisen ebenso regelmäßig zu beobachten wie als zuverlässige Besiedler künstlicher Nisthöhlen. Ursprünglich in lichten, altholzreichen Eichenmischwäldern zu Hause, sind sie längst zu echten Kulturfolgern des Menschen geworden.

Anhand ihrer Gefiederfärbung sind Kohlmeise und Blaumeise leicht zu erkennen und zu unterscheiden. Schwarz wie Kohle (Name!) mit leuchtend weißen Wangen ist der Kopf der Kohlmeise, während bei der Blaumeise der himmelblaue Scheitel und ebenso gefärbte Flügel und Schwanzfedern ins Auge fallen. Bei der Kohlmeise lassen sich die Geschlechter optisch gut an der Ausprägung des schwarzen Bauchstreifens unterscheiden – breit und deutlich beim Männchen, schmal und teilweise unterbrochen oder unscharf begrenzt beim Weibchen. Bei der Blaumeise sieht die Sache schon schwieriger aus: Das Männchen hat im Vergleich zum weiblichen Geschlecht eine intensiver und reiner blau gefärbte Kopfplatte sowie ein im Mittel breiteres und dunkleres Halsband. Da jedoch diese Merkmale auch individuell unterschiedlich ausgeprägt sein können, fällt es selbst erfahrenen Vogelkundlern oft nicht leicht, männliche und weibliche Blaumeisen zu unterscheiden. Die Vögel selbst können dies sehr wohl: Wie viele Vogelarten sind sie im Gegensatz zum Menschen in der Lage, ultraviolettes Licht wahrzunehmen. Und beim Männchen leuchtet die Kopfplatte intensiv ultraviolett, beim Weibchen ist sie schlicht blau gefärbt.

Die bei vielen anderen Singvögeln – auch bei der Kohlmeise – anwendbare Regel, dass zur Brutzeit nur das Männchen den artspezifischen Gesang hören lässt, gilt bei Blaumeisen nur bedingt: In bestimmten Situationen singen auch die Weibchen, zum Beispiel bei der Revierverteidigung gegen einen unbefugt eindringenden Artgenossen oder wenn der Herr Gemahl außerhalb des gemeinsamen Territoriums mit der schönen Nachbarin flirtet. Die glockenhelle Trillerstrophe »zizi-zihihihi« hebt den ansonsten recht variablen Gesang der Blaumeise, der in einigen Variationen (»zi zi be be«) durchaus gewisse Ähnlichkeit mit den Strophen der größeren Verwandten hat, eindeutig vom Gesang der Kohlmeise ab. Letzterer ist rhythmisch gegliedert und hat einen typisch metallischen Klang. Jeder Vogel verfügt über ein individuelles Repertoire aus zwei- oder dreisilbigen Motiven, die klingen wie »zizidäh – zizidäh – zizidäh ...«, »titü – titü – titü ...« oder »tidl – tidl – tidl ...«.

Jedes Motiv wird zehnmal oder mehr wiederholt, bevor der Sänger ein neues Motiv wählt. Normalerweise ist der Gesang der Kohlmeise durch seine Rhythmik und Klangfärbung gut als solcher zu erkennen, leider aber nicht immer: Manche Exemplare haben sehr extravagante Varianten auf Lager. Am Schreibtisch sitzend, hörte ich draußen einmal einen Vogelgesang, den ich für den eines exotischen Ausreißers hielt. Als ich aufgeregt nachsah, fand ich nur eine Kohlmeise, die fröhlich pfeifend durch den Holunder vor meinem Fenster turnte ...

Ein anderer Vogel narrte mich einmal während einer vogelkundlichen Führung: Ich hörte wiederholt das typische gedehnte »dääh dääh dääh« einer **Weidenmeise** und fand in der Richtung, aus der die Rufe kamen, zwei Vögel in einem Weidengebüsch, die auf den ersten Blick wie Weidenmeisen aussahen (s. Abb. auf S. 233). Auch der Lebensraum, ein mit lockerem Wald und Gebüsch bestandenes Fischteichgelände, passte. Eine genaue Beobachtung – nicht ganz einfach bei der meisentypisch lebhaften Bewegungsweise der Vögel – ergab aber, dass es sich offensichtlich um **Sumpfmeisen** handelte, die ganz ähnlich gefärbte Zwillingsart der Weidenmeise. Die aber sollten »pstjät pstjädät ...« rufen und nicht »dääh dääh dääh ...«. Ich war verwirrt und ging wieder und wieder die Unterscheidungsmerkmale beider Arten durch: Kopfkappe glänzend schwarz und nicht mattschwarz wie bei der Weidenmeise, schwarzer Kehllatz akkurat und nicht »unordentlich« ausgefranst, und vor allem fehlte das für die Weidenmeise charakteristische helle Flügelfeld: Kein Zweifel – wir hatten hier zwei Sumpfmeisen vor uns. Aber die zuvor gehörten Rufe ..? Mir dämmerte, dass hier vielleicht eine Kohlmeise ihr Unwesen trieb – und richtig: Einen Augenblick später kam aus einem benachbarten Bäumchen eine Kohlmeise mit dääh-dääh-Rufen zu den Sumpfmeisen ins Gebüsch geflogen, die prompt mit dem arttypischen »pstjädädät« antworteten. Auch diese Rufe beherrschen Kohlmeisen – vielleicht hatte dieses Exemplar ebenfalls Schwierigkeiten mit der Bestimmung ...

Kohlmeise

Häufig zu hören ist auch ein helles »pink«, das von dem des Buchfinken (s. S. 139) nicht zu unterscheiden ist – jedenfalls so lange nicht, bis eine der beiden Vogelarten diesen Ruf mit einem anderen jeweils arttypischen Laut kombiniert, etwa »rrüüt-pink« beim Buchfinken oder »zi-pink« oder »pink-trrr« bei der Kohlmeise.

Überhaupt ist ihr Lautrepertoire überaus vielfältig und obwohl sehr gut untersucht, sind gewiss noch längst nicht alle Einzelheiten bekannt und verstanden. So können Kohlmeisen unterschiedliche Rufe miteinander kombinieren und damit nicht nur sehr differenzierte Informationen über ihre Umwelt und sich selbst mitteilen, sondern auch Artgenossen situationsgerecht warnen oder zu bestimmten Handlungen auffordern. Dass dies nicht zufällig geschieht und die Vögel aus einzelnen Rufen regelrechte »Sätze« mit einer festgelegten Grammatik bilden, konnten Wissenschaftler kürzlich durch Versuche mit japanischen Kohlmeisen zeigen. (Ob es sich dabei um die bei uns vorkommende Art handelt, deren Verbreitungsgebiet bis in den Fernen Osten reicht, oder um eine aufgrund bestimmter molekulargenetischer Unterschiede jetzt von manchen Experten als eigenständig angesehene, sehr nah verwandte Kohlmeisenart, ist in diesem Zusammenhang unerheblich.) Die Forscher nahmen Rufkombinationen von Einzelvögeln auf, die zuvor bei Artgenossen eine bestimmte komplexe Reaktion ausgelöst hatten, zerlegten die Rufe im Labor in die Einzellaute und fügten diese in anderer Reihenfolge wieder zusammen. Diese spielten sie anschließend frei lebenden Kohlmeisen vor. Ergebnis: Anders als beim technischen Abspielen der »Originalmitteilung« reagierten die Vögel nicht darauf. Offensichtlich verstanden sie die solcherart veränderten »Sätze« nicht mehr. Damit konnte erstmals der experimentelle Beweis erbracht werden, dass eine (einfache) Grammatik auch bei Vögeln vorkommt und dies kein Alleinstellungsmerkmal des Menschen ist.

Ihre hohe Intelligenz stellen Kohlmeisen, aber auch Blaumeisen, in unterschiedlichsten Situationen unter Beweis, ganz besonders bei der Nahrungssuche. In England etwa lernten Kohlmeisen, mit Metallfolie verschlossene Milchflaschen zu öffnen, um vom fetthaltigen Rahm zu naschen. (Die Milch selbst vertragen die meisten Vogelarten aufgrund des enthaltenen Milchzuckers nicht.) Binnen kurzer Zeit verbreitete sich dieses Verhalten unter den Meisen (und später auch Spatzen) durch Nachahmung so sehr, dass im ganzen Land kaum eine Milchflasche, die vor die Haustür der Kunden geliefert wurde, mehr vor den Vögeln sicher war.

Ungeklärt ist bis heute ein seltsames Verhalten, das Kohlmeisen und ganz besonders Blaumeisen mitunter zeigen: Die Vögel dringen einzeln oder zu mehreren in Häuser ein, zerfetzen Zeitungen oder reißen Tapeten in kleinen Stücken von der Wand, schlagen mit ihren kräftigen Schnäbeln mitunter sogar Löcher in den Wandputz. Werden sie verscheucht, versuchen manche mit hartnäckiger Energie, erneut einzudringen und ihr Zerstörungswerk fortzusetzen. Vielleicht ist es Nahrungsmangel, der die möglicherweise ausgehungerten Tiere in die Häuser treibt, vielleicht eine Art spielerischer Zeitvertreib – niemand weiß es

Blaumeise

genau. Manche Meisen verspeisen besonders im Winter auch frischen, besonders leinölhaltigen Fensterkitt, dies wohl vor allem wegen dessen Fettgehalt.

Ansonsten sind die Vögel hinsichtlich ihrer Nahrung keineswegs wählerisch. Auf ihrem Speisezettel stehen Insekten und deren Eier, Larven und Puppen, Spinnen und andere Kleintiere genauso wie pflanzliche Nahrung, etwa Sonnenblumenkerne und Nüsse. Um diese zu öffnen, wird der Futterbrocken geschickt mit einem Fuß oder auch mit beiden Füßen festgehalten und mit gezielten Schnabelhieben bearbeitet. Ebenso verfahren die Vögel mit großen oder wehrhaften Beutetieren. Um Konkurrenz bei der Nahrungssuche im selben Lebensraum zu vermeiden, nutzen Kohlmeise und Blaumeise in der Regel unterschiedliche Bereiche eines Baumes: Die Kohlmeise bewegt sich eher auf den kräftigeren Ästen und Zweigen im unteren Bereich, im Stammbereich und auch am Boden. Häufig hackt sie wie ein Specht Löcher in die Rinde, um verborgene Insekten aufzuspüren. Die kleinere und leichtere Blaumeise dagegen turnt akrobatisch und häufig mit dem Rücken

Nur außerhalb der Brutzeit gesellig – Kohlmeisen

nach unten hängend durch die feinen Zweige im Kronendach von Bäumen und Sträuchern, sammelt Kleintiere von den Unterseiten der Blätter oder pickt sie geschickt aus Knospen, verholzten Stängeln oder eingerollten Blättern. Der spitze, kräftige Meisenschnabel eignet sich ganz besonders gut zum Hämmern, Hacken und Zerren – das wird deutlich bei der oben geschilderten Marotte, Tapeten von der Wand zu fetzen.

Beide Arten sind in der Lage, ihre Futtergewohnheiten flexibel anzupassen – je nach Nahrungsangebot und Jahreszeit. So zeigt speziell die Blaumeise im zeitigen Frühjahr eine Vorliebe für Pollen und Nektar, bei manchen Zierpflanzen wie der Kaiserkrone kommt sie sogar als Bestäuberin in Betracht. Insgesamt gesehen bevorzugen Blaumeisen wie Kohlmeisen jedoch eindeutig animalische Kost, auch im Winter – trotz zahlreicher wohlgefüllter Futterhäuschen. (Nur) zu dieser Jahreszeit können sie die Zahl potenzieller Schadinsekten und deren Jugendstadien effektiv regulieren, weil diese dann in Kältestarre verharren und sich nicht vermehren, und spielen daher eine wichtige Rolle bei der biologischen Schädlingsbekämpfung. Im Sommerhalbjahr hingegen haben Vögel, das zeigten verschiedene Untersuchungen, keinen nennenswerten Einfluss auf eine Massenentwicklung unerwünschter Insekten. Gleichwohl profitieren die Meisen in solchen Fällen bei der Jungenaufzucht von dem üppigen Nahrungsangebot.

Immerhin müssen in der Regel sechs bis zwölf, bei der Blaumeise mitunter sogar 15 Junge versorgt werden. Derart große Gelege finden sich allerdings meist nur in geräumigen, künstlichen Nistkästen, die Meisen als typische Höhlenbrüter sehr gern annehmen. In den oft viel engeren Naturhöhlen, etwa in morschen Bäumen, ist die Zahl der gelegten Eier entsprechend kleiner, da so viele Jungvögel nicht ausreichend Platz darin finden. Dafür ist in naturnahen Laubwäldern der Bruterfolg meist signifikant höher als in Gärten und Parks: In Gärten gibt es zwar in der Regel ein großes Angebot an Nistkästen, doch finden die Meiseneltern dort oft nicht genügend Nahrung für ihre Jungen. Denn vielfach werden dort exotische Ziersträucher und Nadelgehölze gepflanzt, die als Futterpflanzen für die Larven heimischer Insekten wertlos sind (s. S. 200). Und wo keine Raupen zu finden sind, da verhungern viele Jungvögel im Nest oder nach dem Ausfliegen. Während die Kohlmeise häufiger zwei Jahresbruten unternimmt, brütet die Blaumeise stets nur einmal im Jahr. Es handelt sich dabei um unterschiedliche Brutstrategien: Blaumeisen setzen quasi »alles auf eine Karte«, nutzen bei guten Bedingungen eine Massenentwicklung von Insekten voll aus, riskieren aber gleichzeitig bei schlechtem Wetter und Insektenmangel zur Aufzuchtzeit einen Totalverlust der Brut. Kohlmeisen dagegen verteilen das Risiko auf zwei Bruten mit durchschnittlich weniger Eiern pro Gelege als bei der Blaumeise.

Interessanterweise ist die Zahl der Jungvögel, die eine einzelne Blaumeise im Laufe ihres Lebens, das im Freiland unter günstigen Umständen mehr als zehn Jahre währen kann, zum Ausfliegen bringt, individuell sehr unterschiedlich. So zeigten die Ergebnisse einer ausführlichen Studie in Belgien, dass wenige sehr erfolgreiche Weibchen 40 und mehr Nestlinge erfolgreich aufzogen, während andere niemals erfolgreich brüteten. Das galt auch für den Nachwuchs der besonders erfolgreichen Blaumeisen: Etwa 35 Prozent von ihnen blieben ohne Enkel.

Nach der Brutzeit schließen sich die Meisen zu kleinen Trupps zusammen, oft mehrere Arten gemeinsam. Vor allem im Herbst und Winter sieht man solche gemischten Trupps, denen sich häufig auch andere Vögel wie Kleiber, Goldhähnchen oder Baumläufer anschließen. Ein solcher Zusammenschluss bietet offenbar Vorteile bei der Nahrungssuche und auch Schutz vor Feinden. Besucht ein solcher gemischter Schwarm eine Futterstelle, kann man auch die anderen Meisenarten studieren, die man im Sommer nur selten im Garten sieht. Am häufigsten ist noch die **Tannenmeise**, eine Bewohnerin des Nadelwaldes. Da sie auch mit kleineren Nadelbaumbeständen vorliebnimmt, kann man ihr ebenso in Parks und auf Friedhöfen begegnen. Meist wird man durch ein zartes, aber dennoch durchdringendes »wize wize wize« auf den Vogel aufmerksam, der wie eine kleine, graue Variante der Kohlmeise mit auffallendem, weißem Nackenfleck wirkt. Auch sie brütet in Höhlen, nicht selten sogar in Erdlöchern. Häufig bekommen die bei uns brütenden Tannenmeisen im Winter in wechselnder Zahl Verstärkung aus dem Norden. Nur selten lässt sich die ebenfalls in Nadelwäldern lebende **Haubenmeise** im Garten blicken, sie bleibt in der Regel

Haubenmeise

auch in der kalten Jahreszeit ihrem Brutrevier treu. Recht regelmäßig, aber in geringer Zahl tritt im Winter die oben bereits erwähnte Sumpfmeise auf. Anders als es ihr Name vermuten lässt, lebt sie in feuchten Wäldern mit viel Totholz. Nur dort, wo ihre Ansprüche erfüllt werden, brütet sie auch in großen Parkanlagen. In den letzten Jahren hat sie sich allerdings weitgehend aus dem Siedlungsbereich des Menschen zurückgezogen. Möglicherweise wurde sie durch die steigende Zahl der überlegenen Kohlmeisen und Blaumeisen verdrängt, die ihr Nahrung und Nisthöhlen streitig machen. Die Weidenmeise, die Zwillingsart der Sumpfmeise, kommt in städtischem Umfeld überhaupt nicht vor. Nur in ländlichen Regionen besucht sie gelegentlich größere, naturnahe Gärten, um dort die Samen des Hohlzahns *(Galeopsis)*, einer heimischen Wildstaude, zu ernten, die sie offenbar besonders liebt. Aufgrund ihrer Ähnlichkeit mit der Sumpfmeise ist jedoch stets besondere Sorgfalt bei der Bestimmung geboten (s. o.). Die Weidenmeise wird wegen ihrer schwarzen Kopfkappe auch Mönchsmeise genannt und die Sumpfmeise entsprechend Nonnenmeise.

In den gemischten Meisenschwärmen und am Futterhäuschen sind Kohlmeisen und Blaumeisen allen anderen Meisenarten überlegen. Auch untereinander streiten sie sich oft ums Futter, wobei innerartlich, aber auch zwischenartlich eine ausgeprägte Hackordnung ausgefochten wird. Insbesondere manche dominanten Blaumeisenhähne erweisen sich dabei als grimmige Kämpfer, die nicht nur unterlegene Artgenossen, sondern selbst die körperlich stärkeren Kohlmeisen regelrecht tyrannisieren können. Manche Exemplare kontern rohe Gewalt auch mit List: Wiederholt wurde beobachtet, dass an einer lukrativen Futterstelle rangniedere Kohlmeisen in einem Schwarm Artgenossen durch Warnrufe zur Flucht veranlassten, obwohl weit und breit kein Feind zu sehen war. So konnten sie sich – unbehelligt von der Konkurrenz – die besten Leckerbissen sichern. Wer hätte solche Trickserei einem kleinen Vogel zugetraut?

Bild rechts und Bilder folgende Doppelseite:
Schwanzmeisen können unterschiedliche Kopfzeichnungen tragen.

Die Schwanzmeise

Vielleicht fragen Sie sich, wieso die Schwanzmeise ein eigenes Kapitel bekommt? Ganz einfach: Weil sie trotz ihres deutschen Namens nicht zur Familie der echten Meisen *(Paridae)* zählt, genauso wenig übrigens wie die Beutelmeise und die Bartmeise, die beide allerdings nicht in Gärten und Parks vorkommen. Alle drei bilden eigene systematische Gruppen. Unsere Schwanzmeise ist die einzige europäische Vertreterin der gleichnamigen Vogelfamilie, der *Aegithalidae,* die sich trotz mancher äußerlicher Ähnlichkeiten hinsichtlich ihres Verhaltens, ihrer Brutgewohnheiten und ihrer Stimme deutlich von den echten Meisen unterscheidet.

Schwanzmeisen gehören zum Niedlichsten, was die heimische Vogelwelt zu bieten hat: ein winziges, puscheliges Federbällchen mit einem überlangen Schwanz, der knapp zwei Drittel der gesamten Körperlänge von etwa 14 Zentimetern ausmacht und ihr im Volksmund auch den Namen »Pfannenstielchen« eintrug. Der überdimensionale Schwanz ist kein Luxus, sondern Notwendigkeit: Er dient als Balancierhilfe, wenn die Schwanzmeise bei der Suche nach kleinen Insekten und Spinnen mit akrobatischer Geschicklichkeit durch die äußersten Zweigspitzen turnt, häufig mit dem Rücken nach unten hängend und mit unglaublicher Gelenkigkeit. Dazu mit einer Leichtigkeit und Eleganz, dass die ebenfalls auf dünne Zweigspitzen spezialisierte Blaumeise daneben fast schon plump wirkt. Schwanzmeisen sind sogar in der Lage, sich nach Papageienart in Rückenlage von Zweig zu Zweig zu hangeln oder, sich mit einem Fuß festhaltend, »aus der Faust« zu essen. Vögel im Experiment verloren einen Großteil dieser Geschicklichkeit, als Forscher ihnen die Schwanzfedern auf die Länge eines Blaumeisen-Schwanzes stutzten.

Schwanzmeisen sind mit verschiedenen Unterarten in einem breiten Gürtel, der sich von den gemäßigten Breiten bis in die boreale Zone im Norden und subtropische Bereiche im Süden erstreckt, von Westeuropa bis in den Fernen Osten verbreitet. Vögel unterschiedlicher Regionen unterscheiden sich unter anderem durch ihre – allerdings variable – Kopfzeichnung: Die nordische Unterart hat einen reinweißen Kopf, die mitteleuropäischen Vögel besitzen in der Regel einen breiten, dunklen Längsstreifen an den Kopfseiten. Doch keine Regel ohne Ausnahme: Auch bei der hiesigen Unterart gibt es einen geringen Anteil weißköpfiger Exemplare.

Schwanzmeisen sind sehr gesellige Vögel, die nur während der Brutzeit paarweise leben und ansonsten nahezu niemals allein anzutreffen sind. Sie bilden kleine

Trupps von durchschnittlich sieben bis elf Tieren, seltener umfassen Schwärme bis zu 30 Individuen. Jeder Trupp beansprucht ein größeres Streifgebiet für sich, das gegen andere Schwanzmeisen-Clans energisch verteidigt wird. Während solcher Grenzstreitigkeiten schließen sich mitunter jüngere Weibchen einem benachbarten Schwarm von Artgenossen an und sorgen so für einen Genaustausch. Innerhalb ihres Territoriums ziehen die Vögel zur Nahrungssuche, die im Winter bis zu 96 Prozent der gesamten Aktivitätszeit ausmachen kann, unstet umher. Fast ständig lassen sie dabei ihre zarten Stimmfühlungsrufe hören, ein wiederholtes »pt pt pt«, das dem Zusammenhalt untereinander dient. Fliegt der Schwarm über eine größere Distanz oder hat ein Vogel den Anschluss verloren, äußern sie hohe, durchdringende und etwas schnurrend klingende srii-srii-Rufe. Oft kommen die wenig scheuen Schwanzmeisen einem ruhig dastehenden Beobachter ganz nah, mitunter bis auf einen halben Meter. Eine solche Begegnung empfinde ich immer als sehr beglückend.

Solange die Vögel im Schwarm leben, übernachten sie auch stets gemeinsam in engem Körperkontakt. Das tun zwar besonders bei tiefen Temperaturen auch Baumläufer und Zaunkönige, doch ist dieses Verhalten, von Vogelkundlern auch als »Kontaktschlafen« bezeichnet, bei Schwanzmeisen ganz besonders ausgeprägt, nicht nur bei starkem Frost. Schon frisch ausgeflogene Jungvögel sitzen und schlafen dicht aneinandergeschmiegt. Die Schlafplätze liegen meist in dichtem Gebüsch, wo sich abends die Schwarmmitglieder in der Nähe des Schlafastes versammeln. Nachdem die Vögel mit ritualisiertem Verhalten ihre sonst vorhandene Individualdistanz überwunden haben, sitzen am Ende alle in Reih und Glied, Köpfe und Schwänze benachbart sitzender Tiere oft gegenläufig ausgerichtet. Ranghöhere Vögel drängeln sich stets in die Mitte. Dort haben sie es wärmer und sind besser vor Feinden geschützt als die außen sitzenden Artgenossen.

Ansonsten ist es jedoch nicht zwingend das ranghöchste Männchen, das den Schwarm anführt. Vielmehr zeigten genaue Beobachtungen eines Schwanzmeisen-Trupps, dass im Laufe eines Tages acht

verschiedene Individuen voranflogen, wobei der Anführer bis zu zwanzigmal wechselte. Oft schließen sich Meisen, Kleiber, Baumläufer und andere Arten den Schwanzmeisen an – offenbar aber nicht oder viel seltener umgekehrt. In solchen gemischten Schwärmen scheinen die agilen Schwanzmeisen, obwohl Meisen und Kleibern in der Konkurrenz um Futter unterlegen, die Führung zu übernehmen. Jedenfalls bewegt sich ein artreiner Trupp etwa von Blaumeisen bei der Nahrungssuche deutlich langsamer voran als ein gemischter Schwarm. Nahrungskonkurrenz untereinander scheinen die Schwanzmeisen ganz im Gegensatz zu den streitsüchtigen Meisen nicht zu kennen: Öfter schon habe ich an einem Futterknödel ein halbes Dutzend oder mehr der anmutigen Vögel gleichzeitig als langschwänziges »Knödelknäuel« beobachtet. Nur Zeisige zeigen ein ähnliches Verhalten.

Im zeitigen Frühjahr, mit Beginn der Brutzeit, finden sich innerhalb des Trupps Paare, die sich mehr und mehr von ihren Artgenossen absondern und innerhalb des Schwarmterritoriums eigene Reviere bilden. Diese werden gegen die einstigen Schwarmkumpane verteidigt, und sobald das Nest fertig ist, nächtigt jedes Paar bis zum Ausfliegen der Jungen gemeinsam darin und nicht mehr in der Schlafgesellschaft. Wenn es aber im Frühjahr einen unerwarteten Kälteeinbruch gibt, wird der Nestbau unterbrochen, mitunter sogar ganz aufgegeben, und die Vögel schließen sich vorübergehend wieder zum Schwarm zusammen oder verbringen zumindest die Nächte als Schlafgemeinschaft.

Anders als die echten Meisen brüten Schwanzmeisen nicht – oder nur ganz ausnahmsweise – in Höhlen, sondern errichten sehr aufwendig und sorgfältig gebaute, oben geschlossene Freinester (s. Abb. auf S. 195), deren Bau über einen Monat dauern kann. Es sind sehr kompakte, dickwandige Gebilde von hochovaler Form mit kleiner Einflugöffnung im oberen Bereich, gebaut aus verflochtenem Moos, Halmen und anderem feinen Pflanzenmaterial. Sie sind so fest mit benachbarten Ästchen verflochten, dass sie selbst starken Stürmen widerstehen. Auch vor Regen und Kälte bieten die mit eingetragenen Federn gut isolierten Gebilde ausreichend Schutz. Will man ein solches Nest nach der Brutzeit zum Beispiel als Anschauungsmaterial bergen, muss man es vorsichtig mitsamt den tragenden Ästen aus dem Baum oder Strauch herausschneiden – wenn man es denn findet: Oft werden Flechten, die auf dem Nistbaum wachsen, in die äußeren Nestwände eingeflochten und geben der Kinderstube der Schwanzmeise eine perfekte Tarnung. Mitunter macht die Vorliebe der Vögel für Flechten als Baumaterial ein solches Nest aber auch besonders auffällig, dann

Schwanzmeisen sind sehr gesellige Vögel.

nämlich, wenn diese in der direkten Nestumgebung nicht zu finden sind. Offenbar besteht eine enge Beziehung: Ein auffallender Bestandsrückgang der Schwanzmeise in München in den 1970er-Jahren wurde mit dem großräumigen Verschwinden der empfindlichen Flechten durch die damals herrschende Luftverschmutzung erklärt. Ansonsten sind diese Vögel hinsichtlich ihrer Neststandorte alles andere als anspruchsvoll. Kaum ein anderer Singvogel zeigt bei der Wahl des Nistplatzes eine derartige Flexibilität: Das Nest kann in einer dichten Hecke errichtet werden, in einem Nadelbaum oder Laubgehölz, am Boden oder in 30 Meter Höhe in einem Baumwipfel, in üppigem Fassadengrün ebenso wie in Reisighaufen. So ist es nicht verwunderlich, dass die Zahl der Schwanzmeisen vielerorts in städtischen Grünanlagen, Parks und Gärten, deren aufgelockerte Struktur ihren Lebensraumansprüchen sehr entgegenkommt, in den letzten Jahrzehnten stark zugenommen hat.

Trotz der kunstvollen und oft gut getarnten Kinderstuben sind die Brutverluste bei Schwanzmeisen, auch im Vergleich zu anderen Singvögeln, enorm hoch. Viele Nester werden schon während der Bauphase von Nesträubern wie Katzen und Mardern zerfleddert, auch weil sich die Vögel in dieser Zeit durch häufige »aufgeregte« Anflüge und ständiges Rufen sehr auffallend verhalten, als wollten sie aller Welt kundtun, dass hier demnächst Familie Schwanzmeise einziehen wird. Auch wenn sie später zur Zeit der Bebrütung und Jungenaufzucht zu Heimlichtuern werden: Die intelligenten Elstern und Eichelhäher merken sich auf diese Weise den Standort und schlagen zu, wenn es im Nest etwas zu holen gibt.

Dass die Schwanzmeisen trotz dieser hohen Verluste nicht ausgestorben sind, sondern sich im Gegenteil auch in der Stadt gut behaupten, liegt an einer brutbiologischen Besonderheit: Neben dem Elternpaar beteiligen sich häufig weitere Altvögel an der Aufzucht der Jungen. Meistens sind es drei bis vier, mitunter auch ein halbes Dutzend zusätzliche Helfer, in einem Fall wurden sogar deren neun beobachtet. Häufig, aber keineswegs immer, sind es Vögel, deren eigene Bruten verloren gegangen sind. Genetische Untersuchungen zeigten, dass solche Helfer wohl fast immer aus der Verwandtschaft des männlichen Elternteils stammen und durch dieses Verhalten dazu beitragen, dessen Gene und mittelbar auch das eigene Erbgut weiterzugeben. Es sind aber auch Fälle belegt, in denen die Helfer nicht mit dem Vater der Jungen verwandt waren. Welchen Sinn das Helferverhalten unter diesen Umständen hat, ist bislang nicht geklärt. Auf jeden Fall gelingt es den Schwanzmeisen-Eltern durch diese Unterstützung häufig, zehn bis zwölf Junge großzuziehen, was sie allein vermutlich nicht oder sehr viel seltener schaffen könnten. Zwar legen auch Kohlmeisen und Blaumeisen häufig ähnlich viele Eier, aber bei ihnen wird in der Regel – abhängig vom Futterangebot – nur ein Teil der schlüpfenden Jungen tatsächlich flügge. Auch sind junge Schwanzmeisen, von Eltern und Helfern üppig versorgt, beim Ausfliegen meist in besserer Kondition und haben daher eine höhere Überlebenschance als junge Kohlmeisen oder Blaumeisen. So werden die hohen Brutverluste wieder mehr als wettgemacht. Sobald der Nachwuchs flügge ist, werden die Paarreviere aufgegeben. Dann ziehen die entzückenden Vögelchen wieder in munteren Trupps durch Garten, Park und Wald.

Kleiber und Baumläufer

Der **Kleiber** gehört zu den auffälligsten und temperamentvollsten Singvögeln in unseren Wäldern, Parks und Gärten. Bereits im ausgehenden Winter lässt er seine laute Stimme erschallen, denn er ist ein Standvogel und bleibt seinem Revier auch in der kalten Jahreszeit treu. Das wird mit eifrigem Gesang gegen männliche Artgenossen verteidigt. Ein aufmerksamer Zuhörer kann leicht erkennen, wie hitzig es dabei gerade zugeht, denn je nach Erregungsgrad des Vogels klingen die Gesangsstrophen hörbar anders: Eine Reihe jeweils herabgezogener Pfeiftöne, etwa wie »wiu wiu wiu wiu« oder »tiü tiü tiü ...«, zeigt in der Regel an, dass der Sänger alleine und kein Rivale in der Nähe ist. Sind die einzelnen Pfiffe hingegen am Ende hochgezogen, drückt das stärkere Erregung aus, ebenso wie eine steigende Anzahl der Elemente in schnellerem Rhythmus. Oft liefern sich zwei (oder mehrere) benachbarte Revierinhaber auf diese Weise ein akustisches Duell. Bei der Balz hört man noch einen dritten Gesangstyp, das Trillern oder »Lachen«, ein schnell gereihtes »wiwiwiwiwiwiwi ...«. Auch die Rufe, bei vielen anderen Vogelarten im Gegensatz zum Gesang eher leise und häufig schwer zuzuordnen, klingen beim Kleiber äußerst markant. Zumindest das laut schallende »twit twit twit twitwitwit twit twit ...«, das er bei vielen Gelegenheiten hören lässt – bei Störungen genauso wie bei Auseinandersetzungen mit Artgenossen oder anderen Vogelarten. So ist es nicht schwer, den Vogel in den Bäumen zu entdecken, wo er sofort durch sein lebhaftes Verhalten auffällt.

Kleiber sind an größere Bäume mit möglichst grobborkiger Rinde gebunden, an deren Stämmen sie geschickt herumturnen wie ein Specht. »Spechtmeise« wird der Kleiber auch genannt, doch ist er weder Specht noch Meise, sondern zählt zu einer eigenen Familie, den Kleibern *(Sittidae)*. Die Bewegung am Stamm erscheint sprunghaft und ruckartig, ist aber kein normales, beidbeiniges Hüpfen wie beim Gartenbaumläufer (s. u.) und auch kein eigentliches Laufen: Beide Beine werden rasch hintereinander bewegt, sodass immer ein Fuß festhält und der andere sofort nachgezogen wird. Bewegt sich der Vogel nicht fort, ist an senkrechten Flächen ein Fuß oben und einer unten eingehakt. Das hat eine charakteristisch schräge Körperhaltung des Kleibers zur Folge. Als (fast) einzige heimische Vogelart ist er in der Lage, mit Leichtigkeit auch kopfunter am Stamm zu klettern. (Ausnahmsweise zeigen auch Baumläufer und Kohlmeisen kurzzeitig und über geringe Distanzen ein solches Verhalten.) An dünnen Zweigen, die der Vogel mit seinen Zehen umgreifen kann, oder an Ästen mit rauer Borke vermag er auch ein Stück weit auf der Unterseite entlangzuklettern. Dabei stochert er in den Rindenritzen nach Insekten und Spinnen oder sammelt sie von Ästen und Blättern ab. Besonders im Winterhalbjahr sucht der Kleiber auch nach versteckter Beute, indem er dünne Rindenteile oder Flechtenbewuchs mit dem Schnabel abhebt.

Große Beutetiere mit hartem Chitinpanzer wie Käfer oder Heuschrecken werden auf besondere Weise bearbeitet: Der Vogel klemmt sie in Rindenspalten und zerkleinert sie dort schnabelgerecht, er frisst nur die Weichteile, der Rest bleibt in der »Werkbank« stecken.

Temperamentvoller Kletterkünstler – der Kleiber

Auf dieselbe Weise verfährt der Kleiber auch mit Baumfrüchten wie Eicheln und Bucheckern oder mit den von ihm sehr geschätzten Sonnenblumenkernen, um die nahrhaften Keimlinge aus der hartschaligen »Verpackung« herauszuhacken. Nicht alles wird sofort verzehrt: Findet der Kleiber Nahrung im Überfluss, so deponiert er sie in Verstecken, gern in Rindenritzen. Manchmal erscheint sein Verhalten dabei reichlich skurril: So werden aus Fichtenzapfen herausgeklaubte Samen sinnigerweise nicht selten umgehend in andere Fichtenzapfen gestopft ...

An einem gefüllten Futterhäuschen, wo die meisten Vogelarten dem Kleiber wegen seines ungestüm-aggressiven Temperaments den Vortritt lassen, lässt sich die Sammelwut des Vogels gut beobachten: Während andere Futtergäste wie Spatzen und Grünfinken Samen und Kerne an Ort und Stelle oder wie die Kohlmeise wenigstens in unmittelbarer Nähe verzehren, fliegt der Kleiber immer wieder nur kurz an, schnappt sich ein oder zwei Kerne und fliegt gleich wieder ab, um sie zu verstecken. Anders als etwa beim Eichelhäher oder Eichhörnchen dienen solche Nahrungsdepots allerdings weniger als längerfristige Notreserve für schlechte Zeiten (die nie kommen werden, solange das Futterhäuschen gut gefüllt ist), sondern werden zeitnah genutzt – oder vergessen. Manchmal scheint es, dass den Vögeln das Verstecken an sich Vergnügen bereitet: Satte Kleiber in einer Voliere bunkerten von ihnen entdeckte Samen oder auch Mehlwürmer, die sie zuvor selbst deponiert hatten, gleich wieder an anderer Stelle, und wenn sie nichts Essbares fanden, versteckten sie alle möglichen Ersatzobjekte. Das Deponieren von Nahrungsvorräten, das sich in ähnlicher Form zum Beispiel auch bei der Sumpfmeise findet, ist vermutlich eine günstige(re) Alternative zum energetisch »kostspieligen« Aufbau und Halten körpereigener Fettreserven und kann nach einer kalten Winternacht über Leben und Tod entscheiden, wenn die Nahrung knapp ist.

Kleiber sind Höhlenbrüter, doch selbst zimmern wie ein Specht können sie ihr zukünftiges Eigenheim nicht. Sie sind daher auf vorhandene Höhlen angewiesen, und da kann es ihnen, obwohl nur so groß wie eine Kohlmeise, gar nicht geräumig genug sein – ganz nach dem Motto: nicht kleckern, klotzen! Um größere Konkurrenten und Feinde wie Stare, Eulen oder Marder auszusperren, zeigt der Kleiber ein in der heimischen Vogelwelt einzigartiges Verhalten: Er klebt die Einflugöffnung der gewählten Höhle mit feuchtem Lehm so weit zu, bis nur noch er selbst hindurchpasst. Daher stammt der Name »Kleiber« – genauer gesagt von der gleich lautenden, mittelhochdeutschen Bezeichnung für Handwerker, die beim Hausbau Lehmwände erstellten. Ich konnte einmal beobachten, dass ein Kleiber die Öffnung einer Schwarzspechthöhle, durch die der kleine Vogel sowohl längs als auch quer gepasst hätte, innerhalb von nur 24 Stunden (abzüglich der Nachtstunden) auf seine Maße zugemörtelt hatte. Die Höhlenerbauer reißen das Bauwerk bei Eigenbedarf allerdings häufig wieder ein. Stare tun das ebenfalls – mit ihnen liefern sich Kleiber oft einen regelrechten Zermürbungskrieg: Es wird so lange gemauert und weggemeißelt, bis einer der

Kontrahenten aufgibt, oft erst nach mehreren Tagen. Regelmäßig mauern Kleiber auch die weiten Öffnungen künstlicher Nistkästen zu, die eigentlich als Heim für Waldkäuze oder Raufußkäuze gedacht waren. Eulenschützer wissen davon ein Lied zu singen und hängen ihrerseits geräumige Kunsthöhlen mit einem Flugloch-Durchmesser von 32 Millimetern – genau passend für den passionierten Lehmbauer – in der Nähe auf, um ihn abzulenken. Es ist die Geräumigkeit einer Großhöhle, die den Vogel anzieht, auch wenn er dafür die Öffnung verkleinern muss. Das »Kleiben« liegt dem Vogel allerdings so sehr im Blut, dass er dieses Verhalten nicht selten auch bei passender Lochgröße zeigt und dann wenigstens etwas Lehm außen herum schmiert, vor allem bei Naturhöhlen. Nur selten brütet er in herkömmlichen Meisenkästen. Als Nistmaterial werden – typisch für den Kleiber – stets nur kleine Rindenstücke eingetragen.

Eine ähnliche Lebensweise wie der Kleiber – wenn auch ein gänzlich anderes Nistverhalten – zeigen die deutlich kleineren **Baumläufer.** Auch sie sind Baumbewohner, die sich am Stamm ebenso flink und behände bewegen und mit ihrem tarnfarbigen Gefieder wirken wie eine rindenfarbige Maus.

Es gibt hierzulande zwei Arten. In ihrem Äußeren sehen sie sich extrem ähnlich und sind im Freiland nur an der Stimme, insbesondere am unterschiedlichen Gesang, zu unterscheiden. Doch bei diesen Vögeln gilt *nomen est omen:* Während der **Waldbaumläufer,** der Name sagt es, ein Bewohner größerer Wälder mit einer Vorliebe für Fichtenbestände ist, kommt der **Gartenbaumläufer** regelmäßig in großen Gärten und Parks vor, sofern dort wenigstens einige alte Eichen oder andere Bäume mit grobrissiger Borke stehen. Wenn man im Siedlungsbereich also einen Baumläufer sieht oder hört, ist es in aller Regel ein Gartenbaumläufer. Und wer die kurze, aber prägnante Gesangsstrophe des Vogels, »titi titiroitititt«, erst einmal verinnerlicht hat, wird vielleicht erstaunt feststellen, wie häufig und verbreitet der Gartenbaumläufer auch in städtischen Grünanlagen ist – mindestens so sehr wie der Kleiber, wenngleich wegen seines schlichten Gefieders und zurückhaltenden Temperaments viel weniger auffällig als dieser.

Baumläufer zeigen beim Ortswechsel von Baum zu Baum ein charakteristisches Verhalten: Sie lassen sich aus dem Kronenbereich im Sturzflug fallen, wechseln kurz über dem Boden elegant und ohne erkennbaren Flügelschlag in die Horizontale und gleiten in sanftem Schwung an den Fuß eines Nachbarbaumes. Von dort streben sie in ruckartigen Schüben, häufig spiralig um den Stamm herum, wieder nach oben und sondieren dabei die Rindenritzen mit ihrem pinzettenartig spitzen, gebogenen Schnabel auf der Suche nach kleinen Insekten und Spinnen, von denen sie sich hauptsächlich ernähren.

Anders als der bauwütige Kleiber nisten Baumläufer nicht in mehr oder weniger geräumigen Baumhöhlen, sondern errichten ihr Nest in schmalen vertikalen Nischen hinter loser Rinde oder in größeren Baumwunden, wo vielleicht der Blitz eingeschlagen oder ein Specht es bei der Nahrungssuche etwas übertrieben hat.

Speziell der Gartenbaumläufer nutzt im Siedlungsraum auch Lücken, Spalten und Nischen hinter Verschalungsbrettern, Fensterläden, Werbetafeln, in Mauerfugen oder Brennholzstapeln, ganz ähnlich wie eine Zwergfledermaus. Auch unter Dächern und Giebeln und selbst im Inneren von Schuppen und Gartenhäuschen kann er sich einnisten. Mancherorts wird der Vogel daher auch »Hausbaumläufer« genannt. Gerne nimmt er auch spezielle Nistkästen an, die seinen Bedürfnissen entsprechend kein Einflugloch in der Vorderfront besitzen, sondern einen seitlichen Schlitz zum Einschlüpfen. Als Halbschalen ohne Rückwand werden diese Kästen direkt am grobborkigen Stamm angebracht. Selbst in nach unten offenen Fledermauskästen kann sich ein Gartenbaumläufer häuslich einrichten. Sein dreischichtiges Nest ist von dem des Waldbaumläufers nicht zu unterscheiden, ansonsten aber durch den charakteristischen Aufbau kaum mit den Nestern anderer Vogelarten zu verwechseln. Die Grundlage bildet ein fester Unterbau aus sperrigen, locker geschichteten und ziemlich groben Ästchen, sehr gerne trockene Fichtenreiser, die teilweise aus dem Nistspalt hängen können und mit Spinnweben oder Fasern aus Spinnenkokons miteinander verbunden sind. Darauf folgt eine mittlere Schicht aus dünner Birkenrinde, Fichtenrindenschuppen, Kiefernnadeln oder Ähnlichem. Die eigentliche Nistmulde ist wie bei vielen anderen Kleinvogelarten mit weichen Materialien wie Moos, Federn und Haaren ausgekleidet.

Im Gegensatz zum äußerst streitsüchtigen Kleiber (und auch zum Waldbaumläufer) zeigen sich Gartenbaumläufer Artgenossen gegenüber viel verträglicher. Häufig übernachten sie wie die Schwanzmeisen sogar in Gemeinschaft mit ihresgleichen, nicht nur im Winter, den die zarten Vögel genauso wie der robuste Kleiber im Brutgebiet verbringen. Sie suchen sich dazu kuschelige Stellen, die vor Wind und Regen geschützt sind und bei guter Eignung über längere Zeit genutzt werden können. Auch dort wissen die Vögel die Vorteile der Zivilisation zu nutzen: Mitunter beherbergt eine Gartenlaube oder ein Geräteschuppen, vom Menschen oft unbemerkt, eine solche Schlafgemeinschaft aus kleinen, braunen Federknäueln.

Baumläufer sind gut getarnt und verraten sich meist nur durch ihre Stimme.

Buntspecht und Grünspecht

Mit seiner schwarz-weiß-roten Gefiederfärbung macht der **Buntspecht** seinem Namen alle Ehre. Unter den neun in Deutschland lebenden Spechtarten ist er der anpassungsfähigste: Er kommt nicht nur in unterschiedlichsten Waldtypen vor, sondern hat inzwischen längst auch den menschlichen Siedlungsraum erobert. Parks und Friedhöfe sowie große Gärten mit altem Baumbestand sind sein Revier. Im Winter besucht er regelmäßig Futterstellen und hängt sich dort in typischer Haltung, akrobatisch mit dem Rücken nach unten und mit u-förmig hochgekrümmtem Vorderteil und Schwanz, an einen Meisenknödel, den er in kurzer Zeit zerfleddern und zerhacken kann.

Solches Fettfutter ist ihm willkommen, stellt vom Aufwand her aber keinerlei Herausforderung für den Vogel dar. Denn der Buntspecht ist ein typischer Hackspecht, der seine Nahrung normalerweise an Bäumen sucht: Auf seine außerordentlich steifen, stabilen Schwanzfedern gestützt und mit einer beweglichen, beim Klettern zusätzlich nach hinten gerichteten »Wendezehe« an jedem Fuß ausgestattet, sitzt er an einem Baumstamm und klopft die Rinde sorgfältig nach morschen Stellen ab. Insbesondere dort, wo Holz bewohnende Käferlarven Fraßgänge angelegt haben, klingt es hohl – Anlass für den Buntspecht, solche Stellen näher zu inspizieren. Mit wuchtigen Hackschlägen seines starken Meißelschnabels schlägt er bis zu zehn Zentimeter tiefe Löcher in das morsche Holz und versucht, die Beute freizulegen oder mit seiner vier Zentimeter langen, beweglichen Zunge, die vorne mit Widerhaken versehen ist, herauszuziehen. Bei Gelegenheit nutzt der Buntspecht auch andere Techniken der Insektenjagd, die sonst eher seinen Verwandten eigen sind: Er stochert Beutetiere aus Borkenritzen wie der Mittelspecht oder sammelt sie von dünnen Zweigen und Blättern wie der nur spatzengroße Kleinspecht.

Im Winter stehen die Samen aus den Zapfen von Nadelbäumen (Koniferen) wie Lärche, Kiefer, Fichte und Tanne ganz oben auf dem Speiseplan des Buntspechts – anders als bei anderen Spechtarten. Um die winzigen Samen zu ernten, klemmt er die Zapfen in geeignete Ritzen und Spalten in der Borke benachbarter Bäume, wo er sie bearbeiten kann. In der Regel hat jeder Vogel mehrere solcher »Spechtschmieden«, und er weiß offenbar sehr genau, welche Schmiede für welche der sehr unterschiedlich großen und geformten Zapfen geeignet ist. Mehr noch: Bei Bedarf hämmert er sich Schmieden passend für jeden Zapfentyp zurecht, ein Verhalten, das Wissenschaftler als echten, gezielten Werkzeuggebrauch werten. Zwar nutzen auch andere Spechtarten und der Kleiber sogenannte »Gelegenheitsschmieden«, doch nur der Buntspecht ist zu dieser besonderen Leistung in der Lage, die ein hohes Maß an Intelligenz und Lernvermögen erfordert. Durch mehrfaches Wenden der Zapfen in der Schmiede kann der Buntspecht bis zu 98 Prozent der darin enthaltenen Koniferensamen ernten und auf diese Weise das Angebot sehr effektiv nutzen. Haufen von Zapfenschuppen und abgeernteten Zapfen am Boden weisen häufig auf eine Spechtschmiede hin.

Beim Buntspecht ist das Männchen durch einen roten Nackenfleck gekennzeichnet, der dem Weibchen fehlt.

Wenig bekannt ist die Tatsache, dass Buntspechte regelmäßig Eier und vor allem Jungvögel kleinerer Vogelarten verspeisen. So fallen ihnen gebietsweise bis zu 60 Prozent des Nachwuchses von Sumpfmeisen und Weidenmeisen zum Opfer, die in Baumhöhlen brüten. Solche Verluste sind jedoch von der Natur eingeplant und führen unter natürlichen Bedingungen zu keinerlei Gefährdung der Kleinvögel. Wo viele künstliche Nisthöhlen hängen, können sich manche Spezialisten allerdings zu einer wahren Plage entwickeln, indem sie systematisch einen Meisenkasten nach dem anderen aufmeißeln, um die junge Brut zu vertilgen. Andererseits haben Buntspecht und Co. in der Natur eine ökologische Schlüsselrolle inne, denn von ihrer Bautätigkeit profitieren zahlreiche Vogelarten wie Meisen, Kleiber, Trauerschnäpper und andere Höhlenbrüter, aber auch Fledermäuse, Siebenschläfer oder Hornissen, die verlassene Spechthöhlen als »Nachmieter« nutzen. Spechte verfügen in ihrem Revier meist über ein größeres Arsenal an Höhlen, die zum Schlafen oder Brüten dienen. Für das Ausmeißeln einer frischen Bruthöhle, meist in bereits angefaulten Stammpartien, bei Weichhölzern wie Weiden oder Pappeln aber auch in vollkommen gesunden Bäumen, benötigen die Vögel oft mehrere Wochen.

Der Grünspecht ist auf Ameisennahrung spezialisiert.

Männchen und Weibchen können dabei zunächst jeder für sich Höhlen zimmern und dem Partner anbieten. Hat sich das Paar schließlich entschieden, wird die auserwählte Baumhöhle überwiegend vom Männchen endgültig ausgemeißelt. In die so entstandene Kinderstube legt das Spechtweibchen meist fünf bis sieben Eier, aus denen nach einer Brutdauer von nur zehn bis elf Tagen die Jungen schlüpfen. Solange sie noch klein und nackt sind, drängen sie sich eng zusammen und legen Köpfe und Hälse dachziegelartig auf die Rücken ihrer Geschwister. Durch diese sogenannte Wärmepyramide halten sie sich gegenseitig warm. Ältere Nestlinge dagegen sind wie die erwachsenen Spechte untereinander bereits sehr aggressiv. Mit gezielten Schnabelhieben kämpfen sie bei der Fütterung um die besten Plätze am Höhleneingang, was mitunter sogar tödlich enden kann. Auch die Altvögel, die sich ihrerseits ebenfalls am liebsten aus dem Weg gehen, müssen sich nach erfolgter Fütterung vor den Attacken ihres Nachwuchses in Acht nehmen.

Von Jungvögeln besetzte Spechthöhlen lassen sich leicht an den unablässigen Zirplauten der Jungen erkennen. Dabei übernimmt, solange die Elternvögel fort sind, immer nur ein Jungspecht die sogenannte Zirpwache. Der »Wachhabende«, der von Zeit zu Zeit abgelöst wird, sitzt dabei unablässig zirpend am oder unter dem Höhleneingang, um auf die Rückkehr eines Elternteils zu warten. Dessen Ankunft löst dann allgemeines Bettelgeschrei aus. Nach etwa drei Wochen werden die jungen Spechte flügge und verlassen die Höhle. Sie werden noch einige Tage von den Eltern gefüttert, bevor diese sie aus ihrem Revier vertreiben.

Wer einen Buntspecht bei der Arbeit beobachtet, mag sich fragen, wieso der »Zimmermann des Waldes« dabei keine Kopfschmerzen bekommt. Bis vor Kurzem war es gängige Lehrmeinung, dass eine federnde Verbindung zwischen Schnabel und Schädel als natürlicher Stoßdämpfer wirkt. Das wurde inzwischen zweifelsfrei widerlegt. Vielmehr ist das Spechtgehirn so klein und leicht und zudem im Schädel so optimiert gelagert, dass es auch bei intensivem Hämmern keinen Schaden nehmen kann. Harte Arbeit bedeutet die Anlage einer Höhle in einem Baumstamm dennoch. Viel leichter geht das in der Stadt an einer isolierten Fassade. Schnell hatten die lernfähigen Buntspechte herausgefunden, dass sich das Isoliermaterial viel leichter bearbeiten lässt als Holz. Bei Probeschlägen mit dem Meißelschnabel klingt eine isolierte Fassade hohl – genau wie ein morscher Stammabschnitt eines Baumes. Dieser Klang animiert den Specht zu genauerer Untersuchung und zum Durchlöchern der Fassade. Die erhoffte Nahrung finden die Vögel dort zwar nicht, aber zum Höhlenbau taugt eine ausreichend dicke Wärmedämmschicht allemal. Damit schafft der Buntspecht gleichsam als »Rächer der Enterbten« neuen Wohnraum für gefiederte Untermieter wie Mauersegler, Hausrotschwanz und Spatz, die durch die Fassadendämmung oftmals ihre angestammten Brutplätze verlieren. Der Schaden, den solche »Mauerspechte« anrichten, ist oft beträchtlich und lässt sich nachträglich nur mit hohem Aufwand verhindern. Auch sonst wissen städtische Buntspechte die Gegebenheiten des neuen Lebensraumes für sich zu nutzen: Bekannt ist das Trommeln als Instrumentallaut, der vor allem der Revieranzeige und der Verständigung der Partner untereinander dient. Einen solchen »Trommelwirbel«, der als kurzes, aber lautes »brorrrrrr« bis zu 800 Meter weit hörbar ist, erzeugt der Vogel, indem er durchschnittlich zehn bis 16 Einzelschläge in schneller Folge auf geeignete Resonanzkörper hämmert. Das sind in der Natur meist dürre, morsche Äste oder Stammabschnitte im Wipfelbereich von Bäumen. In der Stadt nutzen manche Buntspechte hierfür alles, was Krach macht, etwa Holzmasten, Fahnenstangen, mit Blech beschlagene Dachecken oder Antennen. Solche Spezialisten können, wenn sie bis zu acht Trommelwirbel pro Minute hinlegen, das Nervenkostüm der Anwohner erheblich strapazieren.

Trommeln kommt beim **Grünspecht** hingegen nur sehr selten vor. Dafür ist sein typisches »Lachen«, ein laut schallendes »kjückjückjückjückjückjück ...« umso auffallender. Immer häufiger hört man es in den letzten Jahren auch in Gärten und Parks. Die Kombination aus hohen, alten Bäumen und kurzrasigen Grünflächen kommt seinen Lebensraumansprüchen sehr entgegen. Dazu kommt, dass der Vogel in der sogenannten freien Landschaft durch intensive Nutzung und Umgestaltung von Wiesen und lichten Wäldern immer weniger Lebensraum und Nahrung findet.

Anders als der anpassungsfähige Buntspecht ist dieser deutlich größere Verwandte ein Nahrungsspezialist, der als typischer »Erdspecht« am Erdboden nach Ameisen sucht. Als ich als Kind das erste Mal einen Grünspecht auf dem Rasen unseres Grundstücks sitzen sah, dachte ich im ersten Moment an einen entflogenen Papagei. In der Tat erinnert die grüne Färbung des knapp eichelhähergroßen Vogels mit der auffällig roten Kopfzeichnung an eine Grünwangenamazone, eine häufig gehaltene Papageienart. Im Unterschied zu dieser ziert eine auffallende schwarze Gesichtsmaske, die vom Schnabelansatz bis hinter die Augen reicht, den Kopf des Grünspechts, weswegen er auch als »fliegender Zorro« bekannt ist. Im Sommer hat es der Grünspecht vor allem auf die kleinen Weg- und Wiesenameisen der Gattung *Lasius* abgesehen, die auf mageren Wiesen und Weiden überall häufig vorkommen. Im Winter stellen Waldameisen *(Formica)* die bevorzugte Beute dar. Mit seinem starken Schnabel hackt er tiefe Löcher in den Erdboden oder in einen Ameisenhaufen und holt mit seiner zehn Zentimeter langen Zunge – Rekord unter den heimischen Spechten! – die Insekten und deren Larven und Puppen aus dem verzweigten Gangsystem der Ameisenstaaten. Falls er nicht gestört wird, kann sich ein Grünspecht eine Stunde und länger an einer eng begrenzten Stelle mit ergiebigen Ameisennestern aufhalten und diese regelmäßig über einen längeren Zeitraum aufsuchen.

Die starke Abhängigkeit von Ameisenkost macht den Grünspecht empfindlich gegen strenge, schneereiche Winter. Zwar findet er die kuppelförmigen Nester der Roten Waldameise auch unter dem Schnee, doch muss er diesen erst einmal beiseite räumen oder einen Tunnel unter der Schneedecke graben, um an die begehrten Kerbtiere zu gelangen, die sich zudem bei Frost tief unter die Erde zurückziehen. Bei dauerhaft hoher Schneelage kostet diese anstrengende Vorarbeit jedoch offenbar zu viel Energie, sodass in lang anhaltenden Wintern viele Grünspechte verhungern. Daher findet man sie auch überwiegend im Flachland und in den Niederungen der Mittelgebirge. In höheren und klimatisch raueren Lagen macht der Grünspecht dem nah verwandten Grauspecht Platz, der als ausgesprochener Waldbewohner jedoch (bislang) den Siedlungsbereich des Menschen meidet. Allenfalls erscheinen einzelne Grauspechte gelegentlich an einer winterlichen Futterstelle, was sein Vetter so gut wie niemals tut.

Der Grünspecht ist an eine ausgeprägte Hacktätigkeit viel weniger angepasst als der Buntspecht und sucht seine Nahrung nur selten in morschem Holz, untersucht im Winter aber häufiger Ritzen und Spalten in Mauern oder an Hauswänden auf dort verborgene Insekten und Spinnen. Auch ist der Grünspecht kein begeisterter Höhlenbauer, er bevorzugt zur Brut alte Höhlen, gern auch von anderen Spechten. Häufig schlägt er nur Wunden in einen Baum und lässt dann den Zahn der Zeit für sich arbeiten: Mit Glück wird die Stelle

Auch der nur spatzengroße Kleinspecht – seltener Gast im Garten – zählt zur Gattung der Buntspechte.

von Pilzen befallen und zersetzt, sodass Monate oder erst Jahre später das Holz morsch genug für die Anlage einer eigenen neuen Bruthöhle ist. Manchmal profitiert erst die nächste oder übernächste Generation davon, aber auf diese Weise gibt es für den Grünspecht ausreichend vermorschte Stellen. Und zur Not ist da immer noch der fleißige Buntspecht, der zuverlässig für ein ausreichendes Wohnraumangebot sorgt ... Anders als dieser ist der grüne »Zorro« bisher nicht auf die Idee gekommen, sein Glück an gedämmten Gebäudefassaden zu versuchen. Geplagte Hauseigentümer könnten seine markante Stimme sonst leicht als höhnisches Gelächter interpretieren.

Wie alt werden Vögel?

Angaben zur Lebenserwartung von Vögeln sind schwierig. Vor allem bei Kleinvögeln ist allgemein das durchschnittliche Lebensalter im Freiland sehr viel niedriger als das mögliche Höchstalter, das sie im Freiland nur selten, häufig aber in menschlicher Obhut erreichen können. Nach Ringfunden wird zum Beispiel der Grünspecht im Freiland maximal 15 Jahre alt, der Buchfink bis über 15 Jahre, der Waldkauz 21 Jahre. Viele kleine Singvögel, vor allem die Zugvögel unter ihnen, die besonders vielen Gefahren ausgesetzt sind, werden unter Freilandbedingungen höchstens zwei bis drei Jahre alt, ein hoher Prozentsatz von Jungvögeln vollendet nicht das erste Lebensjahr.

Elster, Krähen, Dohle und Eichelhäher

Die **Elster** gehört sicherlich zu den bekanntesten Vogelarten – und zu den unbeliebtesten, haftet ihr doch das Image der gnadenlosen Singvogel-Killerin an. Während meiner langjährigen hauptamtlichen Tätigkeit als Biologe in Diensten eines großen Naturschutzverbandes wurde ich jedes Frühjahr mit Anrufen besorgter Bürgerinnen und Bürger konfrontiert, die um die Vogelbruten in ihrem Garten oder auf dem Balkon fürchteten. Nicht wenige Anrufer forderten entschieden eine strikte Bejagung, wenn nicht gar die Ausrottung der Elster, die sich angeblich unkontrolliert und auf Kosten anderer Vogelarten vermehren würde. Doch hält das allgemeine Volksempfinden einer wissenschaftlichen Überprüfung stand?

Fakt ist, dass die Elster wie alle Rabenvögel ein sehr breites Nahrungsspektrum hat: Regenwürmer, Insekten und Aas stehen ebenso auf ihrem Speisezettel wie Sämereien, Küchenabfälle, Hundefutter oder eben auch Eier und Jungvögel. Letztere machen aber selbst zu Spitzenzeiten, wenn die Elster selber Junge zu versorgen hat, in der Regel deutlich weniger als zehn Prozent ihrer Gesamtnahrung aus. Betroffen sind vor allem frei brütende Arten wie Amsel, Ringeltaube oder Grünfink, die trotz aller Verluste zu den häufigsten Stadtvogelarten überhaupt zählen. Ausnahmslos alle wissenschaftlichen Untersuchungen, die bisher zu diesem Thema durchgeführt wurden, kamen zu dem Ergebnis, dass die Elster entgegen landläufiger Meinung keinen nennenswert negativen Einfluss auf andere Vogelarten hat. Im Gegenteil, die Bestände vieler Arten wie Gimpel, Heckenbraunelle oder Mönchsgrasmücke haben in den letzten Jahrzehnten in der Stadt massiv zugenommen (s. S. 171) – trotz gleichzeitiger starker Zunahme der Elster und anderer Rabenvögel. Gerade dort, wo es am meisten Elstern gab, in der stark durchgrünten Gartenstadtzone, wurden gleichzeitig die höchsten Bestände an Kleinvögeln ermittelt. Elstern schöpfen dort den natürlichen Überschuss an Nahrung ab – vergleichbar etwa mit Löwen in der afrikanischen Savanne, die zwar viele Zebras und Gnus reißen, aber nicht ausrotten, oder auch mit Meisen, die von Raupen leben.

Dennoch ist es natürlich kein schöner Anblick, wenn eine Elster ein Amselküken zerhackt, das vielleicht im Balkonkasten vor dem Fenster geschlüpft war. In der Tat gehen die ersten Gelege häufig verloren, aber durch mehrfache Bruten machen Amseln und andere betroffene Arten die Verluste wieder wett. Und ein Brutplatz im Balkonkasten ist eben auch kein optimal geschützter Brutplatz. Oft ist er auch aus Sicht der Vögel nur eine »Notlösung«, weil andere, besser geeignete Nistplätze schon von erfahreneren Artgenossen besetzt waren. Andererseits gibt es unter den Elstern mitunter einzelne Individuen, die sich zum Beispiel darauf spezialisiert haben, Kolonien von Spatzen oder Mehlschwalben systematisch auszuräumen. Auch wenn es in solchen Fällen lokal einmal zum Totalverlust kommen kann, sind großräumige Bestandsrückgänge mancher Vogelarten nicht den Elstern,

Krähen oder Eichelhähern anzulasten, sondern durch Beeinträchtigungen der jeweiligen Lebensräume durch menschliche Eingriffe bedingt.

Es gibt also keinen Grund, »regulierend«, sprich durch Abschuss, in die Bestände von Rabenvögeln einzugreifen – was man im Übrigen konsequenterweise dann auch mit Eichhörnchen, Siebenschläfern, Hauskatzen, Buntspechten und selbst mit Amseln und Staren machen müsste, die alle in mehr oder weniger starkem Maße auch Eier oder Jungvögel vertilgen. Dem niedlichen Eichhörnchen, dem verschmusten Stubentiger oder dem hübschen Buntspecht werden solche »Missetaten« aber weitaus eher verziehen (oder gar nicht erst zugetraut) als einer »bösen« Elster oder Krähe.

Für die Elster selbst war die Eroberung des Siedlungsraumes eine Überlebensfrage: Ursprünglich in abwechslungsreich gegliederter Kulturlandschaft mit Äckern, Wiesen, Hecken und Feldgehölzen beheimatet, ist sie dort mittlerweile auffallend selten geworden. Denn sie braucht zur Nahrungssuche offene Böden oder zumindest Flächen mit niedriger Vegetation, wo sie ihre Hauptnahrung, Regenwürmer, Schnakenlarven und anderes Kleingetier, findet. Durch die Umstellung in der Landwirtschaft von Sommergetreide auf Wintergetreide, das bereits im Frühjahr, zur Brutzeit der Elstern, hoch aufwächst, finden die Vögel auf den Feldern keine Nahrung mehr für ihre Jungen. Die vielen kurz geschorenen Rasenflächen in den Parks und Gärten bieten den hochintelligenten und anpassungsfähigen Vögeln einen idealen Ersatz für die mangelnden Freiflächen auf dem Land. Ihre auffallenden, kugeligen, oben geschlossenen Reisignester errichten Elstern in Städten und Dörfern gern im Kronenbereich hoher Bäume. Häufig baut ein Paar mehrere Nester oder Nestanfänge in seinem Revier, von denen eines zum Brutnest ausgewählt wird. Die leer stehenden »Spielnester«

Intelligent und anpassungsfähig – die Elster

werden gerne von Nachmietern wie Turmfalke und Waldohreule genutzt. Die Zahl der Nester pro Flächeneinheit verleitet daher ohne genauere Beobachtung dazu, den Elsternbestand deutlich zu überschätzen. Dieser stieg zu Beginn der Besiedlung von Stadt und Dorf wegen einer Vielzahl potenzieller Reviere tatsächlich rasant an, doch mittlerweile ist vielfach eine Sättigung erreicht. Mancherorts gibt es sogar leichte Rückgänge im Bestand.

Dafür, dass die Zahl der Elstern nicht in den Himmel wächst, sorgen neben dem Habicht vor allem **Rabenkrähen** und **Nebelkrähen,** die ebenfalls den Siedlungsraum erobert haben. Beide galten bis vor Kurzem als Unterarten der Aaskrähe, werden mittlerweile aber als eigene, wenngleich sehr eng verwandte Arten angesehen (eine »Aaskrähe« gibt es somit nicht mehr). Im nordöstlichen Deutschland und in Osteuropa tritt die grauschwarz gemusterte Nebelkrähe an die Stelle der ganz schwarzen Rabenkrähe, die im übrigen Deutschland und in Westeuropa vorkommt. Beide dulden keine Elstern in ihrem Revier, vertreiben sie und zerstören ihre Nester. Wo sich Krähen etablieren, müssen Elstern auf weniger geeignete Reviere ausweichen. Das ist der Grund, warum ihre Bestände nicht weiter wachsen oder sogar sinken. Die Zahl der Krähen wiederum wird durch innerartliche Konkurrenz begrenzt: Um brüten zu können, braucht ein Krähenpaar ein Revier, das gegen Artgenossen intensiv verteidigt wird. Da die Zahl geeigneter Reviere begrenzt ist, können nicht alle Vögel am Brutgeschäft teilnehmen. Revierlose, noch nicht verpaarte Vögel beiderlei Geschlechts schließen sich zu Nichtbrütertrupps oder Junggesellenverbänden zusammen, die als »marodierende Horden« umherziehen und versuchen, gemeinsam ein Revier zu erobern. Sie

Dohlen sind gesellige Vögel.

vermögen brütende Krähenpaare derart zu belästigen und in ständige Streitigkeiten zu verwickeln, dass deren Bruterfolg deutlich sinkt. Je mehr Krähen es also insgesamt gibt, desto weniger Jungvögel werden flügge. Diese Junggesellen bilden die Brutreserve, aus der das stärkste Paar das Revier übernimmt, sobald es frei wird oder es gelingt, die Besitzer zu vertreiben. Von diesem Moment an sind die ehemaligen Mitstreiter die Kontrahenten des neuen Brutpaars. Eine solche innerartliche Konkurrenz gibt es entsprechend auch bei der Elster, die damit gleich mehreren Regulationsmechanismen ausgesetzt ist – von ungezügelter Vermehrung kann daher keine Rede sein.

Nach der Brutzeit schließen sich Krähen und auch Elstern ab Spätsommer bis zum nächsten Frühjahr zu größeren artreinen Trupps zusammen. Ganzjährig sozial leben **Saatkrähen** und **Dohlen.** Im Winter treten beide oft gemeinsam in großen Schwärmen auf, die Hunderte oder gar Tausende von Vögeln umfassen können. Die hiesigen Brutvögel bekommen dabei zahlenmäßige Verstärkung durch Wintergäste aus Osteuropa. Ich erhielt schon Anrufe verängstigter Menschen, die sich angesichts eines riesigen Krähenschwarms auf dem abendlichen Flug zum gemeinsamen Schlafplatz nicht mehr aus dem Haus trauten – Hitchcock lässt grüßen ...

Auch gebrütet wird in mehr oder weniger kopfstarken Kolonien, Saatkrähen und Dohlen wegen unterschiedlicher Brutplatzansprüche getrennt voneinander. Wo sich Saatkrähenkolonien in Wohnsiedlungen oder in der Nähe von Krankenhäusern, Schulen oder Seniorenheimen angesiedelt haben, kommt es wegen der Lärmbelastung durch das vielstimmige, pausenlose Gequorre und der Verschmutzung durch Vogelkot unter den Nester tragenden Bäumen häufig zu Konflikten mit der menschlichen Nachbarschaft. Nicht selten werden dann Nester kurzerhand von der Feuerwehr entfernt – in manchen Fällen vielleicht verständlich, aber ein klarer Verstoß gegen das Naturschutzgesetz, das für solche Maßnahmen eine behördliche Ausnahmegenehmigung fordert.

Dohlen als Höhlenbrüter verursachen in der Regel weniger Probleme, auch wenn sie in manchen Fällen ihre Nester in Schornsteine bauen und diese dadurch verstopfen können. Geeignete Nisthilfen können aber leicht für Abhilfe sorgen. Obwohl ebenfalls schwarz gefiedert, haben die verspielten, fluggewandten Dohlen in der Bevölkerung einen weniger schlechten Ruf als Krähen und auch Kolkraben, die als »Galgenvögel« mit tief verankerten, jahrhundertealten Vorurteilen zu kämpfen haben. Dohlen besitzen ein ausgeprägtes Sozialsystem und sind an ihrem grauen Hinterkopf und Nacken sowie den auffallend hellen Augen leicht von den deutlich größeren Krähen zu unterscheiden.

Der bunteste Vertreter der Rabenvögel ist der **Eichelhäher.** Ursprünglich ein Waldvogel, ist auch er in den letzten Jahrzehnten zunehmend in Gärten und Parks heimisch geworden. Bekannt ist der »Wächter des Waldes« durch sein durchdringendes »Rätschen«, mit dem er vor Gefahren warnt. Die stimmbegabten und intelligenten Vögel zeigen oft sogar an, wem ihr Alarm gilt: Dann wird das Rätschen mit einem typischen Laut des Feindes kombiniert, etwa mit dem Gickern des Habichts, dem Krächzen einer Krähe oder der dumpf tremolierenden Strophe des Waldkauzes. Auch den miauenden Ruf des Bussards hört man oft aus der Kehle eines Eichelhähers, dies übrigens nicht nur in Alarmsituationen. Dass er wie seine Verwandten aufgrund bestimmter für Singvögel charakteristischer anatomischer Merkmale des Stimmapparates, der Syrinx, zu den Singvögeln zählt, mag man angesichts des misstönenden Alarmgeschreis kaum glauben, doch sind Eichelhäher (und auch Elstern) noch zu ganz anderen Lautäußerungen fähig: Tatsächlich verfügen sie über einen, wenn auch sehr leisen, bauchrednerisch klingenden Gesang aus schnarrenden und schnalzenden, girrenden, quietschenden und murmelnden Tönen, durchsetzt mit vielfältigen Imitationen von Stimmen und Geräuschen aus der Umgebung.

So auffällig diese Vögel sein können, so heimlich verhalten sie sich in der Brutzeit. Manchmal bemerkt man ein Eichelhähernest im Garten erst, wenn die Jungen ausfliegen. Im Frühjahr und Sommer stehen überwiegend Käfer, Raupen und Engerlinge wie auch Eier und Jungvögel auf dem Speisezettel des Eichelhähers. In der übrigen Zeit des Jahres ernährt er sich dagegen nahezu ausschließlich vegetarisch. Dabei betreibt der Eichelhäher eine ausgeprägte Vorratswirtschaft: Im Herbst sammelt er fleißig Eicheln, Bucheckern oder Haselnüsse und versteckt sie sorgfältig im ganzen Revier verteilt einzeln im Boden. Genaue Beobachtungen ergaben, dass ein einzelner Häher in drei Wochen bis zu 2200 Eicheln, etwa elf Kilogramm, hamsterte. Hochgerechnet auf die gesamte Sammelzeit, kommen etwa 3000 Eicheln oder 15 Kilogramm zusammen. Diese umfangreichen individuellen Nahrungsvorräte werden etwa ab November bis in das nächste Frühjahr hinein genutzt, teilweise sogar in der Brutzeit noch an ältere Jungvögel verfüttert. Die Vögel finden die deponierten Eicheln oder Nüsse zielsicher noch unter hohem Schnee wieder – allerdings nicht alle: Vergessene oder nicht benötigte Früchte haben so die Chance zu keimen. Eichelhäher leisten damit einen wichtigen Beitrag zur Verbreitung von Eichen, Buchen oder Haselsträuchern. Auch Krähen und Elstern deponieren häufig im Überfluss vorhandene Nahrung, nutzen sie allerdings zeitnah.

Verstecken und Wiederfinden so vieler Baumfrüchte setzen eine erstaunliche Orientierungsleistung voraus – und ein Bewusstsein der Objektpermanenz. Darunter versteht man die kognitive Fähigkeit, zu wissen, dass ein Objekt auch dann weiterhin existiert, wenn es für das Individuum unsichtbar ist. Dazu sind nur wenige geistig hoch entwickelte Tierarten in der Lage. Zahlreiche ausgeklügelte Experimente und Freilandbeobachtungen zeigten die hohe Intelligenz der Rabenvögel: So stellen neukaledonische Krähen, nahe Verwandte unserer einheimischen Vertreter, gezielt passende Werkzeuge her, mit denen sie fette Maden aus morschem Holz stochern – genau wie Schimpansen dies tun. In London und mittlerweile auch anderenorts stopfen Rabenkrähen an roten Ampeln Walnüsse unter die Reifen wartender Autos – um bei der nächsten Rotphase gefahrlos den nahrhaften Inhalt aus den zertrümmerten Schalen zu picken. Kolkraben, die großen Vettern der Krähen, zeigen

Eichelhäher spielen eine wichtige Rolle bei der Verbreitung von Baumfrüchten.

planvolles, vorausschauendes Verhalten, täuschen futterneidische Artgenossen und helfen befreundeten Vögeln bei Konflikten. Und Elstern, deren Gehirn zu den höchstentwickelten im Vogelreich zählt, bewiesen im Versuch sogar ein Ich-Bewusstsein: Zumindest einige der getesteten Vögel, denen man einen farbigen Punkt auf die Brust geklebt hatte, versuchten diesen zu entfernen, sobald sie sich ausgiebig im Spiegel betrachten konnten. Sie reagierten damit ganz ähnlich wie Schimpansen und Orang-Utans bei vergleichbaren Tests.

Experimente wie diese zeigen, dass Vögel keine instinktgesteuerten Automaten sind, wie Wissenschaftler wegen der im Vergleich zu geistig hochstehenden Säugetieren andersartigen Anatomie des angeblichen »Spatzenhirns« lange geglaubt hatten. Vielmehr können sich die klügsten unter ihnen, wie Rabenvögel und Papageien, in puncto Intelligenz und Lernvermögen durchaus mit Primaten und Delfinen messen.

Ringeltaube und Türkentaube

Unter den 20 häufigsten Brutvogelarten Deutschlands ist nur eine Art zu finden, die nicht zu den Singvögeln zählt: die **Ringeltaube.** Diese größte heimische Wildtaubenart stellt nur geringe Ansprüche an ihren Brutlebensraum. Sie ist überall dort zu finden, wo Baumgruppen, Feldgehölze oder lichte Wälder an offene Flächen mit niedriger Vegetation grenzen. Städtische Grünanlagen, Kleingärten oder durchgrünte Wohnviertel passen daher perfekt in ihr Lebensraumschema. Dort haben sich die Vögel in den letzten Jahrzehnten stark ausgebreitet und vermehrt und dabei ihre natürliche Scheu vor dem Menschen weitgehend verloren. Mancherorts brüten Ringeltauben wie ihre Verwandten, die Stadttauben oder Straßentauben, mittlerweile sogar an Häusern und verschmähen wie diese auch Brot und Pommes nicht. Ringeltauben sind größer, plumper und schwerer als Straßentauben. Bei Letzteren handelt es sich um verwilderte Nachkommen verschiedener Haustaubenrassen, die im Laufe mehrerer Jahrtausende aus der wilden Stammform, der Felsentaube, herausgezüchtet wurden. Erwachsene Ringeltauben sind durch eine arttypische, im Fluge sehr auffallende weiße Binde auf der Flügeloberseite sowie durch weiße, kragenartige Halsflecken auf grünlich schimmerndem Grund gut von allen anderen heimischen Taubenarten zu unterscheiden. Die weithin leuchtende Halsfärbung ist bei Vögeln im Jugendkleid allerdings noch nicht ausgebildet.

Häufigster Nichtsingvogel Deutschlands – die Ringeltaube

Sehr charakteristisch ist auch ihr dumpfes, rhythmisches Gurren. Eingeleitet wird es meist mit einem viersilbigen »rúhgu gugu« (Betonung auf der ersten Silbe), gefolgt von mehrfach wiederholten fünfsilbigen Strophen, die entweder auf dem zweiten oder (seltener) dem dritten Element betont werden: »rugúguh gugu« oder »ruguguh gugu«, die letzte Strophe abgeschlossen durch ein kurzes »gu«. Am Brutplatz hört man auch ein tief knurrendes »húh rkúh« (Nestruf). Alle gurrenden Lautäußerungen der Ringeltaube können hinsichtlich ihrer Intensität, des Klangs und der Geschwindigkeit erheblich variieren. Streng wissenschaftlich betrachtet, handelt es sich bei den Gurrstrophen (nicht beim Nestruf) um Gesang, vergleichbar dem eines Singvogels.

Neben dem gurrenden Gesang zeigen männliche Ringeltauben auch einen Ausdrucksflug, der ebenso der Brautwerbung wie der Revieranzeige dient: Dabei fliegt der Täuber von einer exponierten Warte aus 20 bis 30 Meter steil aufwärts, klatscht beginnend kurz vor dem Scheitelpunkt mehrmals laut hörbar mit den Flügeln und gleitet anschließend mit starr ausgestreckten Flügeln und gespreiztem Schwanz abwärts. Diese Flugmanöver werden meist mehrere Male wiederholt und führen in weiten Bögen durch das beanspruchte Territorium oder darüber hinaus, denn häufig wird, besonders bei hoher Siedlungsdichte, nur ein kleiner Bereich rund um den Brutplatz gegen benachbarte Revierinhaber verteidigt. Hat sich ein Paar gefunden, wird nach Taubenart »geturtelt«: Die Partner sitzen stundenlang eng zusammengekuschelt, kraulen sich ausgiebig das Gefieder oder reiben zärtlich ihre Schnäbel aneinander. Beim sogenannten »Balzfüttern« steckt das Weibchen seinen Schnabel tief in den Schlund des Täubers, der mit Bewegungen der Kehlmuskulatur reagiert und zumindest manchmal Nahrung übergibt, in der Regel im Kropf gespeicherte Sämereien.

Dieser Vorgang ähnelt sehr dem Füttern der Küken. Diese bekommen in den ersten Lebenstagen wie bei allen Tauben »Kropfmilch« verabreicht – eine Besonderheit in der Vogelwelt. Wenige Tage bevor die Jungen aus den Eiern schlüpfen, beginnt bei den Elterntieren in den Wänden des paarigen Kropfes eine hormonell bedingte starke Zellteilung. Fortlaufend werden große Mengen von Kropfzellen in diesen abgegeben und bilden eine quarkartige Masse, die Kropfmilch. Sie unterscheidet sich von Säugetiermilch zwar durch die enthaltenen Zellen, ist ihr aber im Nährstoffgehalt und in der Gesamtzusammensetzung bemerkenswert ähnlich und enthält unter anderem Proteine, Aminosäuren, Fette und Vitamine. Die täglich produzierte Menge bleibt in den ersten beiden Wochen der rund einmonatigen Jungenaufzucht annähernd konstant, zusätzlich verfüttern die Taubeneltern von Tag zu Tag zunehmend mehr Pflanzenkost, die der Nahrung der Altvögel entspricht, in der Hauptsache Sämereien, Mais und anderes Getreide, Beeren und andere Früchte, aber auch grüne Blätter verschiedenster Pflanzen. Im Herbst stehen Eicheln und Bucheckern ganz oben auf dem Speiseplan. Während der Brutzeit schätzen es die Ringeltauben, wenn sie ergiebige Nahrungsquellen wie Getreidefelder in Nestnähe finden, doch nehmen sie als exzellente Flieger notfalls auch zehn oder 15 Kilometer weite Flüge in Kauf, denn in ihrem Kropf können sie erhebliche Mengen Futter transportieren. Die Kropfmilch liefert das notwendige tierische Protein für das Heranwachsen der Taubenküken, bei anderen Vogelarten erfüllen Insekten oder Spinnen diese Funktion. Doch nicht nur Tauben füttern fast von Beginn an viel Pflanzliches an ihre Jungen: Auch die meisten Finken – außer Buchfinken – und Ammern tun dies.

Für die Anlage ihres Nestes ist Ringeltauben nahezu jeder Baum recht, der ausreichend Sichtschutz und freien Anflug bietet. Sie bevorzugen häufig Nadelgehölze, ganz besonders bei frühen oder sehr späten Bruten, wenn Laubbäume noch oder schon wieder kahl sind, denn Ringeltauben brüten mittlerweile fast das ganze Jahr über. Ansonsten machen sie bei der Wahl des Nistplatzes nicht viel Aufhebens, ebenso wenig beim Nestbau selbst: Die sperrigen Reisigplattformen mit einer flachen Mulde in der Mitte sind oft so »liederlich« gebaut, dass man von unten die beiden weißen Eier durchscheinen sieht. Die Gelege werden daher häufig von Elstern und Krähen ausgenommen. Sind die Jungen erst geschlüpft, haben sie bessere Überlebenschancen – vielleicht wegen ihres Aussehens ..? Taubenküken sind mit ihren überdimensionierten Schnäbeln mit hakenförmiger Spitze an einem weitgehend kahlen Kopf und dem gelblichen, haarartig schütteren Dunengefieder wahrlich keine Schönheiten. Mich erinnern sie immer an kleine Dronten, auch Dodos genannt, jene grotesk wirkenden, unbeholfenen und flugunfähigen Vögel von der Insel Mauritius, die bereits gegen Ende des 17. Jahrhunderts von Menschen und eingeschleppten Haustieren ausgerottet wurden.

Anders als die seltsame Dronte, deren wenige erhalten gebliebene Überreste in naturkundlichen Museen gehütet werden, hat die **Türkentaube** im vergangenen Jahrhundert eine bemerkenswerte Erfolgsgeschichte geschrieben: Ursprünglich wohl von Vorderasien bis in den Westen Chinas verbreitet, hat dieser Vogel seit den 1930er-Jahren in geradezu atemberaubendem Tempo nahezu den gesamten europäischen Raum erobert. Lange rätselten Vogelkundler über die genauen Ursachen dieser in ihrer Art bislang einzigartigen Expansion. Zunächst vermutete man, dass sich diese Taubenart aus ungeklärter Ursache in ihrer ursprünglichen Heimat so stark vermehrt hätte, dass sie zum Auswandern gezwungen war. Wieso aber verlief die Ausbreitung zunächst ausschließlich in Nordwest-Richtung und über große Distanzen und nicht allmählich und in kleinen Schritten in alle Himmelsrichtungen? Erst 1996 veröffentlichte der Heidelberger Ornithologe Max Kasparek eine schlüssige Hypothese, die die Vorgänge erklären konnte: Danach ist die Ausbreitung gerade nicht durch eine vorherige Bestandszunahme zu erklären, sondern im Gegenteil durch einen Bestandszusammenbruch in der südöstlichen Balkanregion.

Bei sehr kleinen, isolierten Populationen, zum Beispiel auf Inseln, ist häufig das Phänomen der »genetischen Drift« zu beobachten: Dabei verbreitet sich eine bestimmte Gen-Ausprägung oder eine zufällige Mutation mangels genetischer Durchmischung überproportional stark in der Reliktpopulation. Im Falle der Türkentaube setzte sich eine zufällige Nordwest-Zugrichtung durch – verbunden mit der Tendenz zu weiten Wanderungen, die dazu führte, dass die gefiederten Eroberer regelmäßig bis zu 200 Kilometer entfernte Vorposten gründeten, von denen aus die Zwischenräume durch nachfolgende Taubengenerationen besiedelt wurden. In den 1950er-Jahren erreichten die Vögel die Nordseeküste, wo die Expansion vorübergehend zum Stillstand kam. Doch schon bald schafften Pioniere den Sprung über den Ärmelkanal nach Großbritannien und setzten dort – wiederum in nordwestlicher Richtung – ihre Ausbreitung fort. Erst die Atlantikküste setzte ihr endgültig ein Ende: Die meisten Türkentauben, die auf das offene Meer hinaus wanderten, ertranken. Einige Vögel immerhin erreichten Island, doch das dortige raue Klima verhinderte eine dauerhafte Ansiedlung. So wurde die strikt nordwestliche Zugrichtung allmählich ausgemerzt, zumal die Eroberung Europas eine starke Bestandszunahme der Türkentaube mit entsprechend höherer genetischer Variabilität zur Folge hatte. Die Jungvögel nachfolgender Generationen zogen daher seit den 1970er-Jahren in alle Richtungen und wanderten auch nicht mehr so weit, sodass sich die Ausbreitung insgesamt verlangsamte. Aber inzwischen haben die hübschen Vögel die Iberische Halbinsel erreicht und in Norwegen den Polarkreis überschritten. Vermutlich hat auch der seit dem Ende der 1950er-Jahre zunehmende Anbau von Mais als wichtiger Nahrungsquelle den Tauben den Weg geebnet. Und zunehmend milde Winter begünstigten sicherlich ebenfalls das Überleben der vermehrungsfreudigen, aber frostempfindlichen Vögel in der neuen Heimat.

Bleibt noch die Frage zu klären, wie es zu dem Bestandszusammenbruch vor der Expansion kam, dessen genetische Auswirkungen diesen Prozess erst ermöglicht hatten: Soweit es sich heute noch nachvollziehen lässt, wurde die Türkentaube im Zuge der Ausdehnung des Osmanischen Reiches um 1880 von den türkischen Eroberern auf dem Balkan und in Griechenland eingebürgert und erreichte dort ihre vorerst weiteste westliche Verbreitung. Wie heute noch in manchen Regionen des Orients, stand der Vogel wegen seines halbmondförmigen schwarzen Nackenrings, der an eines der wichtigsten Symbole des Islam erinnert, bei den Moslems in hohem Ansehen. Nach dem Zusammenbruch des Osmanischen Reiches am Ende des Ersten Weltkrieges (1914–1918) richtete sich der Zorn der einst unterjochten Völker des Balkans und Griechenlands auf die verhasste Herrschaft der Muslime stellvertretend gegen die vollkommen unschuldige Taube, die immer noch dort lebte und zahlreich in unmittelbarer Nachbarschaft der Menschen brütete. In vielen Gebieten wurde sie damals vollständig ausgerottet, nur in Orten mit überwiegend muslimischer Bevölkerung konnte sie überleben.

Auch bei uns fällt der Türkentaube das Überleben mittlerweile immer schwerer: In den vergangenen Jahrzehnten noch weit verbreitet, sind ihre Bestände seitdem deutlich zurückgegangen. Als ausgesprochene Kulturfolgerin lebt sie ganzjährig in kleinbäuerlich geprägten Dörfern und den grünen Randbezirken der Städte. Ähnlich wie Spatzen profitiert sie dort vom Nahrungsangebot in Freiland-Geflügelhaltungen, an Getreidespeichern oder ähnlichen Orten. Mittlerweile versiegen allerdings viele dieser Nahrungsquellen oder sind zunehmend unzugänglich für die Türkentaube. Auch auf Äckern bleiben nach der Ernte kaum mehr ausreichend Körner übrig, die sie über die nahrungsarme Winterzeit bringen könnten.

So ist ihr helles, dreisilbiges Gurren »bubú-kuh« immer seltener zu hören. Als Jugendlicher habe ich einmal einen in der Nachbarschaft balzenden Türkentäuberich durch Nachahmung dieser Laute derart gereizt, dass er erbost in meine Richtung flog, um den vermeintlichen Konkurrenten zu vertreiben. Nur gurrte ich von innen durch das geöffnete Fenster, und es hätte nicht viel gefehlt, dass er gegen den verglasten Giebel über mir geflogen wäre. Erst im letzten Moment erkannte er mich und drehte ab. Seitdem setze ich mein Imitationstalent nie mehr ein, um einen Vogel anzulocken. Fast hätte ich sonst einen »Engelabdruck« an der Scheibe erhalten: Wenn die Tauben das gefährliche Hindernis zu spät bemerken und nicht mehr ausweichen, aber gerade noch abbremsen können, knallen sie häufig mit Bauch und ausgebreiteten Flügeln gegen die Scheibe. Da ihr Gefieder mit reichlich feinem Puder überzogen ist, der beim Aufprall haften bleibt, entstehen so die Umrisse eines Engels – ein hübscher Anblick und so ausgeprägt nur bei Tauben, für den Vogel aber ganz sicher äußerst schmerzhaft.

Haussperling und Feldsperling

»Es ist kaum nöthig hier über diesen allbekannten Vogel zu sagen, daß er nur von ganz unkundigen und gemeinen Leuten noch hier und da mit dem Haussperling verwechselt wird, was dem, wer nur einmal sich die Mühe gab, einen Vergleich, wenn auch nur einen flüchtigen, anzustellen, gar nicht einfallen kann.« Was der Altmeister der Ornithologie, Johann Andreas Naumann, in seiner 1824 herausgegebenen »Naturgeschichte der Vögel Deutschlands« einleitend über den Feldsperling schreibt, trifft heute kaum mehr zu: Viele Menschen wissen nicht, dass sich in Städten und Dörfern zwei verschiedene Sperlingsarten tummeln, der **Haussperling** und der **Feldsperling,** geschweige denn, dass sie diese anhand ihrer Gefiedermerkmale auseinanderhalten könnten.

Die im Vergleich zu den Haussperlingen etwas kleineren und temperamentvolleren Feldsperlinge sind durch schwarze Ohrflecken, eine braune Kopfkappe und ein weißes Nackenband gekennzeichnet und in beiden Geschlechtern gleich gefärbt. Beim Haussperling, gemeinhin auch Spatz genannt, unterscheidet sich das bei näherer Betrachtung erstaunlich bunte Männchen auffallend vom schlicht graubraun gefärbten Weibchen. Auf die naheliegende Frage, warum es bei der einen Art einen so deutlichen Geschlechterunterschied im Federkleid gibt und bei der anderen nicht, haben die Gelehrten bis heute keine befriedigende Antwort gefunden.

Vor allem der Haussperling ist ein ausgesprochener Kulturfolger, der die Nähe des Menschen sucht. Er ist ein typischer Bewohner von Dörfern und Städten und trägt seinen deutschen Namen wie auch seine wissenschaftliche Bezeichnung *Passer domesticus* (lat.: der zum Haus gehörige Spatz) völlig zu Recht: Wo immer Menschen siedeln, ist er zur Stelle und nistet sich als Untermieter an Häusern, Scheunen und Ställen ein. Man findet ihn in bäuerlich geprägten Dörfern mit Viehhaltung und frei laufenden Hühnern genauso wie inmitten von Großstädten mit einem hohen Anteil an Altbauten, selbst an unwirtlich scheinenden Orten wie ausgedehnten Industriegebieten, in Fabrikhallen oder auf Flughäfen. Ursprünglich waren die Vögel vermutlich in trocken-warmen, mit lockerem Baumbestand durchsetzten Steppengebieten Mittelasiens beheimatet. Sie zogen dort in Schwärmen umher, ernährten sich von den Samen der Gräser und krautigen Pflanzen und bauten ihre Nester in Bäumen und Büschen. Als vor etwa 12 000 Jahren im Mittleren Osten die ersten Menschen sesshaft wurden und begannen, Ackerbau und Viehzucht zu betreiben, schlossen sich ihnen die Spatzen allmählich an. Denn in den Dörfern gab es nun ein reichhaltiges und vorhersehbares Nahrungsangebot, und Häuser und Stallungen boten den neuen Mitbewohnern ausreichend Nischen und Höhlungen zum Nisten.

Der Feldsperling kommt zwar ebenfalls häufig im Siedlungsbereich vor, doch ist er auf den Menschen nicht so sehr angewiesen wie der Haussperling und verhält sich eher wie ein »normaler« Wildvogel.

Die Dichte der Bebauung entscheidet darüber, welche der beiden Spatzenarten in unserer Nachbarschaft lebt: In eng bebauten Siedlungen und im Innenstadtbereich dominiert eindeutig der Haussperling. Der Feldsperling dagegen ist bei uns meistens in Gegenden mit lockerer Bebauung anzutreffen, in der sogenannten »Gartenstadt« mit Einfamilienhäusern und großen Gärten und ganz besonders in Kleingartenanlagen mit Hecken, Obstbäumen und Gemüsebeeten. Er brütet aber auch entfernt von Siedlungen in Feldgehölzen oder an sonnigen Waldrändern in Baumhöhlen, künstlichen Nistkästen und gern auch als Untermieter in besetzten Horsten von Bussarden und anderen Greifvögeln. Am Rande von Dörfern kommen Haussperlinge und Feldsperlinge etwa gleich häufig vor. Auch in der Stadt kann man nicht selten beiden Arten in enger Nachbarschaft, aber doch kleinräumig getrennt, begegnen: Bei Bestandsaufnahmen der Brutvogelwelt in Hamburg habe ich öfter erlebt, dass auf der einen Straßenseite, die mit mehrgeschossigen »Mietskasernen« eng bebaut war, nur Haussperlinge tschilpten, während auf der gegenüberliegenden Seite mit alten Einzelhäusern und mehr Grün ausschließlich Feldsperlinge lebten.

Spatzen sind sehr gesellige Vögel, die alles als »Aktionsgemeinschaft« tun und sich in ihrem Verhalten gegenseitig stimulieren und synchronisieren. Das Leben im Sozialverband bietet nicht nur erhöhten Schutz vor Feinden, sondern ermöglicht auch soziales Lernen, das vor allem beim Haussperling auffällig ausgeprägt ist: Artgenossen übernehmen durch Nachahmung Pionierleistungen einzelner Vögel, sodass sich regelrechte Traditionen herausbilden können. Auf diese Weise lernt eine Spatzengemeinschaft nicht nur sehr schnell, neue Nahrungsquellen zu nutzen, sondern auch ungewöhnliche Requisiten ihres vom Menschen geprägten Lebensraumes in ihr Alltagsleben zu integrieren. So folgten badelustige Haussperlinge fliegend dem rotierenden Strahl eines Rasensprengers, andere flatterten gezielt vor dem Sensor einer automatischen Schiebetür, um ins Innere eines Warteraums an einer Bushaltestelle zu gelangen. Gelegentlich zeigen sie sogar scheinbar nutzloses, spielerisches Verhalten: So warfen einige Spatzen tagelang kleine Steinchen von einem Flachdach auf eine schräg stehende Klapptür und lauschten hingebungsvoll den dabei entstehenden Geräuschen. Andere erzeugten zwei Wochen lang durch minutenlanges Picken an Porzellanisolatoren Serien heller Klingeltöne, was auch einem Buntspecht zur Ehre gereicht hätte. Dies mag von Musikalität zeugen, in jedem Falle aber von hoher Intelligenz und Neugier – von wegen Spatzenhirn!

Auch wenn es um den Nahrungserwerb geht, sind Haussperlinge zu ganz erstaunlichen Leistungen fähig: Sie suchen, inzwischen verbreitet, Kühlergrills parkender Autos und selbst das Innere von Motorhauben nach Insektenresten ab, die während der Fahrt mit dem Fahrzeug kollidiert waren, und warten in Bahnhofshallen im Rhythmus des Fahrplans auf dort haltende Züge, um auf ähnliche Weise die Lokomotiven als Snackbar zu nutzen. Sie inspizieren Abfalleimer und schütteln auf Bahnsteigen, mitunter drei Rolltreppen tief wie in Londoner U-Bahn-Stationen, aus Papierabfällen Brotkrümel heraus. Von Haus aus

Schwarze Ohrflecken, braune Kopfkappe und weißes Nackenband unterscheiden den Feldsperling vom Haussperling.

Vegetarier, nehmen städtische Spatzen auch mit Brot, Pommes, Currywurststücken und sonstigen Nahrungsresten vorlieb. Dafür lungern sie in Bahnhöfen, vor Gaststätten und Imbisswagen herum. In Biergärten und Cafés fliegen sie auf die Tische, um Kuchenkrümel zu stibitzen. Die schlauen Vögel lernten sogar, hartes Brot in Wasser einzutunken oder für Wasservögel in Parkteiche geworfenes Brot herauszufischen.

Feldsperlinge sind in dieser Hinsicht viel weniger anpassungsfähig als Haussperlinge. Möglicherweise haben Letztere ihre besonderen Intelligenzleistungen und die Plastizität ihres Verhaltens als Reaktion auf die Vorzüge, aber auch Gefahren und besonderen Herausforderungen entwickelt, die das enge Zusammenleben mit den Menschen mit sich bringt. Vielleicht haben aber auch genau diese Eigenschaften es den Haussperlingen erst ermöglicht, zu engen Begleitern des Menschen zu werden.

Bei so viel Lebenstüchtigkeit sollte man meinen, dass Spatzen mit uns Menschen prima zurechtkommen und wir uns um ihr Überleben keine Sorgen machen müssen. In der Tat waren Spatzen früher dermaßen häufig, dass sie als Ernteschädlinge massiv bekämpft und in Deutschland noch bis in die 1950er-Jahre zu Millionen getötet wurden. Dennoch erholten sich ihre Bestände immer wieder schnell und nachhaltig von den gewaltigen Aderlässen. Mittlerweile hat sich die Situation jedoch grundlegend gewandelt: In vielen Regionen sind die Bestände beider Sperlingsarten massiv eingebrochen. Auf dem Land ist es vor allem die intensive Landwirtschaft, die durch effektive Erntemaschinen und veränderte Anbaumethoden kein Korn mehr für hungrige Schnäbel übrig lässt. Doch auch in der Stadt sieht es nicht besser aus: Allein in Hamburg sank die Zahl der Haussperlinge innerhalb von nur 25 Jahren um mehr als 75 Prozent, das heißt, nur ein knappes Viertel blieb übrig. In vielen Städten und zunehmend verstädterten Dörfern ist die Situation ähnlich, vor allem im Westen der Bundesrepublik.

Ganz anders in Berlin, der »Spatzenhauptstadt«: So viele von ihnen wie dort gibt es pro Flächeneinheit wohl nirgendwo sonst in Deutschland. Einer der Gründe: Vor allem im Osten der einst geteilten Stadt gibt es noch zahlreiche Plattenbauten, in deren oft schadhaften Fassaden die Vögel genügend Brutplätze finden. Mit fortschreitender Sanierung dieser Wohnblocks ist allerdings auch dort die Zahl der Spatzen rückläufig. Ein anderer auf den ersten Blick überraschender Grund ist die chronisch klamme Finanzlage Berlins: Es fehlt schlicht das Geld, um Grünanlagen und Straßengrün so intensiv zu pflegen wie in anderen Städten. Büsche und Bäume werden seltener geschnitten, Gras und Wildkräuter sprießen, an denen sich zahllose Insekten tummeln, Essensreste liegen herum. Dort finden Spatzen (und übrigens auch Nachtigallen, für die Berlin ebenfalls ein Eldorado zu sein scheint, s. S. 119) ausreichend Nahrung und Deckung.

Damit sind schon die wesentlichen Gründe für den anhaltenden Bestandsrückgang der Sperlinge skizziert: Immer mehr ältere Gebäude, an denen Spatzen und andere Gebäudebrüter wie Hausrotschwanz oder Mauersegler, aber auch manche Fledermausarten, potenzielle Nistplätze in schadhaftem Mauerwerk oder unter Dächern fanden, werden renoviert, Neubauten mit ihren glatten Fassaden bieten erst gar keine Nistgelegenheiten. Vor allem aber sind es die verbreiteten Maßnahmen zur energetischen Gebäudesanierung, die Vögeln und Fledermäusen geradezu systematisch ihre Quartiere nehmen. Werden Fassaden isoliert, verschwindet oft auch die letzte Lücke, der kleinste Spalt. Was aus energetischer Sicht prinzipiell durchaus sinnvoll ist, entpuppt sich für die Spatzen und andere Betroffene als Katastrophe. Wie man Wärmedämmung und den gesetzlich vorgeschriebenen Artenschutz unter einen Hut bekommt, wird ab S. 191 beschrieben. Geeignete Nisthilfen können einen Teil der Wohnungsnot lindern. Durch intensive Pflegemaßnahmen in Parks und Grünanlagen, bei denen Hecken und Sträucher regelmäßig bis zur Unkenntlichkeit zurückgeschnitten werden, verlieren die Spatzen die für sie notwendigen Schutzräume, Schlafplätze und Versammlungsorte. Wo Böden großflächig mit Asphalt oder Beton versiegelt werden, suchen sie vergeblich nach sandigen Mulden für ein ausgedehntes Staubbad – das den »Dreckspatzen« im Übrigen zur Körperhygiene und Parasitenabwehr dient.

Haussperlinge beim Staubbad

Vor allem aber ist es wohl Nahrungsmangel, insbesondere der Mangel an eiweißreicher Insektenkost für die Jungenaufzucht, der ihre Bestände schrumpfen lässt. Besonders zu Beginn der Brutzeit im Frühjahr verhungern viele Nestlinge, weil die Spatzeneltern viel zu wenig Insekten für die Kleinen finden. Und diejenigen, die überleben, sind oft deutlich untergewichtig und in schlechter Kondition, sodass sie nach dem Flüggewerden nur geringe Überlebenschancen haben. Wie eine umfangreiche englische Studie zeigte, ging es den untersuchten Spatzen ganz besonders schlecht in vorstädtischen Gärten: Dort dominierten häufig Rasenflächen, immergrüne Gehölze und exotische Ziersträucher, die für heimische Insekten meist wertlos sind (s. S. 200) und von den nach Nahrung suchenden Spatzen daher strikt gemieden wurden. Wo es hingegen viele heimische Laubbäume und Sträucher, Gräser und Wildstauden gab, war – das Beispiel der Spatzenhauptstadt Berlin bestätigt es – auch der Bruterfolg am höchsten.

Als Gartenbesitzer haben wir es also selber in der Hand, Spatzen und anderen Vögeln zu helfen. Denn es sollte uns schon zu denken geben, dass die eigentlich so anpassungsfähigen Spatzen, die Jahrtausende in enger Nachbarschaft zum Menschen überlebten, derart in Schwierigkeiten geraten sind. Hierbei sind allerdings deutliche regionale Unterschiede zu beobachten: Haussperlinge etwa kommen in den ostdeutschen Bundesländern generell noch häufiger vor als im Westen der Republik, wohl weil im Osten der »Ordnungswahn« noch weniger verbreitet ist. Mit einem Bestand von 4,1 bis 6 Millionen Brutpaaren rangiert der Haussperling hinter Amsel, Buchfink, Kohlmeise und Mönchsgrasmücke zwar immer noch auf Platz 5 der häufigsten Brutvogelarten Deutschlands (s. S. 173), und auch der Feldsperling, obwohl erst auf dem 21. Rang zu finden, zählt mit 840 000 bis 1,25 Millionen Paaren (Bestandsdaten aus Gerlach et al. 2019) noch längst nicht zu den wirklich gefährdeten Arten. Der starke und anhaltende Bestandsrückgang beider Arten innerhalb weniger Jahrzehnte war für Vogelkundler und Naturschutzexperten jedoch Anlass genug, beide Arten innerhalb der Roten Liste der Brutvögel Deutschlands auf die Vorwarnliste (Kategorie »V«) zu setzen.

In den letzten Jahren scheint sich jedoch zumindest der Bestand des Haussperlings hierzulande stabilisiert zu haben, regional ist sogar eine leichte Bestandserholung zu beobachten. Für die aktuell gültige 6. Fassung der Roten Liste der Brutvögel Deutschlands (Ryslavy et al. 2020) konnte die Art wieder aus der Vorwarnliste entlassen werden.

Trotz dieser erfreulichen Entwicklung der jüngsten Vergangenheit ist die Entwicklung der Spatzenpopulationen erschreckend: von der Landplage zum Sorgenkind des Vogelschutzes! Aus diesem Grunde habe ich den Spatzen ein eigenes Buch gewidmet (s. S. 278). Darin ist nicht nur das faszinierende Leben dieser erstaunlichen Vögel dargestellt, sondern es erläutert ausführlich und praxisnah, mit welchen oft einfach umzusetzenden Hilfsmaßnahmen jede und jeder Einzelne den liebenswerten Gesellen unter die Flügel greifen kann: »Mehr Platz für den Spatz!«

Der Star

Oft werde ich nach meinem Lieblingsvogel gefragt. Auf eine einzige Art kann und will ich mich nicht festlegen, doch zu meinen Favoriten zählt zweifellos der Star – dies vor allem wegen seines unglaublichen Imitationstalentes. Wie oft hat mich der Bursche schon genarrt, wenn ich glaubte, ein gackerndes Huhn, eine Dohle oder gar die klangvollen Rufreihen eines Seeadlers zu hören ... Stare können als Solisten ein ganzes Vogelkonzert geben und nehmen sich auch andere Tiere aus ihrer Umgebung zum akustischen Vorbild. Den Pfiff des Pirols beherrschen einzelne Tiere ebenso gut wie die Rufe von Blässhühnern und Kiebitzen, das Flöten des Brachvogels, Schwalbengezwitscher, Froschquaken, Hundegebell oder das Miauen einer Katze. Die Laute von mehr als 70 Vogelarten konnten Ornithologen bisher aus dem individuell sehr unterschiedlichen Starengesang heraushören.

Doch nicht nur das: Der moderne Star von Welt hat sogar technische Geräusche im Repertoire, von verschiedenen Handyklingeltönen über den knatternden Rasenmäher bis zur Trillerpfeife eines Fußballschiedsrichters. Von Hand aufgezogene Vögel lernen mitunter sogar, die menschliche Sprache nachzuahmen: Eine Bekannte, die aus einer vogelbegeisterten Familie stammt, erzählte mir einmal, dass in ihrer Kindheit ein zahmer Star im Haushalt lebte. Immer wenn das Telefon klingelte, rief er, wenngleich recht undeutlich zu verstehen: »Hier spricht Frau Clasen!« Offenbar hatte er sich diese Worte, mit denen sich die Mutter bei Anrufen stets meldete, abgehört und konnte sie in der richtigen Situation wiedergeben – ein bemerkenswerter Beweis für die individuelle Intelligenz dieses Vogels.

Das arteigene Gesangsrepertoire des Stars wäre auch schon ohne Imitationen abwechslungsreich genug: Rätschende, schnalzende, knackende und pfeifende Laute vermischen sich zu einem schwatzhaft klingenden Potpourri, das in starentypischer Manier mit gesträubtem Gefieder und schlagenden Flügeln von erhöhter Warte aus vorgetragen wird. Warum also haben die Vögel diese unglaubliche Begabung zur Imitation fremder Laute entwickelt? Die Antwort ist denkbar einfach: Es soll die Damenwelt verzücken. Der Starenmann, der am ausdauerndsten singt und die abwechslungsreichsten Strophen vorträgt, hat den größten Erfolg bei der Brautwerbung – er ist der wahre Star unter seinesgleichen. Die Fähigkeit zur Imitation fremder Gesangsteile, in der Fachsprache »Spotten« genannt, besitzen zwar auch viele andere Vogelarten wie etwa die Singdrossel, die Mönchsgrasmücke oder der Gelbspötter in unterschiedlichem Maße. Der Star unter den gefiederten Nachahmern ist und bleibt jedoch der Star.

Dessen Name nimmt allerdings nicht auf seine Sonderbegabung Bezug, sondern ist abgeleitet von den schnarrenden Warnrufen »staarr – staarr«, die er zum Beispiel bei Störungen am Nest hören lässt. Eingeleitet wird der Starengesang, so unterschiedlich und individuell er auch klingen mag, stets durch eine Reihe lauter, nach unten gezogener Pfeiftöne, von denen einige artspezifisch, andere hingegen individuell ausgeprägt sind. Die Stare eines

Frisch vermauserte Stare zeigen ein helles Fleckenmuster auf dem Gefieder.

bestimmten Gebietes erkennen sich untereinander an ihren Pfiffen, auch Menschen gelingt dies mit einiger Übung.

Ein besonderes Merkmal des Starengesanges ist seine häufig ausgeprägte Zweistimmigkeit: Zwar können die meisten Singvögel aufgrund der Zweiästigkeit ihres Stimmapparates, der Syrinx, zweistimmig singen, doch hört man dies meist nur beim Star so ausgeprägt, weil er völlig unterschiedliche Laute gleichzeitig produziert. Bei anderen Vogelarten wirkt der Gesang nicht zweistimmig, sondern »komplex einstimmig«. So kann der Star beispielsweise mit einem Teil der Syrinx einen kontinuierlichen Schwatzgesang hervorbringen, mit dem anderen gleichzeitig die Imitationen. Oder er unterlegt auf diese Weise den anhaltenden Gesang im Staccato mit kurzen ratternden oder gurgelnden Elementen. Oft hört es sich so an, als würden zwei Vögel gleichzeitig singen! Das erfordert viel Übung. Daher sind ältere Starenmännchen die eindeutig besseren Sänger und damit klar im Vorteil bei der Brautwerbung. Nachwuchssolisten werden ohnehin erst im zweiten Lebensjahr geschlechtsreif. Offenbar fliegen die Damen geradezu auf die Gesangskünste guter Sänger, denn häufig ist ein Starenmann gleichzeitig oder nacheinander mit mehreren Weibchen liiert. Bei einer Untersuchung im Raum Frankfurt am Main wurde eine solche Polygynie (Vielweiberei) bei mehr als der Hälfte der beobachteten Stare festgestellt. Ein besonders umtriebiges Männchen hatte dort in einer Saison fünf Bruten mit vier verschiedenen Weibchen, und im belgischen Antwerpen brütete ein Starenhahn mit zwei Weibchen gleichzeitig und nacheinander mit drei weiteren. Gattentreue, und sei es auch nur für eine Brutsaison, ist bei Staren also ein Fremdwort. Polygynie kommt zwar bei vielen Singvogelarten wie etwa dem Zaunkönig in unterschiedlichem Ausmaß vor, doch eine derartige Flexibilität bei der Partnerwahl wie beim Star ist sicher einzigartig in der heimischen Vogelwelt.

Flexibilität ist auch bei der Wahl des Brutplatzes angesagt: Stare sind Höhlenbrüter, die alle Möglichkeiten nutzen, die sich ihnen bieten: Das können Spechthöhlen oder ausgefaulte Astlöcher sein genauso wie geräumige Nischen im Mauerwerk eines Hauses oder unter dem Dach. Gerne werden auch ausreichend dimensionierte Nistkästen mit einem Flugloch-Durchmesser von mindestens 45 Millimetern angenommen, die möglichst hoch an Bäumen oder Gebäuden angebracht werden sollten. Am besten bietet man mehrere solcher Kästen am Haus oder auf dem Grundstück verteilt an, denn als sehr gesellige Vögel schätzen Stare auch beim Brutgeschäft die Nachbarschaft von ihresgleichen. Sie verteidigen daher kein ausgedehntes Brutterritorium, sondern nur den engeren Bereich um den Brutplatz. Namentlich das Männchen räumt, wenn es eine Höhle oder auch mehrere Höhlen in Besitz genommen hat, eventuell vorhandenes Nistmaterial aus. Stare schrecken auch nicht davor zurück, bereits vorhandene Mieter wie Meisen oder Kleiber rigoros vor die Tür zu setzen. Selbst die körperlich überlegenen Spechte haben mitunter das Nachsehen: Die Stare setzen sich stur von innen vor das Einflugloch und präsentieren dem rechtmäßigen Besitzer und Erbauer der Spechthöhle ihre spitzen Schnäbel, hindern ihn auf diese Weise so lange am Eindringen, bis der Specht aufgibt und sich eine neue Höhle meißelt. Nur die sehr brutorttreuen Mauersegler, selbst nicht gerade zimperlich, wenn es darum geht, einen bereits besetzten Nistort (zurück) zu erobern, leisten oft erbitterten Widerstand gegen die gefiederten Hausbesetzer.

Mit dem Bau des Nestes machen sich die Stare keine allzu große Mühe: Sie tragen alles ein, was sie in der Umgebung finden – gröbere Pflanzenteile wie trockene Blätter, Stroh und Grashalme ebenso wie Papier und Plastikfetzen oder große Federn. Das Material wird so locker aufgeschichtet, dass ein frisches Nest auseinanderfällt, wenn man es aus dem Nistkasten holt. Einen gewissen Sinn für Ästhetik kann man den Vögeln dennoch nicht absprechen: Die Männchen bringen, am häufigsten während der Paarbildung, gerne Blütenblätter von Frühblühern wie Primeln, Krokussen und Narzissen ins Nest – vielleicht eine Art Blumenstrauß zur Verlobung für die Auserwählte. In diesem Falle kennt man den genauen biologischen Grund für dieses Verhalten nicht, in einem anderen schon: Offenbar wissen Stare um die Heilkraft bestimmter Pflanzen. So beobachteten Forscher des Max-Planck-Instituts für Ornithologie im bayerischen Seewiesen, dass die Vögel Schafgarbe und andere Kräuter mit ätherischen Ölen in ihre Nisthöhlen brachten. Durch deren antibakterielle Wirkung wuchs der Starennachwuchs nachweislich gesünder und fitter heran als ohne diese natürlichen Antibiotika. Auch Spatzen zeigen ein solches Verhalten. Mehr noch: In Mexiko City, so fanden dortige Wissenschaftler heraus, deponieren Haussperlinge regelmäßig Zigarettenkippen zur Abwehr von Milben, Zecken und anderen Parasiten in ihren Nestern – offenbar haben sie aus Erfahrung gelernt, dass solche Tabakreste ihre Kinderstube vor diesen lästigen Mitbewohnern schützen. Das giftige Nikotin, das die Tabakpflanze zum Schutz gegen gefräßige Raupen in ihre Blätter einlagert, hat auch tatsächlich diese Wirkung.

Ganz wichtig für einen optimalen Starenlebensraum sind neben einem ausreichenden Angebot an Nistmöglichkeiten kurzrasige Flächen für die Nahrungssuche am Boden, egal, ob Viehweide oder Golfrasen. In Gärten und Parks kann man die Stare oft Seite an Seite mit Amseln beobachten. Beide Arten ähneln sich auf den ersten Blick wegen ihrer schwarzen Färbung, doch gibt es erhebliche Unterschiede: Stare sind etwas kleiner und vor allem kurzschwänziger als Amseln, und ihr Gefieder ist auch nicht mattschwarz wie das der männlichen Schwarzdrosseln, sondern es glänzt in der Sonne prächtig grünviolett. Frisch vermauserte Stare zeigen vom Spätsommer bis zum zeitigen Frühjahr zudem ein helles Perlenmuster auf dem dunklen Gefieder, hervorgerufen durch weißlich cremefarbene Federspitzen. Diese nutzen sich im Laufe der Zeit ab, die »Perlen« verschwinden mehr und mehr und lassen den Gefiederglanz hervortreten – der »Perlstar« wird zum »Glanzstar«. Jungvögel wiederum sind unscheinbar hell erdbraun gefärbt. Im Gegensatz zur hüpfenden Amsel schreiten Stare am Boden und zeigen zudem eine besondere Technik der Nahrungssuche: Beim sogenannten »Zirkeln« wird der geschlossene Schnabel in regelmäßigen, kurzen Abständen in den weichen Boden gestochen und dann geöffnet. Auf diese Weise entstehen

Star im schillernden Hochzeitskleid

kleine Löcher und Spalten, in die der Star, ohne den Schnabel herausziehen zu müssen, hineinlugt und auf diese Weise Regenwürmer und Schnakenlarven, seine Lieblingsbeute, aufspürt. Oft läuft er dazu kreisförmig um das Loch herum, daher die Bezeichnung »Zirkeln« für dieses charakteristische Verhalten.

Wenn etwa ab Ende Mai die jungen Stare flügge werden, schließen sie sich sogleich zu größeren Schwärmen zusammen, die besonders gern auf Viehweiden nach Nahrung suchen. Sie begleiten Rinder oder Schafe, fangen von den Vierbeinern beim Grasen aufgescheuchte Insekten und suchen in deren Dung nach Fliegenlarven. Gern nutzen die Vögel auch das Vieh als Ausguck und Transportmittel und revanchieren sich für diesen Service, indem sie den Tieren Parasiten vom Rücken picken. Zur Zeit der Obstreife machen sich Stare bei Hobbygärtnern und Obstbauern unbeliebt: Ein leer gefressener Kirschbaum im Garten mag ärgerlich sein, doch wenn die Vögel zu Tausenden oder Zehntausenden in Kirschplantagen oder Weinberge einfallen, richten sie erhebliche wirtschaftliche Schäden an – es sei denn, fruchttragende Bäume und Rebstöcke werden mit Netzen geschützt oder die Vögel mit automatischen Bölleranlagen vertrieben. Früher wurden Stare sogar mit Gift und Dynamit bekämpft – ohne nachhaltigen »Erfolg«.

Nach der Brutzeit im Spätsommer und bis zum spätherbstlichen Abzug der meisten Stare – einige verbringen den Winter hier, besonders in Süddeutschland – in ihre Überwinterungsquartiere in Frankreich, Spanien oder Italien sammeln sich oft riesige Schwärme an bestimmten Schlafplätzen in Baumkronen oder in ausgedehnten Schilfbeständen. Dort lässt sich allabendlich ein faszinierendes Spektakel beobachten: Wie eine riesige schwarze, ständig ihre Form verändernde Wolke brandet der gesamte Starenschwarm über den Himmel, mal sich auseinanderziehend, dann wieder zu einer dichten Kugel zusammenballend oder komplizierte Muster bildend. Es ist bis heute nicht genau geklärt, ob und wie diese geheimnisvolle Choreografie gesteuert wird und warum die Vögel in dicht gedrängtem, oft reißendem Flug offensichtlich niemals in der Luft zusammenstoßen. Ein spannendes Forschungsfeld für Fachleute aus der theoretischen Physik, die mithilfe komplexer, computergestützter Rechenmodelle dem Geheimnis des Schwarmverhaltens der Stare auf der Spur sind. Sie fanden heraus, dass sich die Vögel im Flug jeweils an ihren sieben nächsten Nachbarn orientieren – ein rätselhaftes Phänomen bleibt die Schwarmorganisation trotzdem weiterhin.

Weniger Rätsel gibt hingegen die Funktion der gemeinschaftlichen Flugmanöver auf: Sie sollen fliegende Feinde, die allabendlich an den Schlafplätzen ihr Glück versuchen, verwirren. Angesichts eines solchen Gewimmels kann ein Falke oder Sperber keinen einzelnen Vogel als Beute anvisieren – mehr noch: Nicht selten schließen die Stare einen angreifenden Greifvogel so dicht ein, dass er seine Schwingen nicht mehr ausbreiten kann und regelrecht aus der Vogelwolke herausfällt. Ein solches Erlebnis dürfte dem Jäger dann endgültig den Appetit verderben. Möglicherweise, so wird diskutiert, werden in einem großen Schwarm auch Informationen über besonders ergiebige Nahrungsquellen ausgetauscht, wenn sich Gruppen von Staren, die sich tagsüber in der Landschaft verteilen, an einem Gemeinschaftsschlafplatz versammeln. Dieser Austausch dürfte jedoch nicht beim abendlichen Flugmanöver stattfinden, sondern eher beim morgendlichen Abflug.

Doch die einst gigantischen Schwärme werden immer kleiner: In den letzten Jahrzehnten sind die Starenbestände in ganz Europa stark zurückgegangen, allein in Deutschland um mindestens ein Drittel. Seit 2015 steht der einst so häufige Star hierzulande sogar auf der Roten Liste der gefährdeten Brutvogelarten. Der Hauptgrund dafür dürften tief greifende Veränderungen in der Landwirtschaft sein. Immer mehr Grünland wird zu Ackerland umgebrochen, und Rinder werden nur noch selten auf der Weide, sondern ganzjährig im Stall gehalten. Mit den Viehweiden verschwanden die wichtigsten Nahrungsgründe für den Star. In Parks und Gärten finden die Vögel zudem kaum mehr Nistmöglichkeiten, weil zwar viele künstliche Bruthöhlen für Meisen, aber immer weniger Starenkästen aufgehängt werden. Um auf diese negativen Entwicklungen aufmerksam zu machen, wurde der Star zum »Vogel des Jahres 2018« gewählt. Weltweit gesehen, muss man sich um den schmucken Vogel vorerst keine Sorgen machen: Er wurde von europäischen Siedlern unter anderem in Australien, Neuseeland und Nordamerika eingebürgert und hat sich dort – teilweise auf Kosten der dort heimischen Vogelwelt – massenhaft vermehrt, sodass unser Star heute zu den häufigsten Vogelarten der Welt zählt.

Die Bachstelze

Mit ihrem kontrastreich schwarz-weiß-grau gezeichneten Gefieder, dem langen Schwanz, der etwa die Hälfte ihrer gesamten Körperlänge ausmacht, und ihrem lebhaften Wesen ist die Bachstelze eine markante Erscheinung unter den heimischen Kleinvögeln. Verwechseln könnte man sie bei oberflächlicher Betrachtung allenfalls mit der ebenfalls sehr langschwänzigen und entfernt ähnlich gezeichneten Schwanzmeise (s. S. 53 ff.), die aber ein ganz anderes Verhalten zeigt und überdies in Bäumen und Büschen lebt.

Bachstelzen hingegen halten sich ganz überwiegend am Boden auf. Dort laufen sie mit großer Geschäftigkeit hin und her, immer wieder einen kurzen Sprint einlegend, um ein schnell fliehendes Insekt zu erhaschen. Fliegen, Mücken, Schmetterlinge und andere Beutetiere, die nach oben entkommen wollen oder in niedriger Höhe über dem Boden vorbeifliegen, werden mit geschickten Flattersprüngen vom Boden aus ergriffen. Es macht mir immer wieder große Freude, den Bachstelzen bei ihrem munteren Treiben zuzusehen. Schon als Kind beobachtete ich sie im elterlichen Garten, wenn sie unermüdlich den Sandweg zum Nachbargrundstück rauf und runter flitzten, und heute sehe ich sie oft auf dem First unseres reetgedeckten Hauses entlangtrippeln. Besonders auffällig und charakteristisch ist das ständige Schwanzwippen, das der Bachstelze auch den volkstümlichen niederdeutschen Namen »Wippsteert« eingebracht hat. Besonders nach raschen Bewegungen, etwa beim Beutefang, beim abrupten Stopp nach schnellem Lauf oder nach der Landung wird der Schwanz intensiv auf- und abgeschlagen.

So auffällig dieses Verhalten ist, so uneinig sind sich die Fachleute über dessen Bedeutung. Manche halten es für eine Balance- oder Ausgleichsbewegung zum Abbau der Muskelspannung beim Übergang von schneller zu ruhiger Bewegung. Allerdings ist das Schwanzwippen in weniger ausgeprägter Form oft auch in Ruhephasen zu beobachten, etwa wenn sich der Vogel putzt oder – ähnlich wie andere Kleinvögel – seinen Schnabel an harten Gegenständen wetzt. Vermutlich hat dieses auffallende Verhalten eher eine Signalfunktion. Dafür könnte auch die kontrastreiche Zeichnung der Schwanzfedern sprechen. Schwanzwippen oder andere auffallende Schwanzbewegungen gibt es übrigens auch bei einigen anderen Vogelarten, nicht nur bei den nächsten Verwandten der Bachstelze, sondern auch zum Beispiel bei den Rotschwänzen, dort in Form eines charakteristischen Schwanzzitterns, oder beim Flussuferläufer, einem Watvogel, der wegen seiner vergleichsweise kurzen Schwanzfedern mit dem ganzen Hinterteil wippt. Auch dort ist die genaue Funktion unklar.

Wie der Name »Bachstelze« es bereits ausdrückt, war sie ursprünglich eine Bewohnerin kahler oder schütter bewachsener Uferbereiche und kleiner Inseln an und in größeren Bächen und Flüssen. Wo diese noch frei fließen dürfen, schafft jedes stärkere Hochwasser neue Sand- und Kiesflächen – Lebensraum für daran angepasste Pioniere, zu denen neben unserer Bachstelze auch zahlreiche andere Tiere und Pflanzen gehören, unter den Vögeln zum Beispiel die Flussseeschwalbe, der Flussregenpfeifer oder der Flussuferläufer. Doch mittlerweile hat der Mensch hierzulande nahezu alle Fließgewässer gebändigt, hat sie kanalisiert, eingedeicht und die Ufer befestigt und damit die natürliche Dynamik unterbunden. Die meisten dieser Spezialisten verloren dadurch großflächig ihren Lebensraum. Nur die anpassungsfähige Bachstelze hat es geschafft, ersatzweise den Siedlungsraum des Menschen zu erobern. Mit Ausnahme der dicht bebauten Innenstadtbereiche kommt sie regelmäßig überall dort vor, wo ihre Bedürfnisse an den Lebensraum befriedigt werden. Sie liebt eine nur lockere Bebauung, sonnige Lage und offene Böden oder solche mit

Wippt ständig mit dem Schwanz – die Bachstelze

niedriger oder schütterer Vegetation. Man findet sie daher vor allem in ländlichen Bereichen, wo das »Ackermännchen« auf gepflügten oder frisch bestellten Äckern ebenso geschäftig herumläuft wie auf den Rasenflächen der Gärten. Zwar schätzt die Bachstelze ihrer ursprünglichen Herkunft entsprechend die Nähe zum Wasser, ist aber nicht zwingend darauf angewiesen. Voraussetzung ist allerdings, dass sie ausreichend Fluginsekten findet, von denen sie sich nahezu ausschließlich ernährt, und diese schwirren in Gewässernähe oft besonders zahlreich herum.

Ihr Nest legt sie bevorzugt in Mauernischen oder unter Dächern von Wohngebäuden, Schuppen und Stallungen an. Bevorzugt werden Örtlichkeiten, von denen aus die brütende Stelze die Umgebung überblicken kann und die sie (vom letzten kurzen Anflug abgesehen) laufend erreichen kann. Gute Aussicht und fußläufige Erreichbarkeit – diese Kriterien spielen also auch bei Bachstelzen eine wichtige Rolle bei der Wohnungssuche. Ansonsten zeigen sich die Vögel bei der Wahl ihrer Neststandorte recht flexibel und brüten zum Beispiel auch auf Fensterbänken, in Kletterpflanzen an Fassaden, in Holzstößen, Steinhaufen oder unter Brücken. Mitunter wurden erfolgreiche Bruten sogar in Baumaschinen, Traktoren, LKW oder auf Booten festgestellt – selbst wenn die Fahrzeuge währenddessen bewegt wurden. Auch künstliche Nisthilfen in Form von Halbhöhlen werden gerne angenommen. Natürliche Neststandorte befinden sich meist am Boden oder in Bodennähe. An Gebäuden errichten Bachstelzen ihre Kinderstuben häufig auch mehrere Meter hoch über der Erde, ausnahmsweise an einem Kirchturm sogar in 40 Meter Höhe. Das Nest selbst ist je nach Standort in Größe und Form recht unterschiedlich, in der Regel ein ziemlich wirrer Haufen aus Halmen, Reisern, Blattstücken oder ganzen Blättern, dazu Würzelchen, Fasern und Moos, innen warm und kuschelig ausgekleidet mit Federn, Haaren oder Wollfäden. So ein Bau wird nicht selten für eine Zweitbrut genutzt oder im nächsten Jahr aufgestockt. Der Hausbau ist bei Bachstelzen überwiegend Frauensache, die Männchen beteiligen sich weniger bis gar nicht daran.

Bachstelzen zählen zwar zu den Singvögeln, doch Gesang hört man von ihnen nur selten. Vielmehr bekundet das Männchen seinen Revieranspruch von einer erhöhten Warte aus durch wiederholte zweisilbige Rufe, die wie »zilipp, ziwid« oder »dschiwid« klingen. Vogelkundler sprechen in solchen Fällen von »Rufgesang«. In leicht abgewandelter Form werden diese Rufe in verschiedenen Situationen geäußert und haben dann jeweils eine unterschiedliche Bedeutung, etwa als Kontaktruf, als Flugruf oder als Futterlaut. Für das menschliche Ohr klingen sie allerdings sehr ähnlich. Echten Gesang hört man dennoch gelegentlich, nicht nur als leisen Werbegesang bei der Balz, sondern auch in Situationen, in denen man Gesang von einem Vogel nicht unbedingt erwarten würde: Krähen, Bussarde und selbst Sperber werden, oft von mehreren Vögeln, mit sogenanntem »Aggressionsgesang«, einem hastig erregten Zwitschern, im Fluge verfolgt. Ich finde das immer sehr gewagt, denn der Sperber ist ein schneidiger Jäger und auf Kleinvögel spezialisiert. Aber offensichtlich weiß der Greif, der normalerweise seine Beute aus der Deckung heraus im Überraschungsangriff anvisiert, dass er im offenen Luftraum keine Chance hat, wenn er entdeckt wurde, und ignoriert die oft dicht hinter ihm her pöbelnden Stelzen. Ob diese ein solches Verhalten auch gegenüber einem Baumfalken zeigen, konnte ich bisher nicht beobachten. Diese eleganten Luftjäger sind schnell und wendig genug, um selbst Schwalben und Mauersegler im Fluge zu fangen. Ein Vogel, der also meint, den Falken mit lautem Gesang eskortieren zu müssen, käme möglicherweise nicht mehr dazu, der Nachwelt von seinen Heldentaten zu erzählen ... Gegenüber einem Kuckuck, der im Fluge aussieht wie eine Mischung aus Sperber und Falke, sind die mutigen Bachstelzen aber offenbar machtlos, denn sie zählen zu den häufigsten Wirtsvögeln dieses Brutschmarotzers.

Artgenossen gegenüber verhalten sich männliche Bachstelzen zur Brutzeit im Frühjahr sehr aggressiv: Rivalen liefern sich oft lang anhaltende Verfolgungsflüge und notfalls erbitterte Kämpfe. Da sie gern an Häusern brüten, greifen sie selbst ihr eigenes Spiegelbild an Fensterscheiben vehement an. Auch glänzende Autofelgen sind beliebte Zielscheiben ihrer Aggression. Solche Spiegelfechtereien sind auch bei anderen Vogelarten wie Amseln oder Meisen immer wieder zu beobachten und dauern oft wochenlang an. Manchmal gelingt es, sie durch Flatterbänder oder Ähnliches von ihrem Tun abzubringen, aber häufiger hilft nur Geduld, bis die Brutzeit vorüber ist ... Was bei Kleinvögeln allenfalls die Nerven ihrer menschlichen Nachbarn strapaziert, kann bei einem großen Vertreter bedrohliche Ausmaße annehmen: In Hamburg schlug einst ein Schwan die Scheiben eines Gewächshauses ein, die anschließend sogar mit Maschendraht gegen weitere Attacken geschützt werden mussten.

Außerhalb der Brutzeit zeigen sich die Bachstelzen viel verträglicher gegenüber ihresgleichen. In den Abendstunden versammeln sich oft Dutzende, mitunter Hunderte Vögel an gemeinsamen Schlafplätzen. Diese liegen nicht selten an Örtlichkeiten, an denen uns Menschen eine entspannte Nachtruhe undenkbar scheint, zum Beispiel an hell erleuchteten Fabrikgebäuden inmitten lauter Betriebsgeräusche oder tosendem Verkehrslärm. Doch genau davon profitieren die Nachtgäste, denn potenzielle Feinde meiden solche Orte eher. Im Herbst verlassen uns die allermeisten Bachstelzen, sie verbringen den Winter in Südwesteuropa oder Nordafrika und kehren in stelzentypisch hüpfendem Flug im März zurück.

Schwalben und Mauersegler

Als Kind bin ich mit Schwalben aufgewachsen. Auf der Diele des Bauernhauses meiner Großeltern, einem hallenartigen Wirtschaftstrakt außerhalb des Wohnbereiches, brüteten regelmäßig mehrere Paare **Rauchschwalben,** und auf dem Nachbarhof befand sich eine kopfstarke Kolonie von **Mehlschwalben** unter dem Dachüberstand eines großen Stallgebäudes. Im Sommer waren die fröhlich klingenden witt-witt-widdewitt-Rufe der Rauchschwalben und das rollende »drrrt drrrt prrüt« der Mehlschwalben allgegenwärtig, wenn sie in der Luft nach Insekten jagten. Auf der Diele, nur durch einen Bretterverschlag vom Kuhstall abgetrennt, hatte ich auch mein Fahrrad stehen, wenn sich wöchentlich die gesamte Großfamilie bei meinen Großeltern traf. Eines Tages saß ein gerade flügge gewordenes Schwalbenkind auf dem Lenker meines Fahrrads. Ich ging vorsichtig näher und imitierte die Lockrufe »witt witt«, die es nach anfänglichem Zögern erwiderte. Schließlich hatte das Schwälbchen so weit Zutrauen gefasst, dass ich es auf die Hand nehmen konnte. In dem Moment kamen die Schwalbeneltern durch die zur Brutzeit stets offene Fensterluke geflogen, wähnten ihr Kind in größter Gefahr und stießen aufgeregt laute Warnlaute aus. Meine Lockruf-Imitationen beruhigten die Altvögel aber bald, nach einigen Rundflügen durch die Diele landeten sie schließlich auf einem Balken über dem Kuhstall und lockten ihrerseits das Junge. Das flog zu seinen Eltern, wurde gefüttert, und ich konnte Fahrrad fahren. Heute noch erinnere ich mich an den Merkspruch, den meine Oma und meine Mutter mir damals für den plaudernd-schnurrenden Gesang der Rauchschwalbe beibrachten: »Wollte meine Jacke flicken, hatte kein' Zwirrrn, fand nur ein Endchen, da musst' ich lang zerrrrn!« Bis zu zehn Minuten am Stück mit minimalen Pausen kann sie ihre angenehm zwitschernden Strophen vortragen.

Damals trafen »unsere« Rauchschwalben häufig am 3. Mai, dem Geburtstag meines Opas, ein, von der ganzen Familie sehnsüchtig erwartet und als Glücksbringer verehrt. Die Mehlschwalben folgten kurz darauf. Heute, rund ein halbes Jahrhundert später, kehrt das Gros der Vögel bereits in der ersten Aprildekade, spätestens aber Mitte April aus Afrika zurück – vermutlich eine Folge des Klimawandels. Die ersten Rauchschwalben kann man mitunter schon im letzten Märzdrittel beobachten, in der Regel erfahrene Männchen. Solche vereinzelten Frühheimkehrer gab es auch früher schon, daher hat das bekannte Sprichwort »Eine Schwalbe macht noch keinen Sommer« seinen Ursprung.

Erstaunlich ist, dass die Schwalben bei der Rückkehr aus ihren Winterquartieren, die sich von den ostafrikanischen Savannengebieten bis nach Südafrika erstrecken, stets zielgenau ihre Brutplätze vom Vorjahr wiederfinden. Vor allem die Männchen sind sehr brutplatztreu. Häufig nutzen sie sogar ihr altes Nest oder bauen ein neues an derselben Stelle, falls das alte zwischenzeitlich entfernt wurde oder herabfiel. Nicht selten kommen auch die älteren Weibchen zum alten Nest zurück, ansonsten sind sich die Paare meist nicht über mehrere

Jahre treu, sondern nur für eine Saison oder gar nur für eine Brut. Wenn aber das »alte« Weibchen nun schon mal am Nest auftaucht, kommt es häufiger vor, dass sich die Brutpartner vom Vorjahr wieder »vermählen«. Viele Schwalben werden allerdings nicht alt, sodass Neuverpaarungen schon aus diesem Grunde überwiegen.

Rauchschwalben errichten ihre Nester fast stets im Inneren von Ställen, Scheunen oder mitunter – falls man sie lässt – in Wohnhäusern. Sie benötigen lediglich eine dauerhafte Öffnung, etwa ein unverglastes Segment eines Sprossenfensters oder eine nicht richtig schließende Stalltür, durch die sie mit großer Präzision und angelegten Schwingen in voller Geschwindigkeit hindurchmanövrieren. Früher brüteten sie häufig in offenen Kaminen und Rauchfängen, daher stammt der Name »Rauchschwalbe«. Nicht selten nisten mehrere Paare der geselligen Vögel dicht beieinander, wenngleich nicht in so großen Kolonien, wie Mehlschwalben dies gern tun.

Mehlschwalben kleben ihre Nester stets an die Außenseite von Gebäuden, gut geschützt vor Wind und Wetter unter ausladenden Dachüberständen, in zurückgesetzten Balkonnischen oder Fensterwinkeln mit freiem Anflug, auch unter Brücken oder ähnlichen Konstruktionen. Im Gegensatz zu den viertelkugeligen Rauchschwalbennestern sind ihre Kinderstuben weitgehend halbkugelig geschlossen mit einer kleinen Einflugöffnung im oberen Bereich. Wo in großen Kolonien, die Dutzende oder unter günstigen Umständen Hunderte von Nestern umfassen können, diese sehr eng beieinanderkleben, ist die Einflugöffnung häufig röhrenförmig vorgezogen. Schwalbennester bestehen – einzigartig in der heimischen Vogelwelt – aus mit Speichel, Grashalmen und anderen Pflanzenteilen vermengtem feuchten Lehm, ein Gemisch, das beim Trocknen die notwendige Stabilität erhält. Früher fanden die Vögel auf unbefestigten Hofflächen oder Feldwegen stets ausreichend Pfützen, an deren Rändern sie feuchten Lehm sammeln konnten. Heute sind solche Flächen meist versiegelt, sodass die Schwalben weit fliegen müssen, um an geeignetes Nistmaterial zu kommen. Ist die Entfernung zu groß, trocknet der Lehm unterwegs im Schnabel und lässt sich dann nur noch schlecht und instabil verbauen, häufig stürzen solche Nester noch während der Bauphase oder – schlimmer – während der Jungenaufzucht ab. Wichtig ist außerdem eine raue Struktur, an der das Baumaterial auch hält. An zu glatten Wänden haben Schwalben keine Chance. Für Rauchschwalben kann man an geeigneten Stellen starke Nägel als Stütze einschlagen, sie setzen ihre Nester ohnehin häufiger direkt auf Querbalken, Lampen oder andere geeignete Unterlagen auf. Wo keine Lehmpfützen vorhanden sind, kann man den Vögeln gezielt und mit geringem Aufwand solche anbieten: Eine kleine Kuhle, gefüllt mit einem Gemisch aus Lehm und Strohhäcksel, das stets feucht gehalten wird, hilft den Schwalben sehr. In städtischem Umfeld kann man allerdings nur mit Mehlschwalben rechnen, Rauchschwalben sind typische Bewohner bäuerlich geprägter Dörfer, auch in Reitställen fühlen sie sich wohl. Städtische Mehlschwalben sammeln nicht selten Schlamm aus Dachrinnen – kein allzu guter Ersatz für eine Lehmpfütze. Man kann den

Rauchschwalben übernachten gern gesellig im Schilf.

Vögeln auch künstliche Nisthilfen aus Holzbeton anbieten, es gibt spezielle Ausführungen für beide Schwalbenarten, mit denen sich die Vögel gezielt an- oder umsiedeln lassen.

Leider dulden heutzutage viele Menschen keine Schwalbennester mehr am Haus, weil die Vögel die Fassaden mit Lehm und Kot verschmutzen, ganz besonders in Neubaugebieten, wo sich gern Mehlschwalben ansiedeln. Wichtig zu wissen: Das Naturschutzrecht verbietet es, Nester zu entfernen (s. S. 191). Der Verschmutzung kann man mit Kotbrettern vorbeugen, die etwa einen halben Meter (wichtig für den freien Anflug!) unter den Nestern angebracht werden und abbröckelnden Lehm und vor allem den Kot, den die älteren Jungvögel direkt »über Bord« spritzen, auffangen. (Bei erst wenige Tage alten Jungen nehmen die Eltern – wie bei den meisten Singvögeln – die in einer elastischen Hülle verpackten Ausscheidungen nach jeder Fütterung direkt vom After ab und entsorgen diese in größerer Entfernung vom Nest.) Mit einer schräg stehenden Brettkonstruktion unter dem Kotbrett lässt sich verhindern, dass sich darunter weitere Mehlschwalben ansiedeln und den Schutz vor Verschmutzung ad absurdum führen. Mit etwas gutem Willen lässt sich so die Wohnungsnot der Vögel lindern, ohne dass die Fassade optisch durch die weißen Spritzer verunziert wird.

Weit schwieriger ist ein anderes Problem zu lösen, das den Schwalben stärker noch als anderen Vögeln zusetzt: Es ist der Mangel an Fluginsekten, der ihnen zunehmend zu schaffen macht. Standardisierte Langzeituntersuchungen aus mehr als 60 Naturschutzgebieten größtenteils in Nordrhein-Westfalen, aber auch in Rheinland-Pfalz und Brandenburg zeigten, dass auf wiederholt kontrollierten Probeflächen die Biomasse an Fluginsekten innerhalb von nur 27 Jahren (1989–2015) durchschnittlich um mehr als 75 Prozent zurückging! Zwar ist es aus wissenschaftlicher Sicht nicht statthaft, aus einzelnen lokalen Untersuchungsergebnissen auf die Verhältnisse in ganz Deutschland zu schließen. Doch wer mit dem Auto eine größere Strecke zurücklegt, kann die negative Entwicklung der Insektenbestände leicht selbst nachvollziehen: Musste man in früheren Jahrzehnten regelmäßig die Frontscheibe von den Überresten angepraller Insekten säubern, bleibt die Sicht heute ungetrübt. Ursachen des massiven Insektensterbens gibt es viele, unter anderem nahezu flächendeckende Monokulturen mit dem Verlust blütenreicher Brachen und Randstrukturen, der Einsatz hochwirksamer Gifte gegen Insekten und unerwünschte Pflanzen vor allem in der Landwirtschaft, im Siedlungsraum eine häufig wenig insektenfreundliche Gestaltung und Bepflanzung von Gärten und Parks sowie die allgegenwärtige nächtliche Beleuchtung, die nachtaktive Insekten in großer Zahl anlockt und vernichtet. Als reine Fluginsektenjäger sind Schwalben besonders von dieser negativen Entwicklung betroffen.

Schwindendes Nahrungsangebot und zunehmender Mangel an Nistgelegenheiten haben dazu geführt, dass die Bestände beider Schwalbenarten in Deutschland mittlerweile als gefährdet eingestuft werden. Ganz besonders schwer haben sie es bei anhaltend kühlem oder regnerischem Wetter, wenn sich Fliegen, Mücken und andere fliegende Beutetiere verkriechen. Früher fanden Rauchschwalben dann in Kuhställen immer noch genügend Fliegen, die sie geschickt auch von den Wänden pickten. Auf dem Hof meiner Großeltern gab es wie überall auf Höfen mit Viehhaltung einen Misthaufen, der ebenfalls massenhaft Fliegen und anderes Getier produzierte – für die Schwalben ein reich gedeckter Tisch. Doch diese Zeiten sind in der modernen Landwirtschaft längt vorbei, oft bleibt den Vögeln sogar der Einflug in Viehställe aus angeblichen Hygienegründen verwehrt. Heutzutage verhungern bei ungünstigen Witterungsverhältnissen viele Jungvögel und auch Altvögel.

In schlechten Zeiten können Seen und Flüsse wichtige Nahrungsgründe sein – aber nicht nur in diesen: Wenn Massen von Zuckmücken oder Eintagsfliegen auf einmal schlüpfen und Insektenwolken über dem Wasser wabern, stellen sich innerhalb kürzester Zeit große Trupps von Schwalben aus der gesamten Umgebung ein. Auch der Hochzeitsflug der Ameisen oder anderer schwärmender Insekten bedeutet für die Vögel ein Festessen. Oft jagen dann Rauchschwalben und Mehlschwalben gemeinsam – eine gute Gelegenheit, um die Unterschiede zwischen beiden Arten zu studieren: Die Rauchschwalbe hat deutlich längere Schwanzspieße als ihre Verwandte, die wiederum durch eine wie mit Mehl überpuderte (Name!) weiße Unterseite und einen ebenso gefärbten, weithin leuchtenden Bürzel gekennzeichnet ist (s. Abb. auf S. 226). Auch an der Flugweise kann man beide Arten unterscheiden: Die Mehlschwalbe fliegt »flatteriger« und meist auch in größerer Höhe als die Rauchschwalbe, mit schnelleren Flügelschlägen, zwischen die immer wieder längere Gleitphasen eingeschoben werden.

Im Spätsommer, nach der Brutzeit, versammeln sich die Schwalben in oft großen Scharen auf Leitungsdrähten, wo man schon von Weitem ihr Chorgezwitscher hört. In dieser Zeit übernachten sie, jede Art für sich, an bestimmten Gemeinschaftsschlafplätzen. Rauchschwalben suchen dazu oft ausgedehnte Schilfbestände auf. Früher, als man noch nichts vom Vogelzug wusste, glaubten die Menschen daher, sie würden am Grunde eines Gewässers im Schlamm überwintern, denn irgendwann im September sah man die Vögel abends nicht mehr ins Schilf fliegen – sie waren spurlos verschwunden.

Schwalben sind gewiss schnelle und geschickte Flieger, doch mit den Flugkünsten des **Mauerseglers** können sie sich nicht messen. In halsbrecherischen Flugmanövern jagen die Segler in größeren Trupps durch die Häuserschluchten, schrammen in reißendem Flug nur um Zentimeter an Hausmauern und Dachecken vorbei und drehen in lärmender Verfolgungsjagd Runde um Runde um die Häuserblocks. Klassische »Gartenvögel« sind sie ebenso wenig wie die Schwalben, wie diese aber dennoch echte Kulturfolger des Menschen. Wegen oberflächlicher Ähnlichkeiten im Flugbild und ihrer Vorliebe für hohe Gebäude nennt man die Mauersegler auch »Turmschwalben«, doch sind sie mit den Schwalben nicht verwandt, zählen noch nicht einmal zu den Singvögeln wie jene. Sie sind die wahren Herrscher der Lüfte, man kann sie mit Fug und Recht als Flugkünstler der Superlative bezeichnen, die nachweislich zehn Monate in der Luft verbringen können, ohne je zu landen. Mauersegler sind wie die Schwalben typische Sommergäste: Erst Anfang Mai treffen sie aus ihren afrikanischen Winterquartieren ein und verlassen uns bereits Anfang August wieder – deutlich früher also als Schwalben, die meist Ende August (Mehlschwalbe) bis Mitte September (Rauchschwalbe) abziehen.

Wie kein anderer heimischer Vogel ist der Mauersegler an ein Leben in der Luft angepasst. Mit seinen langen, schmalen Schwingen bringt er es auf Spitzengeschwindigkeiten von bis zu 200 Kilometer pro Stunde. Essen, Trinken, Baden – alles erledigt er im Fluge.

Doch nicht nur das: Bereits im 18. Jahrhundert vermutete man, dass die Vögel auch in der Luft schlafen, weil sie öfter dabei beobachtet wurden, wie sie sich abends in große Höhen schraubten. Mittels Radarortung konnten Wissenschaftler diese Vermutung inzwischen zweifelsfrei bestätigen. Vor allem nicht brütende Vögel steigen in der Dämmerung in Höhen von bis zu 3600 Metern auf, wo sie segelnd und langsam mit den Flügeln schlagend die Nacht verbringen. Selbst die Paarung findet gelegentlich in der Luft statt. Nur zum Brüten braucht auch der Mauersegler festen Boden unter den winzigen Füßen, die zum Laufen nicht taugen.

Ähnlich wie die Schwalben sind auch Mauersegler als Fluginsektenjäger extrem wetterabhängig. Doch sie verfügen über eine Überlebensstrategie, die in der heimischen Vogelwelt nahezu einzigartig ist: Die erwachsenen Vögel weichen aufziehenden Schlechtwetterfronten oft über Hunderte von Kilometern aus und lassen währenddessen ihren Nachwuchs tagelang allein. Ihre Jungen müssen trotzdem nicht verhungern. Sie senken ihre Körpertemperatur drastisch ab und fallen in eine Hungerstarre. Dabei werden alle Körperfunktionen reduziert, Herzschlag und Atmung verlangsamt. Zudem verbrauchen die Jungen alle Fettreserven, mit fortschreitender Dauer werden sogar Muskulatur und Lebergewebe abgebaut. Auf diese Weise können sie fast zwei Wochen ohne Nahrung überleben, bis die Eltern zurückkehren und ihren Nachwuchs weiterfüttern. Im Notfall können auch Altvögel in eine Hungerstarre fallen, allerdings nur drei bis vier Tage ohne Nahrung überleben.

Trotz dieser erstaunlichen Anpassungen haben es die Mauersegler zunehmend schwerer, in der Nachbarschaft des Menschen zu überleben: Wie die Schwalben finden auch sie immer weniger Brutmöglichkeiten. Ihre Nester legen sie in tiefen Mauerritzen, hinter Wandverkleidungen oder in Hohlräumen unter Dachziegeln an. Genau diese Nischen und Spalten werden bei Maßnahmen zur Wärmedämmung oft systematisch verschlossen. Völlig irritiert fliegen die sehr standorttreuen Vögel dann immer wieder an der Fassade oder der Dachkante entlang und suchen vergeblich den nicht mehr vorhandenen Einschlupf. Spezielle Nistkästen oder in die Fassade eingemauerte Niststeine können hier für Abhilfe und Ersatz sorgen, der in solchen Fällen nach dem Naturschutzgesetz sogar zwingend vorgeschrieben ist (s. S. 193). Trotzdem hat der energetische Sanierungsboom leider schon zu einem merklichen Rückgang der eleganten Flieger geführt.

Wann fliegen Zugvögel ins Winterquartier?

Der Abflug variiert von Vogelart zu Vogelart und fällt oft – im Gegensatz zur Ankunft, bei der die Vögel häufig singen – wenig bis gar nicht auf. Die Fangzahlen an Beringungsstationen liefern hierbei genauere Daten als letzte Sichtbeobachtungen. Allerdings können nordische Durchzügler später bei uns durchziehen, als die hierzulande brütenden Artgenossen abfliegen (zum Beispiel Mauersegler). Und schließlich gibt es immer auch »Trödler«, von denen man nicht weiß, ob es zum Beispiel Jungvögel aus späten Bruten sind oder ob diese Vögel versuchen, in heimischen Gefilden zu überwintern, wie es zum Beispiel bei Kurzstreckenziehern wie Singdrossel, Star, Bachstelze, Zilpzalp oder Hausrotschwanz immer häufiger zu beobachten ist.

Flugkünstler der Superlative – der Mauersegler

Waldohreule, Waldkauz und Schleiereule

Jedes Jahr etwa Anfang bis Mitte Juni bekomme ich diverse Anfragen wegen seltsamer Tierstimmen, die nachts im Garten zu hören seien. Ob ich wohl wüsste, was das sein könnte? Auch ohne eventuell gemachte Tonaufnahmen anzuhören, kann ich für gewöhnlich prompt die Antwort liefern: Es handelt sich um die durchdringend fiependen Kontaktrufe junger **Waldohreulen,** die mit großer Ausdauer im Abstand von fünf bis zehn Sekunden geäußert werden. Wie alle Jungeulen verlassen auch sie das Nest, lange bevor sie fliegen können. Im Alter von etwa drei Wochen nach dem Schlupf klettern sie in den Ästen des Nestbaumes umher, daher nennt man die Küken in diesem Stadium auch »Ästlinge«. Fallen sie dabei

Die Waldohreule ist tagsüber durch ihr rindenfarbiges Gefieder gut getarnt.

zu Boden, klettern sie geschickt mit ihren scharf bekrallten Füßen am nächstbesten Baum wieder aufwärts und nehmen dabei nach Papageienart auch den kräftigen Hakenschnabel zu Hilfe. Mit ihren hiiit-Rufen halten die kleinen Kletterkünstler untereinander und vor allem mit ihren Eltern Kontakt, schließlich müssen diese wissen, wo ein hungriges Küken auf eine frisch gefangene Maus wartet. Tagsüber sind die jungen Eulen stumm und halten sich möglichst gut versteckt. In diesem Alter sehen sie aus, als trügen sie einen wollenen, hellbeigefarbenen Strampelanzug mit schwarzer Gesichtsmaske und Puschelöhrchen. Mit fünf Wochen sind sie voll flugfähig, werden aber noch weitere vier bis sechs Wochen von den Eltern betreut und gefüttert. Erst dann ist ihr Jagdgeschick groß genug, um sich selbst zu versorgen. Danach verlassen sie das elterliche Territorium und suchen sich einen eigenen Lebensraum.

Oft bemerkt man erst durch die Bettelrufe der Jungvögel, dass Waldohreulen im Garten brüten. Denn im Gegensatz zum Waldkauz (s. u.) sind ihre Balzrufe, die man vor allem im Februar und März hört, wenig auffällig. Das Männchen lässt im Abstand von einigen Sekunden ein stöhnendes »huuuh« hören, das klingt, als würde man in eine leere Flasche blasen. Das Weibchen antwortet darauf mit einem etwas erschöpft oder leidend anmutenden »dchäää« oder ähnlich seltsamen Lauten. Zur Brut nutzen Waldohreulen bevorzugt alte Nester von Krähen oder Elstern. Wie alle Eulen bauen sie keine eigenen Horste. Ihr Bruterfolg hängt stark von der Häufigkeit ihrer bevorzugten Beute – Mäusen – ab. Insbesondere die Bestände der Feldmaus zeigen natürlicherweise starke, rhythmische Fluktuationen: In manchen Jahren kommt es zu einer Massenvermehrung, in anderen bricht der Bestand zusammen. Gibt es besonders viele Feldmäuse, legen auch die Eulen viele Eier – in solchen Fällen sechs bis acht –, ist die Beute hingegen sehr knapp, verzichten sie von vornherein auf eine Brut. Da die Eier im Abstand von meistens zwei Tagen gelegt und von der ersten Eiablage an bebrütet werden, schlüpfen die Küken entsprechend zeitversetzt. Finden die Euleneltern während der Aufzuchtzeit nicht genügend Beute, verhungern die Nesthäkchen oder werden von ihren größeren Geschwistern getötet. Kommt es ganz schlimm, werden die Kleinsten von den Eltern an die stärksten Eulenkinder verfüttert, damit wenigstens diese überleben und flügge werden. Zwar schlagen Waldohreulen auch andere Kleinsäuger und in geringerem Maße auch Kleinvögel, doch weil sie bevorzugt über Wiesen und Äckern jagen, sind sie in besonderem Maße von den dort lebenden Feldmäusen abhängig. In besonders schneereichen Wintern, wenn die Mäuse unter einer dicken Schneedecke verborgen bleiben, erleiden die Vögel hohe Verluste, weil viele verhungern. Ein Teil von ihnen weicht unter solchen Bedingungen in südlichere Gefilde aus, um dort die winterliche Notzeit zu überstehen. Mitunter versorgen Vogelschützer die Tiere auch mit lebenden Mäusen in beheizbaren Wannen, denn Fleischbrocken oder tote Mäuse nehmen die Eulen nicht an.

Wie fast alle ihre Verwandten können Waldohreulen ihre Beute auch in völliger Dunkelheit orten und schlagen, entweder im niedrigen Suchflug oder von einem Ansitz aus. Ihre Sinne sind perfekt an ein Leben in der Dunkelheit angepasst: Die großen, extrem lichtempfindlichen Augen fangen noch geringste Mengen Restlicht ein, sodass die Vögel auch in tiefer Dämmerung eine huschende Maus wahrnehmen können. Übrigens können Eulen auch am Tage sehr gut sehen, sprichwörtlich tagblind, wie oft behauptet wird, sind sie keineswegs. Die im Gegensatz zu nahezu allen anderen Vogelarten und genau wie beim Menschen parallel nach vorne gerichteten Augen ermöglichen zudem ein ausgeprägt räumliches Sehen. Allerdings sind sie starr in den Augenhöhlen gelagert, daher muss eine Eule, um seitlich sehen zu können, ihren Kopf entsprechend bewegen. Auch hierbei sind die Vögel zu erstaunlichen Leistungen fähig: Sie können ihren Kopf um mehr als 230 Grad drehen, können sich also, ohne den Körper zu bewegen, bei einer Rechtsdrehung über die linke Schulter blicken und umgekehrt. Ermöglicht wird diese Akrobatik durch 14 Halswirbel – doppelt so viele wie beim Menschen.

In absoluter Dunkelheit kann auch eine Eule nichts mehr sehen. Dann orientiert sie sich allein mit ihrem fantastischen Gehör, das selbst feinste Geräusche wie das Trippeln einer Maus noch aus größerer Entfernung wahrnehmen kann. Die beweglichen Federohren der Waldohreule sind allerdings keine Ohrmuscheln – sie haben nichts mit dem Hörsinn zu tun, sondern dienen im Wesentlichen dazu, die jeweilige Stimmung des Vogels auszudrücken. Die Funktion des Schalltrichters übernimmt der Gesichtsschleier der Eulen, eine kranzförmige Einfassung des Gesichts aus besonders geformten, steifen Federn. Er bündelt den Schall wie ein Parabolspiegel und leitet ihn zu den verborgenen Ohröffnungen. Diese liegen etwas versetzt am Kopf. Die Schallwellen, die etwa vom Rascheln einer Maus ausgehen, treffen mit winzigem Zeitabstand an den Ohren ein. Diese Differenz zwischen den Schallwellen ermöglicht eine genaue Bestimmung der Richtung und Entfernung der Geräuschquelle, sodass die Waldohreule auch in völliger Dunkelheit erfolgreich Beute schlagen kann. Die Beutetiere selbst hören indes eine anfliegende Eule nicht, denn ihre samtweichen Federn erzeugen keine Fluggeräusche. Winzige kammartige Fortsätze am Außenrand der äußeren Flügelfedern verringern die Luftturbulenzen und damit das bei anderen Vögeln hörbare Rauschen oder Pfeifen.

Im Gegensatz zu vielen ihrer Verwandten ist die Waldohreule ein recht geselliger Vogel. Selbst zur Brutzeit verteidigt sie nur ein recht kleines Gebiet um den Brutplatz. Das hat damit zu tun, dass die Tiere ein häufig zeitlich begrenztes, dann aber massenhaftes Nahrungsangebot (Mäuse) möglichst effektiv nutzen müssen. Gibt es viele Mäuse, können mehrere Waldohreulen-Paare eng benachbart brüten, sofern entsprechend viele alte Nester vorhanden sind. Nach der Brutzeit, ganz besonders im Winter, bilden die Vögel Schlafgesellschaften. Im Wald, in Parks oder auf Friedhöfen, selbst in größeren Gärten sammeln sich in bestimmten Bäumen Gruppen von Waldohreulen, die mitunter mehrere Dutzend Vögel umfassen können. In seltenen Fällen wurden sogar bis zu 200 Exemplare gezählt. Solche Schlafbäume werden oft über viele Eulengenerationen genutzt, sofern die Tiere nicht

Waldkauzpaare bleiben einander lebenslang treu.

massiv gestört werden. Der Boden darunter ist übersät mit den Gewöllen – ausgewürgten Speiballen mit nicht verdauten Haaren und Knochen der Beutetiere.

Ein völlig anderes Sozialverhalten als die Waldohreule zeigt der **Waldkauz,** unsere häufigste heimische Eulenart: Er bleibt seinem einmal gewählten Revier ganzjährig und in der Regel ein Leben lang treu, was auch für die Brutpartner untereinander gilt. Einmal verpaart, verteidigen Männchen und Weibchen ihr Territorium gemeinsam gegen fremde Artgenossen und auch andere Eulenarten. Je nach Angebot geeigneter Bruthöhlen und Schlafplätze und Vorkommen potenzieller Beutetiere umfasst ein Waldkauz-Revier im Durchschnitt 25 bis 50 Hektar – so viel wie 35 bis 70 Fußballfelder. Um das ganze Jahr über dort genügend Nahrung zu finden, dürfen Waldkäuze nicht wählerisch sein. Sie haben daher ein wesentlich breiteres Beutespektrum als die Waldohreulen und sind nicht vom Vorkommen eines bevorzugten Beutetiers abhängig. Waldkäuze schlagen neben Kleinnagern aller Art auch größere Säuger wie Ratten, Eichhörnchen oder junge Kaninchen, daneben zahlreich Vögel bis zur Größe einer Ringeltaube, und verschmähen auch Käfer, andere große Insekten und sogar Regenwürmer nicht. Anders als Waldohreulen, die zwar in Baumbeständen brüten, aber auf offenem Feld jagen, nutzen Waldkäuze ihr Territorium sowohl zum Brüten als auch zum Jagen. Sie kennen jeden Winkel ihres Reviers, wissen ganz genau, wo und wann am besten Beute zu machen ist, und finden sich dort auch im Dunkeln allein nach ihrem Ortsgedächtnis zurecht – wichtig, wenn man beim Fliegen nicht gegen den nächsten Baum prallen will. Ist es im Wald gar zu finster, jagen die Käuze auf Lichtungen, am Waldrand oder verzichten vielleicht auch einmal ganz auf ihr Abendbrot – wobei sie im Dunkeln genauso gut sehen wie Waldohreulen.

Ebenso wie die Waldohreule scheut auch der Waldkauz die Nähe des Menschen nicht und brütet auch in größeren Parks und auf Waldfriedhöfen, sofern er dort alte Bäume mit ausreichend großen Höhlen für die Brut und als Tageseinstände findet. Mit speziellen Eulenkästen kann man für ein zusätzliches Angebot an Nistgelegenheiten sorgen. Waldkäuze nisten sich aber auch auf Dachböden oder in Kapellentürmen mit freiem Einflug ein. Von meinem Schlafzimmerfenster aus kann ich direkt auf den Turm einer alten Feldsteinkirche sehen, in dem ein Waldkauz haust. Sobald es zu dämmern beginnt, erscheint der Vogel in der offenen Kirchturmluke und hockt dort eine Weile, ehe er in der tiefen Dämmerung zur Jagd ausfliegt. Morgens hingegen nimmt er dort gerne ein ausgiebiges Sonnenbad. Während der Brutzeit, die beim Waldkauz bereits ab Ende Februar beginnt, wohnen beide Partner gemeinsam dort, im Spätsommer und Herbst gehen sie, wie bei Waldkäuzen üblich, im gemeinsamen Revier getrennte Wege und kommen erst im November während der Vorbalzphase wieder zusammen, begleitet von eindrucksvollem Geheule.

Auch wenn viele Menschen vermutlich noch nie einen Waldkauz gesehen haben – sein weit tragendes »huuu --- hu-huhuhuhuuh« ist aus zahlreichen Krimis und Gruselfilmen wohlbekannt, wird es dort doch regelmäßig eingesetzt, um eine unheimliche nächtliche

Atmosphäre zu erzeugen. Dieses sogenannte »Heulen« ist der Reviergesang des männlichen Kauzes, der sowohl stimmungsabhängig als auch individuell in Rhythmus und Tonlage variiert. Man kann einzelne Männchen an ihrer persönlichen Heulstrophen-Version erkennen. Das Weibchen antwortet mit einem gellenden »kuwitt«, das je nach Situation eine unterschiedliche Bedeutung haben kann, etwa als Lockruf, Warnlaut oder als Ausdruck ärgerlicher Erregung. Als Standortruf wird dieser Laut auch vom Männchen geäußert. Das »kuwitt«, das in ähnlicher Form auch der viel kleinere Steinkauz hören lässt, wurde früher von der abergläubischen Bevölkerung als »Komm mit!« gedeutet und damit als Aufforderung an die Seele eines sehr kranken oder sterbenden Menschen, der Eule ins Jenseits zu folgen. Als »Totenvögel« waren die in der Dunkelheit aktiven Käuze daher allgemein gefürchtet und wurden in vielen Regionen zur Abwehr bösen Zaubers lebendig ans Scheunentor genagelt. Ihre nächtliche Lebensweise war den Menschen nicht geheuer – und ist es teilweise bis heute nicht.

Geisterhafte Erscheinung – Schleiereulen

Waldkäuze, die eine braune oder graue Gefiedergrundfärbung haben können, sind nur wenig größer als Waldohreulen, aber deutlich schwerer und von plumperer Gestalt. Ihnen fehlen zudem die Federohren, und ihre Augen sind dunkel und nicht orangerot gefärbt. Ansonsten entbehrt die nur im Deutschen übliche sprachliche Unterscheidung von Eulen und Käuzen allein aufgrund ihrer äußeren Erscheinung jedweder wissenschaftlichen Grundlage – beide zählen zur selben Vogelfamilie. Eine Ausnahme stellt lediglich die **Schleiereule** dar, die tatsächlich einer eigenen gleichnamigen Familie angehört. Unter den aktuell zehn in Deutschland brütenden Eulenarten hat sie sich am engsten dem Menschen angeschlossen und gilt als typische Kulturfolgerin. In ländlichen Gegenden lebt und brütet sie gerne in Scheunen und Stallungen, wo die wärmeliebenden Vögel auch im Winter Schutz und Nahrung finden. Auch Kirchtürme sind ein beliebtes Refugium der Schleiereule, der man in der Großstadt allerdings kaum jemals begegnet, denn dort findet sie keine geeigneten Jagdgründe. Ihre Lautäußerungen wären für die akustische Untermalung gruseliger Filmszenen noch besser geeignet als das Heulen des Waldkauzes: Das kreischende Schnarchen einer Schleiereule und ihre explosiv gellenden Rufe in der Nacht dürften so manchem Menschen einen gehörigen Schrecken einjagen.

Die Mönchsgrasmücke und Verwandte

Ab April wird das dichte Gebüsch aus Weißdorn und uraltem Bauernjasmin im Halbschatten großer Bäume zur Konzertbühne für einen der besten Sänger unserer heimischen Vogelwelt: In diesem abgelegenen Teil unseres naturnah belassenen Gartens fühlt sich die **Mönchsgrasmücke** wohl – zweifellos ein seltsamer Name für einen Singvogel, denn mit Gras hat sie ebenso wenig zu tun wie mit lästigen Stechinsekten. Tatsächlich ist diese Bezeichnung aus dem mittelhochdeutschen »gra smücke« (Letzteres auch in den Versionen »smucka« oder »smiege«) abgeleitet, was mit »grauer Schlüpfer« zu übersetzen ist – ein kleiner grauer Vogel, der durch die dichte Vegetation schlüpft. Diese Bezeichnung charakterisiert das Aussehen und die Lebensweise der Mönchsgrasmücke sehr treffend.

Das Männchen dieser häufigsten Vertreterin der fünf heimischen Grasmückenarten trägt eine charakteristische schwarze Kopfkappe, die an die Kopfbedeckung von Mönchen erinnert. Bei Weibchen und Jungvögeln ist sie rotbraun gefärbt. So unscheinbar das

Männchen tragen eine schwarze Kopfkappe – die Mönchsgrasmücke

Äußere dieses Vogels ist, so auffallend ist sein volltönender, melodischer Flötengesang, der typischerweise mit einem leise schwätzenden Vorgesang beginnt und in einem sich emporschraubenden Crescendo in Sopranstimmlage, dem sogenannten »Überschlag«, gipfelt. »Unser« Vogel zeigt sich dabei als besonders begabt: In seinen Vorgesang baut er in Perfektion Ausschnitte aus den Gesängen anderer Vogelarten ein, die ebenfalls im Garten oder in dessen unmittelbarer Nachbarschaft leben. So konnte ich schon Strophenteile von Amsel, Nachtigall, Fitis, Stieglitz und Gartenrotschwanz deutlich heraushören. Manchmal beginnt er mit einer längeren Nachtigallenpassage und endet wie eine Mönchsgrasmücke, mitunter kombiniert er auch die Stimmen mehrerer Vogelarten, bevor der arttypische Überschlag folgt. »Spotten« nennen Fachleute diese bei vielen Vogelarten in unterschiedlichem Ausmaß ausgeprägte Fähigkeit, ihren eigenen Gesang mit Rufen oder Gesangsausschnitten anderer Vogelarten zu bereichern und sich damit eine individuelle Note zu geben.

Als besonders begabt auf diesem Gebiet erweist sich auch die mit der Mönchsgrasmücke nah verwandte **Gartengrasmücke.** Die talentiertesten Individuen unter diesen Sangeskünstlern sind sogar zu musikalischer Abstraktion fähig: Die beobachteten Vögel stellten quasi »Kurzfassungen« von Buchfinkenstrophen her, die alle wesentlichen Teile des Vorbilds enthielten, indem sie von allen Lautgruppen (Phrasen) des typischen Finkenschlages (s. S. 138) nur einzelne Elemente übernahmen. Diese Verkürzung um fast die Hälfte diente offenbar dazu, die Imitation des Buchfinkengesanges besser in die arteigene Gesangsrhythmik einpassen zu können – eine erstaunliche Leistung! Ansonsten ist der Gesang der Gartengrasmücke ein oft lang anhaltendes Plaudern oder Schwätzen, tiefer und rauer als die Strophen der Mönchsgrasmücke, in Tonhöhe und Klangfarbe am ehesten mit der Amsel vergleichbar. Das Geschwätz der Gartengrasmücke kann man gut mit folgendem Merkspruch (schnell gesprochen!) umschreiben: »Also nein, wissen Sie, das ist ja ganz enorm, was da wieder passiert ist, also so geht es doch nicht, das hatten wir ja noch nie, wo kommen wir denn da hin, das wär' ja noch schöner, wenn sich das wiederholt, oder glauben Sie inzwischen auch, dass so etwas nie wieder vorkommt?« Vereinfacht kann man sagen: Die Mönchsgrasmücke singt in Sopranstimmlage, die Gartengrasmücke in Alt. Die Gesänge beider Arten sind allerdings nicht immer leicht zu unterscheiden. Denn zum einen imitieren beide nicht selten den Gesang der jeweils anderen Art oder Teile davon. Zum anderen kann die genaue Zuordnung schwerfallen, wenn die Mönchsgrasmücke nur einen ausgedehnten schwätzenden Vorgesang bringt und das Crescendo vermissen lässt, oder die Gartengrasmücke nur kurz ansingt.

Wenn man den Sänger nicht sieht – was bei der sehr unscheinbar gefärbten und in dichter Vegetation verborgen lebenden Gartengrasmücke durchaus häufig der Fall ist –, hilft es, Jahreszeit und Lebensraum zu berücksichtigen: Während der Mönch als Kurzstreckenzieher bereits ab etwa Mitte bis Ende März zu uns zurückkehrt, ist die Gartengrasmücke, die im tropischen Afrika südlich der Sahara überwintert und somit einen sehr viel weiteren

Versteckt lebende Meistersängerin – die Gartengrasmücke

Zugweg hat, erst Ende April oder Anfang Mai zu erwarten. Auch ist sie trotz ihres Namens keine eigentliche Gartenbewohnerin: Die Gartengrasmücke bevorzugt gebüschreiches, offenes Gelände, mehrstufige Hecken mit dichter Strauch- und Staudenschicht, Ufergebüsch oder lichte Auwälder. In großen Gärten und Parks bezieht sie nur dann ein Revier, wenn entsprechende Vegetationsstrukturen vorhanden sind. Das schließt allerdings nicht aus, dass ein Vogel auf dem Durchzug, bisweilen sogar tagelang, in einem Garten singt, der als Brutrevier nicht geeignet ist.

Dieses Verhalten, das bereits beim Fitis beschrieben wurde (s. S. 34), zeigen alle Grasmücken, Laubsänger und auch Rohrsänger. So hörte ich einmal bei einer Vogelkartierung in einem Kleingartengelände einen Teichrohrsänger aus einer Ligusterhecke singen – weitab vom arttypischen Brutlebensraum im Schilf. Der Gartenbesitzer darf sich über besondere Vogelgäste freuen, doch Vogelkundlern, die den Brutvogelbestand eines Lebensraumes exakt erfassen möchten, bleibt in solch potenziell schwierigen Fällen oft nur die Suche nach einem direkten Brutnachweis, etwa ein Nestfund oder die Beobachtung futtertragender Altvögel.

Das gilt auch für die Dritte im Bunde, die **Klappergrasmücke,** in ihrem Äußeren eine »graue Maus« und wie die Gartengrasmücke leichter zu hören als zu beobachten. Ihr Lied besteht aus einem leisen, schwatzenden Vorgesang, der nur aus der Nähe zu vernehmen ist, und einem anschließenden arttypischen klappernden »lüplüplüplüplüplüp«. Es klingt, als würde man kleine Kieselsteine schnell aneinanderschlagen. Das früher sehr populäre Volkslied »Es klappert die Mühle am rauschenden Bach« mag Pate gestanden haben für den volkstümlichen Namen des Vogels »Müllerchen«. In halboffenem Gelände mit immergrünen Hecken und dickichtartigen Gruppen niedriger Sträucher oder kleiner Nadelgehölze fühlt sich das »Müllerchen« wohl. Mitunter besiedelt die Klappergrasmücke selbst kleinste, nur dürftig mit Büschen bepflanzte städtische Grünflächen und kommt auch in Hausgärten und Kleingärten regelmäßig vor. »Zaungrasmücke« wird sie daher auch genannt. Als Fernzieherin überwintert sie im tropischen Afrika und ernährt sich wie alle Grasmücken vor allem von kleinen Insekten und Spinnen. Ab Spätsommer erweitert sie ihren Speisezettel zunehmend um Beerenkost – wobei die Klappergrasmücke kein so breites Spektrum nutzt wie ihre Verwandte, die Mönchsgrasmücke.

Allein in Mitteleuropa wurden die Früchte von mehr als 60 verschiedenen Gehölzarten als Nahrung der Mönchsgrasmücke nachgewiesen. Besonders beliebt – auch bei vielen anderen Vögeln – sind die Früchte von Vogelbeere und Schwarzem Holunder, die bereits im Spätsommer komplett abgefressen werden. Bis vor wenigen Jahren waren Wissenschaftler davon ausgegangen, dass Früchte und Beeren für die Vögel ausschließlich leckeres Naschwerk seien, denn sie enthalten nur wenig Energie und Nährstoffe. Inzwischen weiß man aber, dass insbesondere die Beeren des Schwarzen Holunders, auch Fliederbeeren genannt, für Zugvögel unverzichtbar sind, um sich genügend Fettreserven für den Energie zehrenden Flug in den Süden anzufuttern.

Immer häufiger allerdings verzichten Mönchsgrasmücken, die normalerweise die kalte Jahreszeit im Mittelmeerraum verbringen, auf diese Anstrengung. Ganz offensichtlich reagieren sie damit auf die zunehmend milderen Winter im Zuge des fortschreitenden Klimawandels – und das, obwohl das Zugverhalten genetisch gesteuert wird. (Vererbt wird nicht ein Entweder-oder, wie man früher dachte, sondern eine Reaktionsspanne innerhalb der Population. Je nach gerade herrschenden Bedingungen werden Vögel vom einen oder anderen Ende der Spanne ausgelesen.) Aus Zugvögeln werden mehr und mehr Standvögel, und dies in verblüffender Geschwindigkeit: Wissenschaftler an der Vogelwarte Radolfzell des Max-Planck-Instituts für Ornithologie um Prof. Peter Berthold konnten nachweisen, dass eine reine Zugvogelpopulation der Mönchsgrasmücke bei streng gerichteter Selektion theoretisch in nur 25 Generationen oder 40 Jahren zu Standvögeln werden könnte – um ein Vielfaches schneller, als die Wissenschaftler es für möglich gehalten hatten. Diese Vögel sind also grundsätzlich in der Lage, auf sich ändernde Bedingungen wie klimatische Veränderungen sehr schnell zu reagieren. Dass sie dies bereits jetzt tatsächlich tun, beweisen langjährige Datenreihen der Vogelwarte Helgoland: Dort erscheinen Mönchsgrasmücken auf dem Frühjahrszug heute im Schnitt 17 Tage früher als vor 50 Jahren.

Eines der spannendsten Experimente in dieser Richtung liefert die Natur selbst: Seit Anfang der 1960er-Jahre werden in englischen Gärten zunehmend Mönchsgrasmücken beobachtet, die dort den Winter verbringen. Untersuchungen zeigten, dass es keine britischen Vögel waren, denn die zogen und ziehen nach wie vor im Herbst ins gewohnte Winterquartier im südwestlichen Mittelmeerraum. Es handelte sich um Angehörige einer süddeutschen Mönchsgrasmücken-Population, die durch eine geringfügige genetische Variation nun in nordwestliche statt in südwestliche Richtung flogen. Vermutlich war das auch früher schon immer mal passiert, doch kalte Winter und Nahrungsmangel ließen solche Abweichler auf den Britischen Inseln nicht überleben. Im Zuge des Klimawandels werden die Winter immer milder, und die Briten als große Vogelfreunde füttern Vögel noch sehr viel intensiver und gezielter, als das bei uns der Fall ist. Die Mönchsgrasmücken lernten, das zusätzliche Futterangebot für sich zu nutzen. So fanden sie Gefallen an Sämereien, Fett, Nüssen, Obst und Gemüse, ja pickten selbst an Brot, Kartoffeln oder Käse – ungewöhnlich und untypisch für einen Insektenfresser. Diese Flexibilität hilft ihnen, in ihrem neuen Winterquartier zu überleben. Mehr noch: Gegenüber ihren Artgenossen, die den Winter weiterhin im Mittelmeerraum verbringen, sind die britischen Überwinterer im Vorteil, denn sie haben dort bessere Überlebenschancen, ihr Zugweg ist zudem deutlich kürzer und weniger gefährlich. Sie kommen daher durchschnittlich zwei Wochen früher in ihrem Brutgebiet an, besetzen die besten Brutplätze und paaren sich untereinander, bevor die übrigen Mönchsgrasmücken eintreffen. Mittlerweile ist die nordwestliche Herbstzugrichtung in der Teilpopulation der »England-Überwinterer« genetisch fest verankert, heute werden dort in der kalten Jahreszeit bereits in jedem dritten Garten Mönchsgrasmücken beobachtet.

Die Klappergrasmücke wird auch »Müllerchen« genannt.

Das zeitlich unterschiedliche Eintreffen im Brutgebiet führt zunehmend zu genetischer Isolation der beiden Teilpopulationen: Wissenschaftler konnten bereits deutliche Unterschiede im Erbgut ausmachen, von denen einige sogar sichtbar sind: Mönchsgrasmücken, die in England überwintern, haben inzwischen kürzere, rundere Flügel und einen längeren, feineren Schnabel entwickelt als ihre Artgenossen. Die neue Flügelform erhöht die Manövrierfähigkeit – ein Vorteil im Getümmel an einer Futterstelle. Und die veränderte Schnabelform dürfte ihnen helfen, das angebotene Futter besser nutzen zu können. All diese Prozesse dauerten nur wenige Jahrzehnte – Evolution im Zeitraffer also vor der eigenen Haustür, bei einer unscheinbaren Vogelart mit wunderschönem Gesang.

Gelbspötter und Nachtigall

Gelbspötter und Nachtigall sind zwar nicht direkt miteinander verwandt, doch haben sie einige Gemeinsamkeiten: Beide verfügen über einen sehr auffallenden, abwechslungsreichen Gesang, stellen besondere Ansprüche an die Struktur ihres Lebensraumes, und beide Arten haben sich in deutschen Gärten rar gemacht, ja, sind noch nicht einmal überall in Deutschland verbreitet.

Die alte Bezeichnung »Gartenspötter« für den **Gelbspötter** zeigt, dass dieser kleine Singvogel aus der Verwandtschaft der Rohrsänger *(Acrocephalidae)* in früheren Zeiten ein verbreiteter Gartenbewohner war. Das galt und gilt teilweise auch heute noch vor allem für größere Gärten in ländlicher Umgebung. So ist er eine Charakterart traditionell kleinbäuerlich geprägter Dörfer, besonders in den Flussmarschen, mit ausgeprägtem Bestand an mittelgroßen Laubbäumen, gern Eichen, und höherem Gebüsch aus heimischen Laubgehölzen. Selbst an einzeln gelegenen Bauernhöfen mit entsprechender Begleitvegetation war er regelmäßig anzutreffen. Nadelbäume oder gleichförmig strukturierte Schnitthecken, wie sie heute vielfach in den Gärten anzutreffen sind, sagen dem Gelbspötter nicht zu. Er benötigt ähnlich wie die Gartengrasmücke mehrschichtig aufgebaute Hecken und Gebüsche, in denen sowohl höhere als auch niedrige Sträucher und einzelne Bäume in dichter Verzahnung wachsen. Letztere dürfen nicht zu viel Schatten werfen, denn der Vogel liebt es in der oberen Vegetationsschicht licht und sonnig. Solche Bedingungen findet er natürlicherweise vor allem in reich strukturierten Auwäldern oder an vielschichtig ausgeprägten Waldrändern.

Auch in unserem sehr naturnah gestalteten Garten am Rande eines kleinen Dorfes im Biosphärenreservat Schaalsee kann ich in manchen Jahren dem charakteristischen, oft lang anhaltenden Gesang des Gelbspötters lauschen, der sich aus angenehm plaudernden und schneidend-quäkenden Elementen zusammensetzt. Arttypisch und sehr kennzeichnend sind eingestreute, jeweils einige Male wiederholte Motive wie »trat trat wiierd« oder ein rhythmisches »wiierd wiierd ...« (»iich bin das Genie, iich bin das Genie, iich bin das Genie!«). Regelmäßig werden auch Imitationen von Rufen oder Gesangsteilen anderer Vogelarten eingeflochten (s. dazu auch S. 112). Doch scheint der Gelbspötter ungeachtet seines Namens hinsichtlich dieses Spottens deutlich weniger begabt zu sein als etwa der nah verwandte Sumpfrohrsänger und ganz besonders der Star.

So laut und auffallend der Gesang auch ist – zu sehen bekommt man den Sänger nur selten und mit viel Geduld: Er hält sich meist gut im Blätterdach im Kronenbereich eines kleineren Baumes verborgen. Bei uns im Garten war eine von einer Kletterrose durchwucherte jüngere Esche seine bevorzugte Singwarte. Doch wenn ich ganz still auf der hölzernen Hochterrasse im Schatten der alten Kopflinden in der Nähe saß, zeigte sich das Gelbspötter-Paar, bei dem Männchen und Weibchen äußerlich nicht zu unterscheiden

Seltener Stimmenvirtuose im Garten – der Gelbspötter

sind, mitunter auf wenige Meter Entfernung ganz frei. Auf den ersten Blick könnte man den Gelbspötter aufgrund seiner gelblichen Unterseite und seiner Gestalt für einen Zilpzalp oder Fitis halten (s. S. 32 und 35), doch ist der Gelbspötter etwas größer und plumper als jene und unterscheidet sich auch durch einen kräftigeren Schnabel und die im Sitzen aufrechtere Körperhaltung von den Laubsängerarten. Ein spitz zulaufender Scheitel und die flache, gerade Stirn verleihen ihm zudem ein charakteristisches Kopfprofil. Das Nest, einen aus Grashalmen und Pflanzenfasern sorgfältig geflochtenen Napf, fand ich im Spätherbst, als die Vögel längst im afrikanischen Winterquartier weilten, beim leider erforderlich gewordenen Rückschnitt der Gehölze in einem Haselstrauch auf einem Rankengewirr von Rosen und Brombeeren in knapp zwei Meter Höhe.

Im Südwesten Deutschlands ist der Gelbspötter sehr selten und fehlt gebietsweise ganz. Auch die legendäre **Nachtigall** ist bei uns nur lückenhaft verbreitet. Als wärmeliebende Art meidet sie höhere Lagen mit rauem Klima oder spätfrostgefährdete Gebiete. So sucht man sie in weiten Teilen Bayerns und des nordwestdeutschen Küstengebietes, im Harz sowie in den westlichen Mittelgebirgsregionen wie Westerwald und Eifel vergebens. In den Flusstälern von Elbe, Weser, Ems und Rhein kommt sie hingegen regelmäßig und teilweise recht häufig vor. Ihren Verbreitungsschwerpunkt hat die Nachtigall in den sommerwarmen und niederschlagsarmen Regionen Nordostdeutschlands, ganz besonders im Berliner Raum. Die Bundeshauptstadt kann getrost auch als Hauptstadt der Nachtigallen gelten. Dort hört man ihren Gesang in zahlreichen Gärten und Parks. Anderenorts hat sie sich selbst in Gegenden, wo sie regelmäßig vorkommt, wegen oftmals übertriebener Gartenpflege und zu hoher Katzendichte weitgehend aus dem Siedlungsbereich zurückgezogen und lebt stattdessen bevorzugt außerhalb von menschlichen Wohngebieten in dichten Hecken oder im Ufergebüsch.

Ein Nachtigallenliebhaber, der den aus der Kindheit vertrauten Gesang vermisste, fragte mich einmal, welche fruchttragenden Sträucher er pflanzen müsse, damit sich diese Vögel in seinem Garten ansiedeln. Mit Holunder, Faulbaum, Hartriegel, Felsenbirne oder Johannisbeeren kann man ihr und vielen weiteren Vogelarten zwar ein herbstliches Nahrungsangebot schaffen, doch damit allein ist es leider nicht getan. Wer eine Nachtigall anlocken will, muss ihr schon einen ziemlich verwilderten Garten bieten. Dort darf es nicht allzu aufgeräumt sein. Wichtig sind vor allem ruhige, schattige Bereiche mit ausgeprägter Falllaubschicht, in der die Vögel nach Insekten stöbern können, sowie geeignete Neststandorte. Ihr napfförmiges Nest legt die Nachtigall gut versteckt am Boden oder dicht darüber im Übergangsbereich von Krautschicht und dichtem Gebüsch an, gern in Brennnesseln, Wildem Hopfen, Efeu, Brombeergestrüpp oder verfilzten vorjährigen Grasbeständen, die Schutz und Deckung vor Nesträubern bieten.

Zudem ist ähnlich wie beim Gelbspötter auch in einem Nachtigallenrevier ein mehrschichtiger Aufbau der Gehölzbestände wichtig. Insbesondere sind größere, über die geschlossene Heckenvegetation hinausragende Sträucher oder kleinere, dicht belaubte Bäume als Singwarten erforderlich. Von dort lassen die Männchen ihren markanten Gesang erschallen, von dem der Altmeister der Ornithologie, Johann Friedrich Naumann, in seiner »Naturgeschichte der Vögel Deutschlands« schwärmte, er sei »so ausgezeichnet und eigentümlich, es herrscht in ihm eine so hinreißende Harmonie, wie wir sie in keinem anderen Vogelgesange wiederfinden«. Auch berühmte Komponisten wie Antonio Vivaldi, Johann Strauß oder Frederic Chopin ließen sich von der Meistersängerin inspirieren und haben ihren Gesang in ihren Werken nachempfunden. Und selbst den zeitgenössischen Liedermacher Wolf Biermann schlug einst der »sterbesüß-dunkelklare Blues« einer Nachtigall in seinen Bann.

In der Tat ist ihr Gesang äußerst variabel und besteht aus vielen unterschiedlichen Strophen. Zart schmelzende, sehnsuchtsvoll »schluchzende« Pfeiftöne wechseln sich ab mit schnell und rhythmisch wiederholten harten Elementen, dem »Schlagen«. Gute Sänger beherrschen bis zu 260 unterschiedliche Strophentypen, noch dazu unterscheiden sich die Gesänge einzelner Männchen oft deutlich voneinander. Warum aber treibt ein Nachtigallenhahn einen solchen gesanglichen Aufwand, wo doch ein Buchfink oder eine Goldammer mit weniger als einer Handvoll nur leicht abgewandelter Strophentypen offensichtlich bestens zurechtkommt? Was ist das Geheimnis und die Bedeutung eines derart opulenten und variablen Gesangsrepertoires? Drückt es mehr aus als Brautwerbung und Revierverteidigung – Grundfunktionen, die dem Gesang eines Vogelmännchens gemeinhin zugeschrieben werden?

Dem versuchen Wissenschaftler seit Längerem auf den Grund zu gehen. Sie fanden zum Beispiel heraus, dass Nachtigallenhähne ihren Gesang in jedem Frühjahr neu entwickeln und dabei auch neue Variationen komponieren. Das geht mit deutlich messbaren Veränderungen im Gehirn einher: In den entsprechenden Gehirnregionen werden bestehende Verknüpfungen von Nervenzellen aufgelöst und neue gebildet. Entsprechende Befunde waren bereits vor Jahrzehnten an Kanarienvögeln gemacht worden und beendeten seinerzeit das Dogma von der angeblichen Unveränderlichkeit der neuronalen Hirnstruktur. Unzureichend bekannt ist bisher die Funktion der einzelnen Gesangselemente und ihrer Reihenfolge. Man vermutet, dass sich das für das menschliche Ohr sehnsuchtsvoll klingende »Schluchzen« vor allem an die Weibchen richtet, also werbende Funktion hat. Dieses hört man vor allem nachts, wenn gegen Ende April die Nachtigallenhähne, die etwa eine Woche früher aus dem afrikanischen Winterquartier zurückkommen als die Hennen, darum wetteifern, die nachts ziehenden Weibchen vom Himmel herunter in ihr Revier zu locken. Waren sie erfolgreich, singen Nachtigallen trotz ihres Namens auch tagsüber, vor allem aber in den Morgen- und Abendstunden. Ältere Männchen haben allgemein ein größeres Strophenrepertoire als jüngere. Abwechslungsreichtum, Qualität und Dauer des Gesangsvortrages dürften somit indirekt Auskunft geben über die Fitness der Sänger, ein gewichtiges Argument für die Weibchen, die sich anhand der akustischen Visitenkarte einen starken und erfahrenen Partner aussuchen können.

Insgesamt aber wissen wir noch sehr wenig über das, was Nachtigallen mit ihrem komplexen Gesang tatsächlich ausdrücken. Vielleicht haben wir es hier auch einfach mit echter Musikalität, mit Ästhetik, mit Freude am Gesang zu tun – Dinge, die sich wissenschaftlicher Analyse weitgehend entziehen. Zwar gibt es viele begnadete Sänger in der heimischen Vogelwelt wie Amsel, Singdrossel oder Feldlerche, doch kein Gesang hat offensichtlich eine so starke Wirkung auf die menschliche Seele wie der der legendären Nachtigall: »Wer jemals diese Stimme in stiller Stunde aufgeschlossenen Herzens vernommen hat, kann sich ihrem Zauber nicht entziehen«, schwärmte einst der Vogelkundler Alfred Hilprecht. Wenn allerdings wie bei mir einmal ein unverpaart gebliebener Nachtigallenhahn über Wochen jede Nacht mit großer Ausdauer, Leidenschaft und Lautstärke vor dem Schlafzimmerfenster singt, ist das selbst für eingefleischte Naturliebhaber kein ungetrübter Genuss ...

Gartenrotschwanz und Hausrotschwanz

Als ich eines schönen Maientages den Rasenmäher aus unserem Gartenschuppen holen wollte, bemerkte ich darin einen weiblichen **Gartenrotschwanz.** Schnell entfernte ich mich wieder, um den Vogel nicht unnötig zu beunruhigen, und öffnete die Tür, die vorher einen Spaltbreit offen gestanden hatte, ganz weit, damit er wieder ins Freie gelangen konnte. Als ich eine Viertelstunde später nachsah, war ich sehr überrascht: Nicht nur das Weibchen saß weiterhin im Schuppen, sondern nun auch das farbenprächtige Männchen. Offensichtlich hatte sich das Paar dort bereits gemütlich eingerichtet und sein Nest gut versteckt hinter unübersichtlichem Holzgerümpel angelegt. Und sie flogen nicht durch die Tür ein und aus, sondern durch ein bisher unentdecktes Loch im Dach. In den nächsten Tagen und Wochen ließen sie sich nicht groß stören, wenn ich hin und wieder vorsichtig Gartengeräte herausholte oder wieder hineinbrachte. Von Panik keine Spur, nur ihr warnendes »füid tek tek« verriet den Ärger über die Störung.

Wichtig ist in solchen Fällen, abrupte Bewegungen zu vermeiden und die Vögel nicht weiter zu beachten. Auf keinen Fall sollte man sie über einen kurzen Blickkontakt hinaus direkt anschauen, denn das wird allgemein als Bedrohung empfunden. Auch Ansprache in leisem, sanftem Tonfall trägt zur Entspannung bei.

Von Natur aus brüten Gartenrotschwänze meist in Baumhöhlen. Ganz so dunkel wie andere typische Höhlenbrüter, etwa Meisen, mögen sie es allerdings nicht, es muss schon ein wenig Licht ins Höhleninnere dringen. Künstliche Nisthilfen mit ausreichendem Lichteinfall nehmen die Vögel ebenfalls gerne an. Anders als bei Meisen oder auch beim Trauerschnäpper lässt sich die Anzahl brütender Gartenrotschwänze allerdings nicht oder nur unwesentlich durch ein großes Angebot an Kunsthöhlen steigern. Warum das so ist, weiß man bislang nicht. Andererseits zeigen sich die Vögel hinsichtlich ihrer Brutplätze durchaus flexibel: Sie nisten auch in Felsspalten, Mauerlöchern, Holzstapeln und mitunter sogar am Boden, gut verborgen zwischen Reisig und Wurzelwerk. Die meisten Nester liegen in einer Höhe von einem bis fünf Meter.

Für die akustische Brautwerbung und Revierverteidigung kann es dem Gartenrotschwanz, mancherorts auch Gartenrötel genannt, dagegen nicht hoch genug sein: Seinen melodischen und im Schlussteil sehr variablen Gesang, der auch viele Imitationen anderer Vogelgesänge enthalten kann, lässt das Männchen von hoher Warte aus ertönen, im Fall »unseres« Vogels aus den Kronen der riesigen alten Linden auf dem benachbarten Friedhof. Morgens ist der Gartenrotschwanz einer der ersten Sänger, der im späteren Frühjahr bereits mitten in der Nacht, knapp anderthalb Stunden vor Sonnenaufgang und damit noch vor dem frühmorgendlichen Amselkonzert, zu hören ist. Für mich zählt das – im Vergleich zu den opulenten Gesängen der Amsel oder der Nachtigall eher schlicht klingende – Liedchen des Gartenrotschwanzes, etwa wie »hüiid-lüdlüdlüdlüd-didlilüid«, dennoch zu den schönsten in der heimischen Vogelwelt. Der Tag, an dem ich es Mitte oder Ende April erstmals im Jahr höre, ist für mich immer ein ganz besonderer Glückstag. Ich pfeife den Gesang auch häufig zu meiner eigenen Freude wiederholt vor mich hin.

Schön ist es auch, den bunten Vogel bei der Nahrungssuche zu beobachten: Einer der Lieblingsplätze »unseres« Gartenrotschwanz-Männchens ist das metallene Friedhofstor direkt gegenüber unseres Hauses. In typischer Weise knicksend und mit dem namengebenden orangeroten Schwanz zitternd, späht es von dort aus nach kleinen Insekten und Spinnen. Besonders häufig führen seine kurzen Jagdflüge auf die alte Feldsteinmauer, die das Kirchengelände umgibt. Deren zahllose Ritzen und Spalten beherbergen ein offenbar unerschöpfliches Nahrungsangebot. Auch in den nahen Büschen findet der Vogel den einen oder anderen Leckerbissen. Allgemein bevorzugen Gartenrotschwänze zwar die Jagd in der unteren Strauchschicht und in höheren Stauden, nutzen bei lohnendem Beuteangebot aber ebenso den Kronenbereich der Bäume.

Leider ist der Bestand des Gartenrotschwanzes in den letzten Jahrzehnten bei uns stark zurückgegangen. Das liegt zum einen an Veränderungen seiner Brutlebensräume: Ursprünglich ein Bewohner lichter Laubwälder und Waldränder mit altem, höhlenreichem Baumbestand und gut ausgeprägter Strauch- und Krautschicht, besiedelt(e) er entsprechend strukturierte Lebensräume auch im Siedlungsbereich des Menschen. Streuobstwiesen, Dorfränder und Kleingärten schätzt der Gartenrotschwanz ebenso wie Parks oder stark durchgrünte Wohnviertel mit lockerem Altbaumbestand. Doch eine zunehmend intensivere Bebauung und eine oft wenig naturfreundliche Gestaltung und Pflege von Gärten und Parks verdrängt den Vogel zunehmend aus Städten und Dörfern. Das allein kann den starken Rückgang in großen Teilen seines ausgedehnten Verbreitungsgebietes jedoch nicht erklären.

Im Wesentlichen sind es daher wohl Gefahren auf dem Zugweg und im afrikanischen Winterquartier, die ihm zusetzen: Der Gartenrotschwanz ist ein Langstreckenzieher, der im Savannengürtel südlich der Sahara überwintert, vor allem in der Sahelzone. Wenn es dort zu anhaltenden Dürren kommt, verhungern viele der dort rastenden oder überwinternden Zugvögel. Einen Zusammenhang zwischen einer Jahrzehnte währenden Dürreperiode und dem Rückgang von Vogelarten wie dem Gartenrotschwanz konnten Wissenschaftler klar belegen. Obwohl es in der Sahelzone inzwischen wieder deutlich mehr regnet und sich die Bestände einiger der dort überwinternden Zugvögel, zum Beispiel der Dorngrasmücke, wieder recht gut erholt haben, steht der Gartenrotschwanz weiterhin auf der Verliererseite. Inzwischen wurde er sogar auf die »Vorwarnliste« der Roten Liste der Brutvogelarten gesetzt – noch nicht direkt in seinem Bestand bedroht, aber doch eine Art, deren weitere Bestandsentwicklung man aufmerksam verfolgen muss.

Bislang ungefährdet ist die zweite bei uns heimische Rotschwanzart, der **Hausrotschwanz.** Er ist im Gegensatz zu seinem Verwandten ein Kurzstreckenzieher, der den Winter im Mittelmeerraum verbringt und somit weniger Gefahren ausgesetzt ist. In ihren

Einer der buntesten Gartenvögel –
das Männchen des Gartenrotschwanzes

Lebensraumansprüchen unterscheiden sich die beiden Arten fundamental: Der Hausrotschwanz ist kein Gartenvogel im klassischen Sinne, gleichwohl ein enger Kulturfolger des Menschen. Als Jugendlicher war ich bei einem Urlaub in den Alpen sehr überrascht, aus einer hoch gelegenen Felswand einen Hausrotschwanz singen zu hören, den ich bis dahin nur aus der Stadt kannte. Tatsächlich sind felsige Gebirgsregionen der ursprüngliche Lebensraum des Vogels – unser Hausrotschwanz ist also eigentlich ein Bergrotschwanz. Etwa Mitte des 19. Jahrhunderts entdeckten die Vögel dann die steinernen Gebäude der Menschen als »Kunstfelsen« und eroberten so nach und nach auch das Tiefland. Zwei im Grunde entgegengesetzte Verhaltensweisen erleichterten diese ungewöhnliche Expansion: Zum einen neigen vor allem jüngere Tiere dazu, beim Heimzug im Frühjahr weit über ihr Ziel hinauszuschießen. So gelangten sie hoch in den Norden und fanden auch dort passende Brutmöglichkeiten. Zum anderen sind erwachsene Hausrotschwänze extrem brutorttreu und kehren immer wieder in ihre angestammten Reviere zurück. Auf diese Weise konnten sie relativ schnell neue Regionen erobern.

Heute ist der Hausrotschwanz in Städten und Dörfern weit verbreitet und die einzige Vogelart, die in allen Höhenstufen vom Tiefland bis ins Hochgebirge vorkommt. Sein Nest liegt in Nischen und Spalten, an Gebäuden nicht anders als an Felswänden. Die Vögel sind bei der Wahl ihrer Niststandorte überhaupt nicht wählerisch und auch wenig empfindlich gegenüber Störungen. So brüten sie häufig an und sogar in Neubauten und lassen sich selbst durch Bauarbeiten in ihrer direkten Umgebung nicht vertreiben. Manchmal tolerieren es Hausrotschwänze sogar, wenn man, falls erforderlich, das Nest vorsichtig ein Stück versetzt, vor allem wenn schon ältere, lautstark bettelnde Jungvögel im Nest sind. Die Eltern füttern sie anschließend auch am neuen Standort weiter. Eine solche Umsiedlung sollte man allerdings trotzdem nur in absoluten Ausnahmefällen und nur in Absprache mit Fachleuten vornehmen, naturschutzrechtlich ist ein solches Vorgehen ohnehin problematisch. Halbhöhlen nehmen die Vögel ebenfalls gerne an, sofern sie an einer geschützten Stelle der Gebäudefassade angebracht sind. In einen Baum gehängt, werden sie dagegen niemals von einem Hausrotschwanz bezogen, denn Bäume entsprechen nicht seinem angeborenen Brutplatzschema.

Auch für die Nahrungssuche benötigen die Vögel offene Flächen, etwa Baustellen, Sandplätze oder Industrieanlagen, mit schütterer oder niedriger Vegetation und höheren Ansitzwarten für die Insektenjagd. Wie die Fliegenschnäpper, zum Beispiel der Grauschnäpper, sind Hausrotschwänze äußerst wendige und geschickte Flugjäger, suchen im Gegensatz zum Gartenrotschwanz jedoch häufig auch am Boden hüpfend nach Nahrung. Ähnlich wie bei diesem sind Schwanzzittern und Knicksen auffällige Verhaltensweisen. Gärten sind für sie nur während der Bauphase oder kurz danach geeignete Nahrungsräume. Wenn die gepflanzten Büsche und Bäume größer werden, Schatten werfen und sich Staudenbeete zu üppiger Pracht entfalten, verschwindet der Hausrotschwanz aus dem Garten. Neubaugebiete und Industrieflächen stellen daher bevorzugte Biotope des Hausrotschwanzes außerhalb seiner natürlichen Felsheimat dar.

Aufgrund ihrer sehr unterschiedlichen Ansprüche kommen die beiden heimischen Rotschwanzarten kaum näher in Kontakt. Dennoch sind fruchtbare Kreuzungen zwischen Hausrotschwanz und Gartenrotschwanz bekannt. Die ursprüngliche räumliche Isolation führte zur Herausbildung zweier Arten, die sich genetisch allerdings noch so stark ähneln, dass solche Kreuzungen möglich sind. Erst als der Hausrotschwanz die Mittelgebirge und das Flachland eroberte, begegneten sich beide Arten wieder. Deren nahe Verwandtschaft zeigt sich vor allem bei denjenigen – als ursprünglich angesehenen – Unterarten des Hausrotschwanzes, die den Osten ihres riesigen Verbreitungsgebietes besiedeln, das bis in den Himalaja und nach China reicht. Bei diesen weisen die Männchen orangerot oder braunrot gefärbte Bäuche auf und ähneln damit verblüffend einem männlichen Gartenrotschwanz.

Unsere mitteleuropäischen Hausrotschwänze zeigen dagegen im männlichen Geschlecht ein vollkommen dunkelgraues und schwarzes Gefieder in verschiedenen Schattierungen, zu dem die roten Schwanzfedern und ein helles Flügelfeld wirkungsvoll kontrastieren. Weibchen sind einheitlich düster grau und in der Regel dunkler als die Geschlechtsgenossinnen ihrer Verwandten. Deren Gefieder ist oberseits sandfarben bräunlich. Die hellere Unterseite zeigt zudem vor allem bei älteren Vögeln einen rostroten Anflug. Aufgrund individueller Unterschiede ähneln sich die Weibchen beider Arten dennoch mitunter recht stark.

Die Männchen beider Arten lassen sich nicht nur an der (in Europa) unterschiedlichen Färbung gut unterscheiden, sondern auch am Gesang: Die knirschend-quietschenden Strophen des Hausrotschwanzes klingen viel misstönender als die weichen, melodischen des Gartenrotschwanzes. Doch gibt es auch Mischsänger mit Elementen beider Arten – tatsächliche Hybriden oder Gartenrotschwänze, die als begabte Imitatoren Gesangsteile der Schwesterart übernehmen.

Der Hausrotschwanz brütet an Gebäuden.

Grauschnäpper und Trauerschnäpper

Wäre er nicht so »verhaltensauffällig«, so könnte man den optisch sehr schlicht gefärbten **Grauschnäpper** leicht übersehen. Oberseits hell graubraun, die Unterseite schmutzig weiß – kein noch so kleiner Farbtupfer, an dem der Blick des Betrachters hängen bleibt. Doch sein charakteristisches Verhalten springt sofort ins Auge: Von einer exponierten Warte aus, etwa einem Zaunpfahl, einem kahlen Zweig oder im Garten auch mal auf einer Wäscheleine, späht der Vogel in schnäppertypisch aufrechter Körperhaltung und häufig mit Flügeln und Schwanz zuckend nach vorüberfliegenden Insekten, die er dann in kurzen, wendigen Flügen erhascht. Der auffallend breite, weit aufgerissene Schnabel wirkt dabei wie ein Trichter. Diese Technik des Beutefangs beherrschen zwar auch andere Vogelarten wie der ebenfalls zur Familie der Schnäpperartigen zählende Hausrotschwanz, doch kein anderer heimischer Vertreter zeigt sie in solcher Vollendung und Häufigkeit wie der Grauschnäpper.

An sonnigen Tagen, wenn viele fliegende Insekten unterwegs sind, erbeutet er auf diese Weise etwa zwei Drittel seines täglichen Nahrungsbedarfs. Ansonsten sucht der Vogel je nach Angebot in Baumkronen oder auch in Bodennähe nach krabbelnden, kriechenden oder sonst wie aktiven Beutetieren, die er häufig im Rüttelflug von Ästen oder Stauden pickt. Was sich nicht bewegt, hat gute Chancen, den scharfen Augen des Grauschnäppers zu entgehen. Damit sich die so typische, aber energetisch aufwendige Flugjagd lohnt, bevorzugt er möglichst große Zielobjekte, etwa die nicht ganz so flinken Dungfliegen und andere landläufig als »Brummer« bekannte Fliegenarten. »Grauer Fliegenschnäpper« wird der Vogel daher oft auch genannt. Auch andere Großinsekten wie Schmetterlinge oder mittelgroße Libellen stehen auf seinem Speiseplan, die oft mitsamt den sperrigen Flügeln verschlungen werden. Selbst vor wehrhaften Vertretern wie Bienen und Wespen schreckt er nicht zurück. In diesem Falle werden die Insekten vor dem Verzehr durch mehrfaches Schlagen auf eine harte Unterlage getötet oder zumindest betäubt und das Ende des Hinterleibs mitsamt Stachel und Giftblase abgezwackt. Dabei unterscheiden die Vögel sehr genau zwischen giftigen Hautflüglern und ungefährlichen Nachahmern wie den ebenfalls schwarzgelb gestreiften Schwebfliegen, die einfach verschluckt werden. Offensichtlich können sie sogar stachellose Drohnen und stachelbewehrte Arbeiterinnen unterscheiden: Es wurde beobachtet, dass in der Nähe eines Bienenstocks jagende Grauschnäpper ausschließlich Drohnen fingen und die Arbeiterinnen unbehelligt ließen – eine kluge Entscheidung, denn auf diese Weise ersparten sich die Vögel die aufwendige »Vorbehandlung« der Beutetiere.

Typischerweise landet ein Grauschnäpper stets wieder auf der Warte, von der aus er zum Beuteflug gestartet war – zumindest solange, wie sich die Jagd dort lohnt. Fliegen zu wenige Insekten vorbei und werden die Wartezeiten für eine lohnende Mahlzeit zu lang, wechselt der Vogel zu einer anderen Ansitzwarte, um von dort sein Glück zu versuchen. Jedes Grauschnäpper-Paar hat in seinem Revier durchschnittlich sechs bis zehn bevorzugte

Wird leicht übersehen – der Grauschnäpper

und mehr oder weniger gleichmäßig verteilte Jagdwarten. Diese werden gemeinsam, aber nur sehr selten von beiden Partnern gleichzeitig genutzt und gegen Artgenossen energisch verteidigt. Zur Zeit der Jungenaufzucht, in der Regel ab Juni bis in den Juli hinein, wenn viel Nahrung benötigt wird, jagen die Vögel oft noch bis weit in die Dämmerung, dann meist von einer niedrig gelegenen Warte aus, von wo sie fliegende Insekten gegen das Restlicht des Himmels noch wahrnehmen können. Ausnahmsweise fing ein Grauschnäpper-Paar, das seine Kinderstube in einer defekten Straßenlampe errichtet hatte, sogar nachts Insekten, die vom Licht benachbarter Laternen angezogen wurden, und konnte dabei seine Brut dreimal so häufig füttern wie am Tage.

So unscheinbar sein Gefieder, so wenig auffallend ist auch der Gesang des Grauschnäppers, eine recht eintönige Folge aus leisen, etwas gepresst oder auch rau trillernd klingenden, hohen Lauten wie »sip-sip-srii – sriiti-srii-sip«, die in einem Abstand von knapp einer Sekunde ertönen und häufiger von Jagdflügen unterbrochen werden. Die Männchen singen oft nur wenige Tage nach Ankunft aus dem afrikanischen Winterquartier Anfang Mai. Sobald sie ein Weibchen gefunden haben, verstummen sie. Anders als viele andere Singvögel mit differenzierterem Balzgesang scheinen weibliche Grauschnäpper einen möglichen Brutpartner nicht nach dessen bescheidenen Gesangsqualitäten auszuwählen und wohl auch nicht nach dessen Äußerem. Vermutlich verhält es sich ähnlich wie beim verwandten Trauerschnäpper, bei dem Vogelforscher herausfanden, dass das Weibchen denjenigen Bewerber auswählt, der die besten und sichersten Bruthöhlen anbieten kann.

Grauschnäpper sind im Gegensatz zu Trauerschnäppern allerdings keine klassischen Höhlenbrüter, sondern bevorzugen Nischen und Halbhöhlen. Hinsichtlich ihrer Neststandorte sind sie sehr flexibel: Man findet Nester in größeren Astlöchern, in tiefen Stammverletzungen von Bäumen, in Holzstapeln oder dichten Stockausschlägen genauso wie an Gebäuden aller Art, dort zum Beispiel in Mauerlücken, hinter Fensterläden oder auch völlig frei stehend auf Querbalken. Auf einem langen Balken mit wenigen Orientierungsmarken verlieren die Vögel schon mal den Überblick: Nistmaterial wird zunächst an verschiedenen Stellen abgelegt, nur können sich die geplagten Bauherren dann offensichtlich nicht für einen Platz entscheiden. So kann es passieren, dass mehrere, im Extremfall bis zu zehn, unmittelbar benachbarte Nester gebaut und ausgepolstert werden. Spätestens für die Eiablage muss sich das Weibchen aber auf eines als Kinderstube festlegen. Sehr gerne nisten Grauschnäpper in dichter Efeuberankung am Haus oder in anderen Kletterpflanzen, nicht selten findet man Nester auch in Blumentöpfen oder Türkränzen. Direkte Nachbarschaft zu anderen Vogelarten scheint sie dabei nicht zu stören: So fand man erfolgreiche Bruten von Grauschnäpper und Zaunkönig gemeinsam auf einem 20 Zentimeter langen und 14 Zentimeter breiten Brett. In anderen Fällen brüteten Grauschnäpper auf Nistkästen, die von Trauerschnäpper, Kohlmeise oder Gartenrotschwanz bewohnt waren.

Wegen des reichhaltigen Angebots an geeigneten Nistmöglichkeiten an Schuppen und Gebäuden sowie der aufgelockerten Vegetationsstruktur von Parks und durchgrünten, älteren Wohnvierteln mit einzeln stehenden Bäumen und Baumgruppen, die eine Vielzahl von Ansitzwarten bieten, findet der Grauschnäpper vor allem im weniger dicht bebauten Siedlungsbereich sein Auskommen. Mittlerweile dürften dort in Mitteleuropa mehr Grauschnäpper leben als in ihrem ursprünglichen Lebensraum, dem lichten Laubwald. Gleichwohl ist ihre Zahl in den letzten Jahren merklich zurückgegangen.

Das gilt in noch stärkerem Maße für den verwandten **Trauerschnäpper,** auch **Trauerfliegenschnäpper** genannt. Sein Brutbestand gilt in Deutschland mittlerweile als gefährdet. Insbesondere in Gärten und Parks hat sich der auffallend schwarz-weiß oder braun-weiß gefärbte Vogel rar gemacht. Nur selten hört man dort noch sein charakteristisch auf- und absteigendes Liedchen mit der variablen Endphrase, vom Klangcharakter her dem Gesang des Gartenrotschwanzes nicht unähnlich, das sich mit folgenden Merksätzen umschreiben lässt:

Siehst du, siehst du, siehst du: Trüb, trüb ist die Lieb, trüb die Lieb!

Siehst du, siehst du, siehst du: Trüb, trüb ist die Lieb, trüb ja!

Trüb scheinen auch seine Überlebensaussichten für die Zukunft zu sein, denn der Trauerschnäpper leidet als Langstreckenzieher unter den gleichen negativen Veränderungen im afrikanischen Winterquartier und auf den Zugwegen wie es beim Gartenrotschwanz beschrieben ist (s. S. 122). Auch führt der zunehmende Klimawandel in Afrika bereits zu gravierenden Veränderungen: Steigende Durchschnittstemperaturen und veränderte Niederschlagsmuster, verbunden mit einer immer stärkeren Überweidung durch viel zu große Viehherden, verwandeln einst fruchtbare Landstriche in Halbwüsten und Wüsten – ein Riesenproblem nicht nur für die dort lebende Bevölkerung, sondern auch für überwinternde Zugvögel aus Europa.

Der Klimawandel hat aber offenbar noch viel weiter reichende Folgen für den Trauerschnäpper und andere spät aus dem tropischen Süden heimkehrende Zugvögel. Anders als bei im Mittelmeerraum überwinternden Arten wie der Mönchsgrasmücke (s. S. 111)

Trauerschnäpper fangen Insekten aus der Luft.

wird ihr Timing naturgemäß sehr viel stärker von einer inneren Uhr als von klimatischen Einflüssen in Europa bestimmt. Dieses strikte Timing könnte sich bei einer weiteren globalen Erwärmung verhängnisvoll auswirken: Niederländische Wissenschaftler führten detaillierte Untersuchungen am Trauerschnäpper durch. Dabei stellten sie fest, dass die zeitliche Kopplung zwischen Nahrungsangebot und Brut durch die Folgen steigender Temperaturen gestört wird: Im Frühjahr trieben die Bäume immer früher aus, und gleichzeitig entwickelten sich auch die Raupen, die an den Blättern leben, immer früher – um ganze zwei Wochen innerhalb von 15 Jahren. Außerdem wurde die Zeitspanne des Nahrungsüberflusses im Laubwald immer enger. Die Trauerschnäpper hatten das Nachsehen: Wenn sie aus dem fernen Afrika in Holland eintrafen, war der Höhepunkt der Raupenentwicklung schon vorüber. Und obwohl es die Vögel immerhin schafften, trotz unveränderter Ankunft bis zu zehn Tage eher mit der Eiablage zu beginnen, fanden sie nicht mehr ausreichend Nahrung für ihre Jungen. Folglich nahm auf den untersuchten Flächen der Bestand des Trauerschnäppers in den letzten Jahren stark ab.

Wenngleich grundsätzlich Vorsicht bei der Verallgemeinerung von Einzelfalluntersuchungen geboten ist, so sehen viele Wissenschaftler dennoch eine Veränderung der Vogelwelt unter dem Einfluss des Klimawandels voraus: Standvögel und Kurzstreckenzieher dürften in Zukunft häufiger werden, die Bestände der Langstreckenzieher dagegen abnehmen – falls sie nicht schnell genug ihr Zugverhalten anpassen können. Ein genaues Szenario für die Zukunft der heimischen Vogelwelt zu entwickeln, fällt allerdings schwer. Zu groß sind die Unwägbarkeiten hinsichtlich der tatsächlichen Klimaänderungen in unterschiedlichen Regionen und ihrer Folgen. Auch die Art und Intensität der Landnutzung spielen eine entscheidende – und im Moment eine im Vergleich zum Klimawandel sehr viel entscheidendere! – Rolle für Bestandsveränderungen einzelner Vogelarten oder anderer Organismen. Die zweifellos notwendige Diskussion um den Klimaschutz darf nicht die Tatsache vernebeln, dass die gnadenlos intensive Landnutzung mit all ihren Aspekten – vom flächendeckenden Gifteinsatz über die Überdüngung der Böden bis hin zur vollständigen Zerstörung natürlicher oder halbnatürlicher Lebensräume – weltweit die größte Bedrohung der Biodiversität darstellt, zu deren Erhalt sich die allermeisten Länder, darunter auch Deutschland, 1992 auf dem sogenannten Erdgipfel im brasilianischen Rio de Janeiro verpflichtet haben.

Sperber und Turmfalke

Wo es viele Singvögel gibt, sind auch natürliche Feinde wie der **Sperber** nicht weit. Dieser kleine, schneidige Greifvogel ist spezialisiert auf die Vogeljagd und mit seinen kurzen, breiten Flügeln und dem langen Schwanz, in der Fachsprache »Stoß« genannt, ein überaus wendiger Jäger. Geschickt nutzt er beim schnellen Angriffsflug jede Deckung aus, manövriert tollkühn im Zickzack durch dichtes Astgewirr und pariert jedes Fluchtmanöver der ins Visier genommenen Beute unfassbar reaktionsschnell. Ich kann mich erinnern, dass einmal eine Amsel haarscharf an meinem Kopf vorbeizischte, dichtauf gefolgt von einem Sperber, dessen Schwingen im Vorbeiflug meine Wange streiften. Die beiden hielten genau auf das große Wohnzimmerfenster eines benachbarten Hauses zu, doch im allerletzten Moment schlug die Amsel einen Haken, und ich sah und hörte schon in Gedanken den Sperber in die Scheibe knallen. Doch schneller als ich schauen konnte, krallte er die Amsel in der Luft und fing sofort an, sie auf der Terrasse zu rupfen.

Selbst wenn es einem angegriffenen Vogel gelingt, sich in eine vermeintlich sichere Deckung wie einen Dornbusch zu retten, ist dies noch lange keine Überlebensgarantie: Mit seinen auffallend langen, dünnen Beinen und stark verlängerten Mittelzehen versucht der Sperber, ihn dennoch zu greifen. Was die nadelspitzen Krallen einmal erwischen, lassen sie nicht mehr los. Manchmal fliegt der Jäger so ungestüm selbst in dichtes, dornenbewehrtes Schlehengebüsch, dass er Mühe hat, wieder heil herauszukommen. Sobald ein Kleinvogel einen Sperber oder einen anderen fliegenden Feind entdeckt, stößt er einen besonderen Warnruf aus, der in der Singvogelwelt offenbar allgemein verstanden wird und der bei vielen Arten auch sehr ähnlich klingt, ein durchdringend hohes, kaum zu ortendes »siiiiieh«. Bei Sperberalarm stieben alle Kleinvögel in die nächstgelegene Deckung, der Greif selbst kann diesen Ton aber offenbar gar nicht wahrnehmen, auf jeden Fall nicht orten.

Früher kamen Sperber meist nur im Winter in Dörfer und Städte, um dort bevorzugt an Vogelfutterstellen zu jagen, weil sich dort stets viele Spatzen, Meisen, Finken und andere potenzielle Beutetiere tummeln. Mittlerweile leben viele der kleinen Greife ganzjährig im Siedlungsraum. Dort finden sie in Parks, Gärten und Hinterhöfen nicht nur ein reichhaltiges Nahrungsangebot, sondern auch genügend Deckung für ihre Überraschungsangriffe und für die Anlage ihrer Horste, die meist in dichten Nadelbäumen stehen. Falls diese fehlen, werden manchmal auch Laubbäume mit dichtem Laub genutzt. In der Regel wird jedes Jahr ein neues Nest gebaut. Außerhalb des Siedlungsraumes, in Wald und Forst, brüten Sperber besonders gern in eng stehenden Fichtenbeständen, wo die Horste nur schwer zu finden sind – sofern man nicht ihre Vorlieben kennt und bestimmte Zeichen zu deuten weiß. Sperberhorste werden meist in der Nähe einer Einflugschneise errichtet, etwa einem Waldweg oder Bach. Weiße Kotspritzer, der Schmelz, am Boden weisen auf einen besetzten Horst hin, manchmal auch nur auf einen Schlafbaum. Auffallend sind auch die

Rupfungsplätze, an denen geschlagene Beutevögel gerupft werden. Solche Plätze, etwa ein Baumstumpf, um den herum massenhaft Federn verstreut sind, liegen meist in Horstnähe. Dort bearbeiten die Vögel die Beute, bevor sie sie verspeisen oder in den aus Ästen und Reisig gebauten Horst tragen.

Dem Männchen, in der Fachsprache der Jäger und Falkner »Sprinz« genannt (alle anderen männlichen Greifvögel heißen »Terzel«), kommt beim Brutgeschäft eine besondere Verantwortung zu: Während das Weibchen etwa fünf Wochen lang die meist vier bis sechs Eier bebrütet, mausert es die Schwungfedern und die Schwanzfedern und ist somit vorübergehend flugunfähig. Der Sprinz muss daher seine Partnerin und in den ersten Wochen nach dem Schlupf der Küken zusätzlich auch den Nachwuchs allein versorgen. Später, sobald dem Weibchen die Federn nachgewachsen sind, jagen beide Eltern. Meist bringt das Männchen geschlagene Beute nur zum Horst oder an den Rupfplatz, wo sie vom Weibchen entgegengenommen und anschließend an die Jungen verfüttert wird.

Diese Beuteübergabe stellt schon während der ansonsten unauffälligen Balz ein zentrales Element dar. Die Sperberin testet damit, ob der zukünftige Brutpartner ein geschickter Jäger und somit ein zuverlässiger Versorger ist. Ganz ungefährlich scheint das Manöver für den Sprinz nicht zu sein, denn er ist sehr viel kleiner und leichter als das Sperberweibchen und somit eine potenzielle Beute. Vorsichtshalber legt der Verehrer sein Brautgeschenk nur am Rupfplatz ab und fliegt rechtzeitig davon, sobald die Umworbene es holen kommt. Sind die Vögel schließlich verpaart, ist eine solche Vorsichtsmaßnahme nicht mehr nötig. Außer in Größe und Gewicht unterscheiden sich die Geschlechter auch in der Gefiederfärbung: Männchen zeigen auf der Brust eine individuell unterschiedlich ausgedehnte rotorangene Grundfärbung, Weibchen ähneln mit ihrer dunklen »Sperberung« (Querstreifung) auf hellem Grund dem ähnlich gefärbten Habicht (den es in den letzten Jahren ebenfalls vermehrt in die Stadt zieht). Auch ist ihre schiefergraue Oberseite heller gefärbt als beim Sprinz. Ihrer unterschiedlichen Größe entsprechend schlagen männliche und weibliche Sperber verschieden große Beutetiere: Erstere bevorzugen Kleinvögel bis Amselgröße, während Weibchen auch Tauben und Eichelhäher zu überwältigen vermögen. Nur selten und bei günstiger Gelegenheit landet auch einmal eine Maus in den Fängen eines Sperbers.

Wegen ihrer Vorliebe für Vögel, insbesondere die »nützlichen« Singvögel, wurden Sperber früher erbarmungslos gejagt (wie alle anderen Greifvögel, die meisten von ihnen als vermeintliche Jagdschädlinge). Selbst der damalige »Bund für Vogelschutz« (jetzt Naturschutzbund Deutschland, NABU) propagierte noch in den ersten Jahrzehnten des 20. Jahrhunderts die schonungslose Verfolgung des kleinen Greifs. Inzwischen hat sich glücklicherweise die Einsicht durchgesetzt, dass der Sperber wie alle Greifvögel eine wichtige Rolle im Naturhaushalt spielt und keinen negativen Einfluss auf die Bestände der Singvögel hat.

Einen deutlich besseren Ruf als der Sperber hatte von jeher der **Turmfalke,** denn er ernährt sich überwiegend von Mäusen, Maulwürfen und anderen Kleinsäugern. Im typischen

Der Sperber (hier ein Männchen) ist ein pfeilschneller Vogeljäger.

Rüttelflug, mit schnellen Flügelschlägen und weit gespreizten Schwanzfedern in der Luft stehend, hält der Vogel nach ihnen Ausschau. Manchmal lauert er seiner Beute auch von einem Ansitz, etwa einem Leitungsmast, auf. Die sprichwörtlich scharfen Falkenaugen können nicht nur eine Maus auf große Entfernung erkennen, sondern der Vogel vermag sogar die ultraviolett leuchtenden Urinspuren wahrzunehmen, mit denen die Nager ihre überirdischen Laufwege markieren. Der Turmfalke braucht also nur das »Straßennetz« der Mäuse im Auge zu behalten und im richtigen Moment im Sturzflug mit den Fängen voran zuzustoßen. Trotz aller Flugkünste ist längst nicht jeder Beutestoß auf die flinken Nager erfolgreich.

Als ursprüngliche Felsbrüter leben Turmfalken – ihr Name sagt es bereits – gern an hohen Gebäuden wie Kirchtürmen. Dort legen sie ihre Eier, meist drei bis sechs an der

Zahl, ohne jegliches Nistmaterial in ausreichend große Höhlungen, Nischen und Spalten oder in spezielle Nistkästen. Einen Horst wie der Sperber bauen sie nicht. Wo Türme oder andere hohe Gebäude fehlen, etwa in Parks und großen Gärten, werden gern alte Nester von Krähen oder Elstern als Kinderstube genutzt. Auf dem großen Grundstück der Nachbarn meiner Eltern zogen Turmfalken einmal erfolgreich fünf Junge groß – tagelang herrschte damals Hochbetrieb im Luftraum über den Gärten, als sieben Falken gleichzeitig unter lauten kikikikiki-Rufen eine spektakuläre Flugshow boten. In der Stadt lebende Turmfalken finden dort in der Regel nur wenige Mäuse, viel weniger jedenfalls als auf Äckern und Wiesen. Manche fliegen daher häufig kilometerweit in die Feldmark, um zu jagen. Andere Stadtfalken, besonders solche in der Großstadt, haben ihre Nahrungsgewohnheiten und Jagdtechniken den Gegebenheiten angepasst: In schnellem Flug überraschen sie kleine Singvögel wie Spatzen, Amseln und Meisen, schlagen diese im Gegensatz zum Sperber aber meist am Boden. Einige Exemplare haben sich darauf spezialisiert, ohne fliegerischen Aufwand Jungtauben aus den Nestern zu holen. Erwachsene Tauben sind für die kleinen Turmfalken allerdings eine Nummer zu groß, wie ich selbst einmal an einem frostigen Wintertag beobachten konnte: Es lag viel Schnee, aber die Luft war klar. Plötzlich begann es um mich herum – und nur dort – zu »schneien«. Es waren jedoch keine Schneeflocken, die vom Himmel rieselten, sondern weißgraue Federchen. Als ich erstaunt hochblickte, sah ich, dass ein Turmfalke eine Haustaube aus einem Schwarm heraus im Fluge gegriffen hatte. Er konnte sie jedoch nicht überwältigen, in die Taube verkrallt, versuchte er, sein Opfer zu Boden zu drücken. Das gelang zunächst nicht, beide Vögel flogen, wild flatternd, schließlich außer Sicht, sodass ich nicht beobachten konnte, wie der Kampf ausging. Offenbar litt der kleine Falke großen Hunger, denn seine bevorzugten Beutetiere, die Mäuse, waren unter der Schneedecke vor seinen scharfen Augen verborgen.

Ein Wanderfalke, der größere Verwandte des Turmfalken und wie der Sperber ein spezialisierter Vogeljäger, hätte mit der Taube kurzen Prozess gemacht: Mit einer Spitzengeschwindigkeit im Angriffsflug von mehr als 300 Kilometer pro Stunde hätte er sie aus der Luft gerammt und anschließend den betäubten Vogel mit einem Biss in den Nacken getötet. Falken sind sogenannte »Bisstöter«, Sperber und andere Greifvögel dagegen »Grifftöter«, die ihre Beute mit den spitzen Krallen erdolchen. Beide – Falken wie Sperber – schlagen zwar lebende Beute, sind aber nicht näher miteinander verwandt: Sperber, Habichte, Bussarde, Weihen, Milane, Adler und Geier zählen zur Ordnung der Habichtartigen *(Accipitriformes)*. Falken dagegen bilden eine eigene Ordnung, die Falkenartigen *(Falconiformes)*, die nach molekulargenetischen Untersuchungen – man glaubt es kaum – am nächsten mit den Papageien und den Sperlingsvögeln verwandt sein sollen. Aufgrund ähnlicher Lebensweise entwickelten sich im Laufe der Evolution jedoch ähnliche körperliche Merkmale der Habichtartigen und der Falken. »Konvergente Entwicklung« nennen Biologen ein solches Phänomen.

Gemeinsam war den europäischen Vertretern beider Gruppen ein starker Bestandsrückgang in früheren Jahrzehnten, der nicht allein der direkten Verfolgung durch den Menschen geschuldet war: Ab Mitte der 1950er-Jahre brachen die Bestände großräumig zusammen, denn das damals massenhaft eingesetzte Pestizid DDT gelangte über die Nahrungskette in die Vögel, reicherte sich im Fettgewebe an und beeinträchtigte massiv deren Fortpflanzungsfähigkeit. Aufgeschreckt durch diese Beobachtungen, erkannte man recht schnell, dass DDT auch für den Menschen eine schleichende, unkontrollierbare Gefahr darstellt, und so wurde sein Einsatz Anfang der 1970er-Jahre in Westeuropa verboten. Wenig später wurde eine ganzjährige Schonzeit für Greife und Falken im Jagdrecht durchgesetzt, in der Folgezeit erholten sich ihre Bestände allmählich wieder. Diesem großen Erfolg des Naturschutzes ist es zu verdanken, dass wir Sperber, Turmfalken und manche ihrer Verwandten heute selbst in Städten und Dörfern regelmäßig bei der Jagd beobachten können.

Als ehemalige Felsbewohner brüten Turmfalken gern an hohen Gebäuden.

Buchfink und Bergfink

Der **Buchfink** ist nach der Amsel die zweithäufigste Brutvogelart Deutschlands. Zählungen und Hochrechnungen im Rahmen des jährlichen Monitorings der heimischen Brutvögel ergaben einen Bestand von gut siebeneinhalb bis neun Millionen Revierpaaren (Stand 2019). Das entspricht knapp zehn Prozent der Gesamtzahl aller in Deutschland brütenden Vogelpaare (s. S. 173). Betrachtet man die Situation nach Lebensräumen getrennt, so rangiert der Buchfink im Wald noch vor der Amsel. Anders in Gärten, Parks und Friedhöfen: Dort dominieren Amseln und Meisen, wenngleich der Buchfink dort ebenfalls sehr regelmäßig vorkommt. Große Ansprüche an seinen Lebensraum stellt er nicht, es heißt: »Wo ein Baum, da ein Buchfink.« Gut, ein paar mehr Bäume sollten es schon sein, aber wo er diese findet, ist der spatzengroße Vogel allgegenwärtig.

Die Tatsache, dass Buchfinken häufiger im Wald als in menschlicher Umgebung anzutreffen sind, dürfte zwei Gründe haben: Zum einen finden sie im Wald offenbar mehr Insektennahrung für die Aufzucht ihrer Brut, zum anderen gibt es in Stadt und Dorf mehr Elstern und Eichelhäher, die Eier und Jungvögel verzehren. In der Tat gehört der Buchfink zu den Vogelarten, die überproportional hohe Verluste durch Rabenvögel erleiden. Denn im Gegensatz zu manchen ihrer Verwandten wie Grünfink und Hänfling, die gut versteckt im Inneren dichter Nadelgehölze brüten, errichten Buchfinken ihre aus Gräsern und Moos sorgfältig gebauten, halbkugeligen Nester oft recht offen im Kronenbereich von Bäumen und größeren Sträuchern. Vielleicht deshalb wählen sie dabei gerne die unmittelbare Nachbarschaft brütender Amseln und Singdrosseln, denn diese vergleichsweise wehrhaften Vögel können auch der Finkenbrut einen gewissen Schutz vor Nesträubern bieten.

Die Buchfinkenweibchen, zuständig für die Wahl des Neststandortes, sind dabei individuell sehr flexibel. So können die Vögel für verschiedene Bruten mal einen Nadelbaum, mal ein Laubgehölz wählen. Wichtig ist vor allem, dass Astgabelungen, Stammverzweigungen oder Astquirle eine stabile Unterlage für das Nest bieten.

Im Gegensatz zu nahezu allen anderen Finkenarten, die ihre Brut von Anfang an wenigstens zum Teil mit Körnern und Sämereien versorgen, ernähren Buchfinken ihren Nachwuchs ausschließlich mit Insekten, ganz überwiegend Schmetterlingsraupen. Auch bei erwachsenen Vögeln steht während der Sommermonate hauptsächlich tierische Kost auf dem Speisezettel. Da ein ausreichendes Raupenangebot im Gegensatz zu pflanzlicher Nahrung oft zeitlich sehr begrenzt ist und daher eine knappe Ressource darstellt, sind Buchfinken – wiederum im Gegensatz zu den meisten Finkenarten – streng territorial. Sie nehmen daher in der Vogelsystematik gemeinsam mit zwei nah verwandten, ähnlich lebenden Arten innerhalb der großen Familie der Finkenvögel *(Fringillidae)* eine Sonderstellung ein: Zusammen mit dem Bergfink (s. u.) und dem Teydefink, der ausschließlich auf den Kanareninseln Teneriffa und Gran Canaria vorkommt, zählt der Buchfink zur Unterfamilie

Beim Buchfink sind die Männchen viel bunter gefärbt als die unscheinbar grün-bräunlich gezeichneten Weibchen. Beide Geschlechter zeigen die arttypische doppelte weiße Flügelbinde.

der Edelfinken *(Fringillinae)*. Nahezu alle übrigen Vertreter der weltweit mehr als 120 Arten umfassenden Finkenfamilie – bei uns etwa Gimpel, Kernbeißer, Grünfink, Stieglitz, Erlenzeisig oder Birkenzeisig – zählen dagegen zur Gruppe der Stieglitzartigen *(Carduelinae)*.

Wie andere territoriale Vögel verteidigen männliche Buchfinken zur Brutzeit ihr Revier mit intensivem, ausdauerndem Gesang, dem typischen »Finkenschlag«. Die mehrteiligen, recht stereotyp aufgebauten Strophen lassen sich am besten mit einfachen Merksätzen wiedergeben, von denen es eine Vielzahl regional unterschiedlicher Varianten gibt. Hier eine kleine Auswahl:

- Bin, bin, bin ich nicht ein schöner Buchfink / Bräutigam?
- Ich, ich, ich bin drrrr Unteroffizihiier!
- Fritze, Fritze, Fritze, willste würzig's Bier?
- Ich, ich, ich schrieb an die Regierung!
- Fritz, Fritz, Fritz will wieder Zwetschg'n stehl'n!

Die Vielfalt der Merksätze macht deutlich, dass der Finkenschlag trotz festem Strophenaufbau mit Einleitung, Mittelteil und Schluss nahezu unerschöpflich variabel ist, vor allem am Strophenende. Der Endschnörkel kann sowohl innerhalb der Buchfinkengemeinschaft einer Region als auch zwischen unterschiedlichen Populationen stark variieren. Oft wird daran noch ein buntspechtartiges »kix« oder »kit« angehängt, der »Schnapper«. Zudem verfügt jedes Männchen in der Regel über ein Repertoire von zwei oder drei (selten mehr) verschiedenen Strophentypen. Zuerst wird ein Strophentyp mehrfach gesungen, dann wechselt der Sänger in einen nächsten, der ebenfalls mehrmals wiederholt wird. Beim Kontergesang zwischen zwei rivalisierenden Finkenhähnen antworten die Sänger einander mit Motiven, die denen des jeweils anderen möglichst nahekommen. Die Folge ist lokal eine oft auffallende Übereinstimmung der bevorzugten Strophentypen. Da Buchfinkenmännchen ihrem Geburtsort über Jahre treu bleiben und ihr Gesangsrepertoire an die Nachkommen weitergeben, bilden sich auf diese Weise Gesangsvarianten heraus, die auch in ihrer geografischen Verbreitung längere Zeit mehr oder weniger konstant bleiben. Diese Strophentypen können sich von Region zu Region stark unterscheiden, der Buchfink ist damit ein typischer Dialektsänger. Und ein sehr ausdauernder: Während der Hauptgesangszeit im Mai wurden bis zu 13 Strophen pro Minute(!) gezählt. Ein anderer Forscher registrierte bei insgesamt 23 verschiedenen Buchfinken zwischen 517 und 4549 Strophen am Tag.

Bei so viel Sangeskunst verwundert es nicht, dass Menschen mancherorts jährlich Wettbewerbe veranstalten, bei denen die Besitzer der besten und ausdauerndsten Sänger prämiert werden. Während es in der »Schönheitsklasse« darauf ankommt, dass ein Vogel bestimmte Gesangsformen möglichst fehlerfrei und formvollendet schmettert, müssen sich in der »Kampfklasse« die gefiederten Kandidaten, einzeln in nebeneinanderstehenden und mit Tüchern abgedeckten Käfigen sitzend, mit möglichst lautem Gesang gegen die Konkurrenz behaupten – für die Vögel dürfte das puren Stress bedeuten. Im Harz hat sich dieses Brauchtum als »Harzer Finkenmanöver« seit dem 15. Jahrhundert erhalten. Seit 2014 steht es als »Immaterielles Kulturerbe der Menschheit« unter dem Schutz der UNESCO.

Neben dem Gesang verfügen Buchfinken über eine ganze Reihe verschiedener Rufe. Besonders merkwürdig ist dabei der sogenannte »Regenruf«: Er kann sich je nach Region sehr verschieden anhören, etwa wie »trüb«, »wrüt« oder »trief«, auch »schrrüt« oder gartenrotschwanzartig »hüit«. Diese Rufe unterliegen wie der erlernte Gesang einer Dialektbildung, weil sie nicht wie andere Rufe angeboren sind, sondern vom Vogel während seiner Jugendzeit durch Imitation gelernt werden. Der Regenruf wird oft mit großer Ausdauer und Penetranz vorgetragen – und dies keineswegs nur bei Regen oder als Ankündigung von schlechtem Wetter. Vielmehr haben Ausprägungen wie »trüb« oder »trief« wohl zu der Namensgebung »Regenruf« geführt. Über seine Funktion haben sich Vogelforscher lange den Kopf zerbrochen. Heute nimmt man an, dass er allgemeine Erregung ausdrückt und häufig eine Art Gesangsersatz ist, wenn sich der Vogel aus irgendeinem Grunde – sei es aufgrund äußerer Umstände oder durch mangelnde Motivation – nicht zum schmetternden Normalgesang entschließen kann. Für diese Hypothese spricht auch, dass dieser Ruf für gewöhnlich nur während der Gesangszeit von Februar bis August zu hören ist. Sehr typisch ist auch der Kontakt- und Alarmruf »pink« oder »fink« – so typisch, dass daraus der Name »Fink« abgeleitet wurde. Häufig wird dieser Ruf mit dem Regenruf kombiniert und drückt dann eine stärkere Stufe erregten Warnens aus.

Im Winterhalbjahr sieht man bei uns fast ausschließlich die bunt gefärbten erwachsenen Männchen, die wesentlich schlichteren Weibchen und Jungvögel überwintern überwiegend in Südfrankreich und Spanien. Das veranlasste den schwedischen Naturforscher Carl von Linné, der 1758 als Erster allen damals bekannten Tierarten und Pflanzenarten zweiteilige wissenschaftliche Namen zuordnete, dem Buchfinken den Namen *Fringilla coelebs* zu geben: der zölibatäre, ehelose Fink. »Strohwitwer« wäre die passendere Bezeichnung, denn die Ehelosigkeit ist ab März, wenn die Weibchen aus dem Süden zurückkehren, beendet (dabei kommt es vermutlich mehrheitlich zur Neuverpaarung, wenngleich eine eher zufällige Verpaarung mit der »alten« Partnerin nicht ausgeschlossen ist). Im Herbst bekommen die einheimischen Buchfinken-Strohwitwer Verstärkung von männlichen Artgenossen aus dem südlichen und mittleren Skandinavien, die in Deutschland überwintern, während es auch deren Damen ans Mittelmeer zieht. An guten Zugtagen im Oktober ziehen viele Tausend Buchfinken in lockeren Schwärmen über die Vogelfluglinie von Schweden aus nach Deutschland.

Häufig sind sie dabei mit **Bergfinken** vergesellschaftet. Bergfinken, aufgrund ihrer Herkunft gelegentlich auch Nordfinken genannt, brüten in der Taigazone des hohen Nordens, wo der Buchfink fehlt, und sind in ihrem Lebensraum ebenso häufig wie jener in unseren Breiten. Beiden gemeinsam ist ihre Vorliebe für Bucheckern, die Früchte der Rotbuche, die sie trotz der Größe dieser Samen geschickt mit dem Schnabel öffnen und zerkleinern können. Der Buchfink verdankt dieser Vorliebe seinen Namen. In noch stärkerem Maße aber ist der Bergfink im Winter auf diese Nahrung angewiesen. In Regionen mit besonders üppiger Buchenmast sammeln sich die Vögel manchmal zu Abertausenden und bedecken bei der Nahrungssuche den Waldboden wie ein bunter Teppich. In manchen Jahren kommt es zu Masseneinflügen. Vor allem in ausgedehnten Buchenwäldern am Alpenrand und im Voralpenraum, auf der Schwäbischen Alb, im Schwarzwald und in der Schweiz überwintern mitunter viele Millionen Bergfinken beiderlei Geschlechts. Auf 20 bis 50 Millionen, vielleicht 100 Millionen wurde ihre Gesamtzahl schon geschätzt. Wo genau dieses Naturschauspiel zu bewundern ist, hängt von dem jährlich wechselnden Nahrungsangebot ab. Von Massenschlafplätzen aus, an denen der Lärm gemeinschaftlich singender und flatternder Vögel klingt wie ein gewaltiger, rauschender Wasserfall, fliegen sie morgens bis zu 40 Kilometer weit in die Umgebung, um die jeweils günstigsten Nahrungsgründe aufzusuchen. Solche Schlafplätze liegen in der Regel in dichten Beständen von Fichten oder Tannen, die im Gegensatz zu den winterkahlen Laubbäumen Schutz vor der Witterung bieten.

Einzeln oder in kleinen Gruppen kommen Bergfinken auf dem Durchzug auch regelmäßig in Parks und Gärten. Dort verköstigen sie sich, oft gemeinsam mit Buchfinken, an Futterstellen. Während diese meist am Boden herumhüpfen und auf Körner warten, die andere Vögel fallen lassen oder im Eifer des Gefechts herabwerfen, mischen die agileren Bergfinken gern an vorderster Front mit: Sie haben keine Scheu, ins Vogelhäuschen zu fliegen, und sind geschickt genug, sich sogar an Meisenknödel zu klammern. Die Angst, dass Millionen oder auch nur Tausende der hübschen Vögel in unsere Gärten einfallen und wie ein Heuschreckenschwarm binnen Minuten alles kahl fressen, ist allerdings unbegründet: Derartige Masseneinflüge wurden bisher ausschließlich in nahrungsreichen Wäldern beobachtet.

Bergfinken (hier im blasseren Schlichtkleid) lieben Bucheckern.

Gimpel und Kernbeißer

Zu den auffälligsten Vogelgestalten im Garten zählt ganz sicher der **Gimpel.** Vor allem das Männchen bietet mit seiner leuchtend blutroten Brust und der markanten schwarzen Kopfzeichnung einen prächtigen Anblick. Da diese Farbkomposition, gepaart mit einer recht korpulent wirkenden Gestalt, die Menschen an die Robe eines wohlbeleibten katholischen Domherrn erinnerte, bekam der Vogel den gebräuchlichen Zweitnamen »Dompfaff«. In manchen Gegenden ist er auch als »Blutfink« bekannt.

Das Weibchen ist mit seinem graurötlichen Brustgefieder – wie so oft in der Vogelwelt – wesentlich schlichter gefärbt als das farbenprächtige Männchen. Dafür hat es bei der Balz »die Hosen an«: Hier geht die Initiative vom Weibchen aus, und zwar völlig anders, als man es vielleicht erwarten würde: Begegnen sich zwei unverpaarte Vögel unterschiedlichen Geschlechts, so fliegt das Weibchen auf das Männchen zu und droht mit vorgestrecktem Körper, aufgeplustertem Brustgefieder und weit aufgerissenem Schnabel. Das Männchen reagiert auf diese massive Drohung niemals aggressiv, sondern hat zwei Möglichkeiten – fliehen oder Imponierhaltung einnehmen. Reagiert es gar nicht, geht »Sie« unweigerlich zum tätlichen Angriff über. Je selbstsicherer der Hahn sich präsentiert, desto schneller verebbt die Drohgebärde des Weibchens und es kommt bei gegenseitiger Sympathie zum »Schnabelflirt«, der erste Schritt zur Paarbildung.

Hat sich das Paar schließlich füreinander entschieden, kann man ein Verhalten beobachten, das Vogelkundler als »Zärtlichkeitsfüttern« bezeichnen: Dabei bettelt die Gimpelin den frisch angetrauten Partner nach Art eines gerade flüggen Jungvogels in geduckter Haltung, mit zitternden Flügeln und weit aufgerissenem Schnabel an. Dem kann kein Dompfaff-Mann widerstehen: Er richtet sich auf und füttert seine Holde mit Sämereien aus seinem Kropf. Dieses Ritual dient nicht nur der Festigung der Paarbindung, sondern wohl auch dazu, die Dominanz des Männchens zu sichern. Auch während das Weibchen auf dem Nest brütet, wird es regelmäßig vom Partner gefüttert. Neben der genannten Bedeutung hat dieses Verhalten auch eine ganz praktische Seite: Die Gimpelin bekommt dadurch eine wertvolle, zusätzliche Portion Nahrung und Energie, die sie für die aufwendige Eiproduktion benötigt. Je besser die Kondition der Mutter, desto fitter ist auch der schlüpfende Nachwuchs.

Kleine Nestlinge werden in den ersten Lebenstagen mit einer Mischkost aus tierischer und pflanzlicher Nahrung versorgt. Blattläuse, kleine Raupen, Fliegen, Spinnen und sogar winzige Gehäuseschnecken stehen ebenso auf dem abwechslungsreichen Speisezettel wie die Samen verschiedener Wildkräuter und Gartenstauden, etwa von Stiefmütterchen, Löwenzahn, Vogelmiere oder Vergissmeinnicht. Mit zunehmendem Lebensalter der Jungvögel steigt der Samenanteil in der Nestlingsnahrung. Erwachsene Gimpel sind überwiegend Vegetarier, die jeweils das Angebot der Saison zu nutzen wissen: Im Frühjahr machen sich die Vögel in Gärten und Obstplantagen häufig unbeliebt, wenn sie systematisch die proteinreichen Knospen von Obstbäumen ernten. Anschließend stellen neben den Samen frühblühender Kräuter, die auch an die Jungen verfüttert werden, die Blütenkätzchen von Weiden, Pappeln und Eichen die Hauptnahrung dar. Ab Juli folgen die ersten reifenden Beeren verschiedener Sträucher. Im Herbst bis in den Winter hinein stehen neben einem üppigen Fruchtangebot wiederum Sämereien aller Art zur Verfügung. Bei Schneelage oder wenn die Samenvorräte zur Neige gehen, halten sich die Gimpel an übrig gebliebene Beeren oder die Samen verschiedener Baumarten wie Birke, Esche, Ahorn oder Lärche. Diese saisonal wechselnde Nutzung verschiedener Nahrungsquellen ist offenbar nicht nur vom jeweiligen Angebot abhängig, sondern scheint zudem einem endogenen Rhythmus zu unterliegen. Zwar nutzen auch zahlreiche andere Vogelarten – vom Stieglitz bis zur Grasmücke – im Jahresverlauf unterschiedliche Nahrungsquellen, doch bei wohl kaum einer anderen heimischen Art ist dieses Verhalten so stark und vielfältig ausgeprägt wie beim Gimpel. Wer die hübschen Vögel dauerhaft in seinem Garten ansiedeln möchte, sollte also für ein entsprechendes Nahrungsangebot sorgen. Sie kommen auch gerne an Futterstellen und streiten sich mit Grünfinken, Spatzen und Meisen um das angebotene Körnerfutter.

Ihr Nest errichten Gimpel gern in dichten Lebensbaumhecken oder anderen immergrünen Gehölzen. Bei ausreichendem Angebot an sicheren Brutplätzen und Nahrung können auch mehrere Gimpelpaare in enger Nachbarschaft brüten, denn sie verteidigen kein ausgedehntes Brutrevier, sondern nur den engeren Nestbereich gegen Artgenossen. Dementsprechend dient auch der Gesang, eine variable und leise vorgetragene Mischung aus pfeifenden, knarrenden und krächzenden Lauten, nicht wie beim Buchfink und vielen anderen Vogelarten der Revieranzeige, sondern wohl ausschließlich der Paarbindung. Der Gesang wird sehr unregelmäßig und individuell unterschiedlich intensiv vorgetragen und ist auch außerhalb der Brutzeit zu hören, selbst von Weibchen, die oft ebenso gut singen wie die Männchen. Anders als die jungen Gimpelhähne, die den Gesang in frühester Jugend vollständig vom Vater lernen, übernehmen die Weibchen nur einen Teil von dessen Repertoire und ergänzen ihn später mit Gesangspassagen ihres ersten Brutpartners – aus menschlicher Sicht eine schöne Geste der Verbundenheit.

Fast schon in Vergessenheit geraten ist, dass der Gimpel früher ein beliebter Käfigvogel war, dem man – von Hand aufgezogen – durch geduldiges, stückchenweises Vorpfeifen sogar einfache Melodien beibringen konnte. Gute Sänger beherrschten bis zu drei Volkslieder aus 80 unterscheidbaren Einzeltönen und wurden von Deutschland bis in die USA verkauft – ein willkommenes Zubrot insbesondere für die arme Landbevölkerung. Heute sind Gimpel wie alle heimischen Singvögel gesetzlich streng geschützt und dürfen nicht in der Natur gefangen werden, wie es früher üblich war.

Nach der Brutzeit, etwa von September bis Ende Februar, schließen sich die Vögel gern zu kleineren Gruppen zusammen, jedoch nie zu großen Schwärmen, wie es von manchen

Gimpel werden auch Dompfaffen genannt.

anderen Finkenarten wie Stieglitzen oder Erlenzeisigen bekannt ist. Dabei bleiben manche Gimpelpaare offenbar den ganzen Winter über zusammen. Vielfach vermuteten Vogelkundler daher, dass sich Paare teilweise ein Leben lang, das selbst im Freiland mehr als 15 Jahre währen kann, treu bleiben. Dafür fehlen allerdings bisher zuverlässige Belege. Ein sanft pfeifendes »djü« dient als Lockruf dem Zusammenhalt des Trupps.

So auffallend die Vögel im Winterhalbjahr sind, so heimlich verhalten sich Gimpel zur Brutzeit. Das gilt auch für den **Kernbeißer.** Mit einer Körperlänge von 18 Zentimetern ist er der größte heimische Vertreter der Finkenfamilie. »Finkenkönig« wurde er daher früher auch genannt. Kernbeißer machen mit ihrer gedrungenen, auffallend kurzschwänzigen Gestalt, ihrem »Stiernacken« und dem mächtigen Kegelschnabel einen bulligen Eindruck. Die englische Bezeichnung des Gimpels, »bullfinch«, würde daher für ihn weitaus besser

Mächtiger Schnabel und Stiernacken – Kernbeißer

passen als für den kleineren Verwandten. Der Schädel des Kernbeißers ist mehr als doppelt so groß und, wegen seiner massiveren Struktur, fast viermal so schwer wie derjenige des Buchfinken. Dies ist eine Anpassung an die enorme Beißkraft des klobigen Schnabels, der mühelos Kirschkerne knacken kann. Die dafür notwendige massige Kiefermuskulatur setzt am gesamten hinteren Schädelteil an, daher besitzt der Vogel einen solch ausgeprägten Stiernacken. Eine stark verdickte Schnabelscheide und je zwei spezielle Hornhöcker im Gaumen sowie komplementär im hinteren Teil des Unterschnabels, die die zu knackenden Kerne sicher festhalten, sind weitere Anpassungen an seine bevorzugte Nahrung.

Es empfiehlt sich sehr, beim Umgang mit einem Kernbeißer, etwa beim Beringen, die Finger außer Reichweite des Schnabels zu halten. Außer Kirschkernen – neben Kulturkirschen vorzugsweise solchen der wild wachsenden Traubenkirsche – sind auch Hainbuchensamen sehr beliebt. Etwa 75 Stück dieser Samen benötigt ein Kernbeißer pro Tag, wenn er seinen Tagesnahrungsbedarf allein damit deckt. Daneben verzehren die Vögel auch die Früchte von Eschen und Ulmen, Eicheln und Bucheckern sowie – ähnlich wie der Gimpel – je nach Angebot eine Vielzahl von kleineren Samen, Knospen und Beeren, im Frühjahr und Sommer ergänzt durch Insektenkost.

Zu sehen bekommt man Kernbeißer am ehesten im Winter, wenn die Vögel am Boden nach Nahrung suchen und dabei auch Futterstellen besuchen. Im Sommer dagegen leben und brüten sie unauffällig und heimlich in den Wipfeln hoher Bäume und fallen häufig nur durch ihre sehr charakteristischen, scharfen zick-Rufe auf. Ihr einfacher Gesang ist selten zu hören und besteht aus einer ungeordneten Mischung sehr verschiedenartiger, oft dissonant klingender Laute mit abrupt wechselnder Lautstärke, Tonhöhe und Modulation, in die immer wieder die für diese Vogelart typischen zick-Laute eingestreut werden. Ähnlich wie beim Gimpel dient der Gesang nur der Brautwerbung und nicht der Revierverteidigung, wenngleich Kernbeißer bei uns meist einzeln brüten. In England und den Niederlanden wurden auch schon häufiger lockere Gruppen dicht benachbarter Brutpaare gefunden.

Obwohl in größeren Gärten und Parks weitverbreitet, brüten die im Sommer recht scheuen Vögel dort im Allgemeinen nur in geringer Dichte, werden wegen ihrer zurückgezogenen Lebensweise allerdings auch häufig übersehen. Selbst erfahrene Vogelkundler haben große Mühe, den Brutbestand auch nur einigermaßen exakt zu erfassen, was im Übrigen auch für den Gimpel gilt. Die Erfassung singender Männchen, sonst bei den meisten Singvogelarten die Methode der Wahl, versagt hier, auch weil die Vögel mitunter noch in größerer Entfernung vom Nest singen – wenn sie es denn tun. Halbwegs verlässliche Daten zur Siedlungsdichte kann allein eine aufwendige Nestersuche liefern. Das sollte allerdings die Freude am bloßen Anblick von Gimpel und Kernbeißer im Garten nicht trüben.

Grünfink, Girlitz und Zeisige

Der **Grünfink,** auch **Grünling** genannt, lebt als typischer Kulturfolger des Menschen in den verschiedensten Siedlungsformen, von landwirtschaftlich geprägten Dörfern über vorstädtische Ziergärten und durchgrünte Villenquartiere bis in die Zentren der Großstädte. Dort ist er mittlerweile deutlich häufiger anzutreffen als in der sogenannten freien Landschaft und gehört daher auch insgesamt zu den häufigsten Brutvogelarten Deutschlands. Es gibt wohl kaum einen Park und kaum einen Garten, in dem keine Grünfinken leben. Oft reicht ihnen schon ein Hinterhof mit einzelnen Bäumen, und auch die Nähe zu Hauptverkehrsstraßen oder stark frequentierten Bahntrassen scheint ihnen nicht viel auszumachen. Sehr beliebt sind ausladend mit Kletterpflanzen begrünte Hausfassaden: Dort bauen die Vögel ihre Nester gut versteckt in Efeu, Kletterhortensien oder Mauerwein. Manche nehmen dafür auch mit einem üppig bewachsenen Pflanztrog auf der Terrasse oder Blumenkästen auf dem Balkon vorlieb. Dicht belaubtes Strauchwerk oder immergrüne Gehölze sind als Neststandorte ebenfalls geeignet.

Wichtiger Bestandteil ihres Lebensraumes sind höhere frei stehende Bäume als Singwarten. Von dort aus tragen die Grünfinken ihren Gesang aus »klingelnden« und »rülschenden« Elementen vor. Er lässt sich etwa so beschreiben: »gügügügü sriiejeh djingdjingdjingdjing gügügügü schrüääh ...«. Das »Klingeln« kann bei manchen Sängern an den Triller eines Kanarienvogels erinnern, das »Rülschen«, regional unterschiedlich auch als »Knätschen« oder »Schwunschen« bezeichnet, macht den individuell und lokal durchaus variablen Grünfinkengesang unverwechselbar. Diese geräuschhaften Laute werden, mehr oder weniger häufig wiederholt, bei Störungen oder unzureichender Gesangsmotivation auch als Gesangsersatz vorgetragen, ähnlich wie der Regenruf beim Buchfinken (s. S. 139). Anders als dieser zeigen besonders ambitionierte Sänger unter den Grünfinken mitunter einen fledermausartig wirkenden Schauflug mit langsamen, weit ausholenden Flügelschlägen. Auch eine stumme, schmetterlingsartig gaukelnde Variante mit raschen, flacheren Flügelschlägen kommt vor. Diese Schauflüge dienen vornehmlich der Brautwerbung, aber auch der Revieranzeige, obwohl Grünfinken wie alle ihre direkten Verwandten trotz anfänglicher Streitereien unter den männlichen Vögeln letztlich kein ausgedehntes Territorium, sondern nur Weibchen und Nestumfeld als ihren Besitz verteidigen. In ihrem Verhalten liegen sie zwischen der strikten Territorialität des Buchfinken und dem mitunter fast kolonieartigen Brüten, wie es bei Gimpeln oder Stieglitzen zu beobachten ist.

Bereits im Februar, spätestens im März beginnen die Grünfinken zu singen, bei klarem Wetter mitunter sogar schon bei Minustemperaturen. Weitere, ebenfalls sehr typische und häufig in Gärten und Parks zu hörende Lautäußerungen sind die Bettelrufe und Standortlaute eben ausgeflogener Jungvögel, ein wiederholtes »gib gib gibgibgib ...« oder auch »gjil gjil gjil ...«. Man hört sie je nach Region und Witterung ab etwa Ende April oder Anfang

Mai bis weit in den Sommer hinein, denn Grünfinken ziehen meist zwei Jahresbruten auf. Ihre Nahrung suchen die Vögel auch während der Brutzeit häufig gemeinsam an ergiebigen Futterquellen, die bis zu drei Kilometer vom Nistplatz entfernt sein können. Grünfinken ernähren sich von Sämereien aller Art, die sie auf Brachen, an Wegrändern und Ackerrainen, in Grünanlagen oder Hecken finden. Sie sind weder auf bestimmte Arten noch auf eine bestimmte Größe von Samen spezialisiert – neben geringen Ansprüchen an Lebensraum und Brutplatz ebenfalls ein Geheimnis ihres Erfolges. Offenbar sehr beliebt sind aber reife Hagebutten: In der Regel verzehren die Vögel nur die winzigen Samen, das saftige Fruchtfleisch scheint sie weniger zu interessieren, zurück bleiben die aufgehackten Früchte. Da ein Teil der Samen unverdaut mit dem Kot wieder ausgeschieden wird, spielen Grünfinken eine nicht unwesentliche Rolle bei der Verbreitung verschiedener Wildkräuter. Nach der Brutzeit schließen sie sich zu oft großen Trupps zusammen, häufig vergesellschaftet mit anderen Finkenvögeln wie Stieglitzen und Hänflingen, und streifen auf der Suche nach ergiebigen Nahrungsquellen umher. An winterlichen Futterstellen gehören Grünfinken zum »festen Inventar«. Sie können einen Futterplatz im Schwarm regelrecht belagern und sich gegenüber anderen Vogelarten sehr dominant, ja streitsüchtig zeigen.

Grünfinken lieben Hagebuttenkerne.

Dem **Girlitz** hingegen, dem kleinsten europäischen Vertreter der Finkenfamilie und kleiner noch als eine Blaumeise, wird man am Vogelhäuschen vermutlich niemals begegnen. Er ist ein Kind des Südens, die meisten Vögel fliegen daher zum Überwintern in den Mittelmeerraum. Nur in wintermilden Gebieten bleiben Girlitze in Mitteleuropa, verlassen im Herbst jedoch unsere Parks und Gärten und suchen auf schütter bewachsenen, aber wildkrautreichen Brachen außerhalb der Siedlungen nach kleinen Sämereien, die sie ganz überwiegend vom Boden auflesen (s. Abb. auf S. 211). Im südwestlichen Mittelmeerraum liegt die ursprüngliche Heimat des Girlitz', dessen lautmalerischer Name auf die Rufe des Vogels zurückgeht, ein klirrendes »zirrirrilit«.

Etwa ab Ende des 18. Jahrhunderts begann der Girlitz, sein Verbreitungsgebiet allmählich nach Norden auszudehnen. Mitte des 19. Jahrhunderts hatten die Vögel bereits große Teile Bayerns besiedelt und erreichten in den ersten zwei Jahrzehnten des 20. Jahrhunderts auch Norddeutschland. Die genauen Gründe für diese Expansion sind nicht bekannt. Wahrscheinlich spielen mehrere Ursachen eine Rolle: Einige Forscher nehmen an, dass eine genetisch bedingte Tendenz zur Zugprolongation, bei der die Vögel auf dem Heimzug mehr oder weniger weit »über das Ziel hinausschießen«, den Anstoß hierfür gab. Auch klimatische Faktoren haben vermutlich die Ausbreitung der Girlitze begünstigt: Allmählich steigende Durchschnittstemperaturen in Mitteleuropa seit dem Ende des 19. Jahrhunderts bereiteten dem wärmeliebenden Vogel den Weg. Noch heute kommt er bevorzugt im Tiefland vor und besiedelt in den Mittelgebirgen und in den Alpen ausschließlich klimatisch günstige Lagen.

Nicht zuletzt dürften wohl weitreichende ökologische Veränderungen durch die Industrialisierung in Mitteleuropa ab etwa 1850 die Ausbreitung des Girlitz' entscheidend gefördert haben: In den Städten entstanden als Ausgleich für die eng bebauten Arbeiterquartiere zunehmend öffentliche Parkanlagen und Kleingärten. Deren lockere Bepflanzung, in Parks schon damals häufig auch mit Nadelgehölzen, kam den Lebensraumansprüchen des Vogels sehr entgegen. Zudem breiteten sich mit zunehmendem, großräumigem Handel viele Wildkräuter im Umfeld von Bahnhöfen und Lagerhallen aus – wertvolle Nahrungsflächen für die kleinen Finken. Deutlich später als in großstädtischen Grünanlagen tauchte der Girlitz in Dörfern und Kleinstädten auf, wo erst nach und nach »moderne« städtische Gartenkultur Einzug hielt.

Die Anlage von Ziergärten mit der Bevorzugung von Nadelgehölzen und Ziersträuchern anstelle der herkömmlichen bäuerlichen Nutzgärten förderte zunächst seine Ansiedlung. Mittlerweile führt aber genau diese nahezu flächendeckende Entwicklung, verbunden mit der zunehmenden Vernichtung samenreicher Brachen, Wegsäume und Felder in der intensiv genutzten Agrarlandschaft, seit einigen Jahrzehnten zu einem kontinuierlichen Rückgang der Girlitz-Bestände. Besonders ausgeprägt ist diese Entwicklung im Nordwesten Deutschlands. Dort wirken sich zusätzlich zu den beschriebenen Entwicklungen erneute

Klimaveränderungen negativ aus: In der zweiten Hälfte des 20. Jahrhunderts hat sich das Klima spürbar verändert mit einer Tendenz zu kühlen, nassen Sommern – zu ungemütlich für den Girlitz. So braucht es heute vielerorts schon eine Portion Glück, um dem klirrenden Gesang dieses kleinen Vogels lauschen zu können, der klingt, als würde man mit einer Glasscherbe sehr schnell auf einer Glasscheibe herumkratzen. »Glasschneider« wird der Girlitz daher mancherorts genannt. Ein naher Verwandter, der auf den westlichen Kanarischen Inseln lebende Kanarengirlitz (span.: *Canario),* ist übrigens die wilde Stammform der als Heimtiere beliebten Kanarienvögel.

Wie beim Girlitz hat es in den vergangenen Jahrzehnten auch beim **Erlenzeisig** und beim Birkenzeisig eine großräumige Ausbreitung ihrer Brutareale innerhalb Deutschlands gegeben – eine Entwicklung, die immer noch anhält.

Der Erlenzeisig, zur Brutzeit ein ausgesprochener Nadelwaldbewohner, kam ursprünglich nur in den Alpen und in höheren Lagen der Mittelgebirge vor, wo Nadelbäume wie die Fichte dominieren. Im Zuge der waldbaulichen Förderung und Verbreitung dieses »Brotbaums der Förster« auch im norddeutschen Flachland konnte sich der Erlenzeisig auch dort etablieren und brütet mittlerweile nicht selten etwa in den von Fichte und Kiefer geprägten Nadelwäldern der Lüneburger Heide, vereinzelt auch auf Friedhöfen und in größeren Gärten und Parks mit entsprechendem Baumbestand. Während der Brutzeit sind Erlenzeisige recht heimlich, doch im Winterhalbjahr oft sehr auffällig. Dann bekommen die hiesigen Brutvögel Gesellschaft von skandinavischen Artgenossen, die bei uns überwintern. In großen Trupps sieht man die munteren Vögelchen dann bevorzugt in Erlen (daher der Name!) und Birken herumturnen, von deren winzigen Samen sie sich im Winter bevorzugt ernähren. Häufig kommen sie auch an Futterstellen im Garten und klammern sich gleich truppweise an Meisenknödel, die sie gemeinsam in kurzer Zeit vertilgen können.

Viel weniger vorhersehbar war die Ausbreitung des Birkenzeisigs als Brutvogel. Es waren nicht etwa die bei uns überwinternden nordischen Birkenzeisige, von denen einige Exemplare hierzulande »hängen geblieben sind« und eine Brutpopulation begründeten. Vielmehr erfolgte die Besiedlung von Großbritannien aus, wo eine andere Unterart vorkommt, die auch in den deutschen Alpen brütet. (Inzwischen werden der **Alpenbirkenzeisig** und der etwas größere und dunklere **Taigabirkenzeisig** als eigenständige Arten angesehen.) Auslöser waren umfangreiche Aufforstungen mit Fichten und Birken in Großbritannien sowie gleichzeitige Küstenschutzpflanzungen mit niedrig wachsenden Bergkiefern (Latschen) an der deutschen und niederländischen Nordseeküste. Dies hatte einen starken Bestandsanstieg im Ursprungsland zur Folge und erschloss gleichzeitig den Vögeln, die bevorzugt in niedrigen Gehölzen brüten, neue Lebensräume außerhalb ihres bisherigen Verbreitungsareals. Mitte des 20. Jahrhunderts trat die Art erstmals auf den ostfriesischen Inseln als Brutvogel in Erscheinung. Auch die Niederlande und Belgien wurden besiedelt, und von dort aus breiteten sich die Birkenzeisige nach Nordrhein-Westfalen aus, wo sie

Birkenzeisige

bevorzugt die Mittelgebirge eroberten. Andere Ausgangspopulationen für eine weitere Verbreitung waren offenbar die seit Mitte des letzten Jahrhunderts stark angewachsenen Vorkommen im Erzgebirge und im Böhmerwald. Gleichzeitig entdeckten die Vögel, dass es sich auch in Gärten und Parks gut leben lässt, was ihre Expansion weiter begünstigte. Noch sind sie zwar insgesamt lückenhaft in Deutschland verbreitet, mit einem deutlichen Schwerpunkt in den nordwestlichen Mittelgebirgen, doch haben sie sich mittlerweile sogar vor den Toren der Großstadt Hamburg etabliert – von den örtlichen Vogelkundlern zunächst unbemerkt. Insbesondere im Alten Land mit seinen riesigen Obstanbauflächen brüten Birkenzeisige inzwischen in erstaunlich hoher Dichte überall in den Dörfern und kommen von dort zunehmend auch in städtische Gärten.

Erlenzeisige

Stieglitz, Hänfling und Goldammer

Der **Stieglitz** ist einer der farbenprächtigsten heimischen Vögel, und das kam der Legende nach so: Als Gott die Tiere geschaffen hatte, malte er sie alle verschieden an. Nur der Stieglitz, der zu spät erschien, ging vorerst leer aus, denn die Farben waren aufgebraucht. Der arme Vogel jammerte jedoch so sehr, dass Gott sich erbarmte, aus jedem Farbeimer noch einen kleinen Rest zusammenkratzte und damit den Stieglitz schmückte.

Ähnlich wie beim Girlitz ist der lautmalerische Name des Stieglitz' aus den Kontaktrufen des Vogels abgeleitet, ein fröhlich klingendes und sehr häufig zu hörendes »tigglit stiggelit ...«. Diese Rufe werden immer wieder auch in den sehr abwechslungsreichen und oft lang anhaltenden Gesang eingestreut. Wegen seiner Vorliebe für die Samen von Disteln *(Carduus)*, Kratzdisteln *(Cirsium)* und verwandten Arten nennt man den Stieglitz vielfach auch »Distelfink«. Von allen heimischen Finkenarten hat er den längsten und spitzesten Schnabel, der es ihm erlaubt, die tief sitzenden Distelsamen zu erreichen und aus den stacheligen Köpfen zu picken.

Die unterschiedlichen Schnabelformen der Samenfresser mildern die zwischenartliche Konkurrenz unter ihnen: So vermögen Zeisige mit ihren feinen Schnäbeln winzige Samen von Erlen und Birken aus den Zäpfchen zu ernten, der Gimpel besitzt einen runden Schnabel in Anpassung an Knospen und Beeren als zumindest zeitweilig bevorzugter Nahrung. Der mächtige Schnabel des Kernbeißers knackt entsprechend der Vorliebe dieses Vogels die Kerne großer Baumfrüchte, und die gekreuzten Schnabelspitzen der Kreuzschnäbel sind ein hoch spezialisiertes Werkzeug, um Fichtensamen aus den geschlossenen Zapfen zu holen. Beim Stieglitz gibt es in dieser Beziehung sogar geschlechtsspezifische Unterschiede: Im Vergleich zu den weiblichen Vögeln sind die Schnäbel der Männchen um knapp ein Zehntel länger, was es ihnen zum Beispiel ermöglicht, die vor allem als Winternahrung wichtigen Samen der Wilden Karde *(Dipsacus)* nahezu exklusiv zu nutzen.

Stieglitze bewegen sich bei der Nahrungssuche sehr geschickt: Auf einer Staude oder einem Zweig sitzend, können sie sich weit vorbeugen, kopfüber oder sogar mit dem Rücken nach unten hängen. Mit dem Schnabel ziehen die Vögel, falls nötig, einen benachbarten Samenstand zu ihrer Sitzwarte heran und halten ihn mit einem Fuß fest, um ihn bearbeiten zu können. Diese besondere Geschicklichkeit teilt der Stieglitz mit den ebenfalls zur Finkenfamilie zählenden Kreuzschnäbeln. Der Schweizer Naturgelehrte Conrad Gesner (1516–1565) beschrieb sie seinerzeit so: »Diese Vögel thun was man sie heißt, nicht allein mit der Stimm, sondern auch mit dem Schnabel und Füssen, welche sie für ihre Händ brauchen. Dann so der auff ein Gefeß gesetzt, daran zwey Eimerlein hangen, welche auf und nieder gehen, da in das eine die Speiß, in das ander der Thranck gethan wird, lernen sie dieselbigen auffziehen, und in den Füßen behalten, biß daß sie darauß getruncken oder gessen haben. Ist derhalben Schad, daß man sie ißt, dieweil sie mehr mit der Stimm dann

Liebt Disteln – Stieglitz oder Distelfink (rechts ein Jungvogel)

in der Schüssel den Menschen erfrewen.« Gegessen werden die Vögel hierzulande glücklicherweise schon lange nicht mehr, doch war der Stieglitz wegen seiner Farbenpracht und seines angenehmen Gesangs früher als Käfigvogel sehr beliebt.

Die Nähe des Menschen scheut er nicht und besiedelt vor allem kleinbäuerlich geprägte Siedlungen mit Obstbaumwiesen, aber auch Hecken, Alleen und Straßenbäume. Auch in locker bebauten Grüngürteln größerer Städte kommt er vor, sofern er dort ein ausreichendes Angebot an Sämereien findet. Stieglitze nisten gern gesellig in kleinen Brutkolonien mit durchschnittlich drei bis fünf Paaren und verteidigen wie ihre Verwandten, etwa Gimpel und Zeisige, nur den unmittelbaren Bereich des Nestes. Dieses wird allein vom Weibchen meist in die Peripherie der Kronen einzeln stehender Bäume oder größerer Büsche gebaut und kann aus verschiedenartigen pflanzlichen Materialien bestehen. Benachbart brütende Stieglitze erkennen einander an ihren individuellen »Imponierrufen«, mit denen die Vögel auf sich aufmerksam machen. Diese Rufe erklingen während der Brutzeit, wenn sich zwei Stieglitze treffen, und können auch ein »Gruppentreffen« mit sogenannten »Kontaktflügen« auslösen, bei dem sich Brutnachbarn gegenseitig »besuchen«. Auf diese Weise lernen sich die Angehörigen einer Nestgruppe kennen, stärken ihren Zusammenhalt und tauschen Informationen über aktuell günstige Nahrungsgebiete aus, die sie gemeinsam nutzen. Fremde Stieglitze dagegen werden aus dem Gemeinschaftsterritorium einer Nestgruppe energisch vertrieben.

Außerhalb der Brutzeit schließen sich die sehr geselligen Vögel zu größeren Schwärmen zusammen und finden sich dann vor allem auf Brachen und Ruderalstandorten ein, etwa am Rande von Schutthalden (lat.: *rudus* = Schutt), wo sie größere Bestände von Disteln, Kratzdisteln und anderen Samen tragenden Pflanzen wie Kletten, Beifuß oder Greiskraut finden. Im Winter verzehren Stieglitze ähnlich wie Zeisige auch gern Erlensamen. Durch ihr lebhaftes, unruhiges Temperament machen die Vögel schon von Weitem auf sich aufmerksam: In hüpfendem Fluge und unter ständigen stigglit-Rufen bewegen sie sich von Staude zu Staude, wobei die arttypische schwarzgelbe Flügelzeichnung ins Auge fällt. Auf der Suche nach ergiebigen Nahrungsflächen streifen die Trupps weit umher. Völlig ohne Plan scheinen Stieglitze dabei nicht zu sein, denn Forscher fanden heraus, dass sich die Vögel – genau wie in der Brutzeit – gegenseitig über lohnende Ziele austauschen. Auch die Nächte verbringen sie gemeinschaftlich an bestimmten Schlafplätzen.

Leider finden die hübschen Distelfinken mittlerweile immer weniger Plätze, an denen sie ihren Hunger stillen können. Denn in der Agrarlandschaft sind seit 1994 fast 90 Prozent aller Brachflächen unter den Pflug genommen worden, weil keine Prämien mehr für die Flächenstilllegung gezahlt wurden. Diese finanziellen Anreize sorgten dafür, dass landwirtschaftlich genutzte Felder für eine gewisse Zeit nicht beackert wurden, sodass sie sich zu Refugien für Wildpflanzen, Insekten und Vögel entwickeln konnten. Auch bunt blühende und reich fruchtende Ackerränder und Wegraine gibt es immer weniger, und im

Siedlungsraum lässt der Bauboom die letzten brachliegenden Baulücken verschwinden. Das blieb nicht ohne Folgen: Von 1990 bis 2013 nahm der Bestand des Stieglitzes um fast die Hälfte ab. Aus diesem Grunde wurde er vom Naturschutzbund Deutschland (NABU) und dem Landesbund für Vogelschutz (LBV) zum »Vogel des Jahres« für 2016 gewählt, um auf die negative Entwicklung aufmerksam zu machen.

In diesem Zusammenhang starteten die genannten Umweltverbände die Aktion »Bunte Meter für Deutschland«. Ziel der Aktion ist, möglichst viele (Quadrat-)Meter wildkrautreicher Streifen und Flächen für den Stieglitz und andere Vögel zu erhalten oder neu zu schaffen. In der Agrarlandschaft wird das nur über eine Reform der Förderinstrumente und Agrarverordnungen der Europäischen Union gelingen, doch im eigenen Garten kann jeder Einzelne »bunte Meter« anlegen. Wie das gelingt, erfahren Sie ab S. 210.

Davon würden zumindest im ländlichen Raum auch andere selten gewordene Vogelarten wie der **Bluthänfling,** kurz **Hänfling** genannt, und die Goldammer profitieren, die ähnliche Ansprüche an Lebensraum und Nahrung stellen wie der Stieglitz. Mit seinen ausgedehnten, leuchtenden »Blutflecken« auf der Brust, die dem Weibchen fehlen, sieht der Hänflingshahn aus, als sei er schwer verletzt. Es geht ihm tatsächlich nicht gut, denn mehr noch als andere Arten leidet er unter der großflächigen Ausräumung der Landschaft und der intensiven Landnutzung, wodurch er weder Brutmöglichkeiten noch Nahrung findet. Kaum eine Vogelart hat in den vergangenen Jahren in kürzester Zeit derart drastische und anhaltende Bestandsrückgänge erlitten wie der Bluthänfling. Mittlerweile gilt sein Bestand bundesweit als gefährdet. Früher ein Allerweltsvogel, der häufig an Dorfrändern und in der Feldmark vorkam, ist er vielen Menschen heute kaum mehr bekannt. Ich erinnere mich, dass ich während einer Exkursion in der Nähe meines Schaalsee-Domizils, wo dieser Vogel glücklicherweise noch regelmäßig zu finden ist, die Teilnehmer auf einen intensiv singenden Hänfling im Baum vor uns aufmerksam machte. Daraufhin meinte eine Teilnehmerin ganz erstaunt: »Ach, den gibt's wirklich? Ich dachte, das sei nur so ein Spruch – schmal wie ein Hänfling ...« Warum gerade dieser Vogel für einen Vergleich mit einem auffallend mageren Menschen herhalten muss, weiß ich nicht. Wahrscheinlich stammt diese Assoziation aus vergangenen Zeiten, in denen auch in Deutschland Vögel gefangen und gegessen wurden: Verglichen etwa mit dem plumpen Gimpel ist der Hänfling wirklich ein schmächtiger Bursche, was aber genauso auch für den Stieglitz zutrifft.

In städtischer Umgebung wird man dem Bluthänfling im Gegensatz zum Stieglitz kaum je begegnen, Parks und Gärten entsprechen nicht seinem angeborenen Lebensraumschema. Das gilt auch für die **Goldammer.** Sie zählt zwar nicht zu den Finken, sondern zur Familie der Ammern *(Emberizidae),* soll hier aber ebenfalls kurz vorgestellt werden, denn auch sie gehört in die Vogelgemeinschaft der Dorfränder und kommt im Winter – im Gegensatz zum Hänfling – mitunter auch an Futterstellen in Gärten. Die leuchtend gelbe Färbung von Kopf und Unterseite des Goldammer-Männchens erinnert an eine Kanarienvogel-Züchtung und macht den Vogel unverkennbar (s. Abb. auf S. 169). Charakteristisch ist auch seine einfache und einprägsame Gesangsstrophe »zizizizizi-ziiieh«, die der Volksmund mit den Worten beschreibt: »Wie, wie, wie hab' ich dich liiieb!« Liebenswert ist sie wirklich, die Goldammer, ebenso wie Stieglitz und Hänfling.

Brust und Stirn männlicher Bluthänflinge sind leuchtender rot als bei den ähnlich gezeichneten Birkenzeisigen (s. Abb. auf S. 150).

Die Stockente

Seit Jahren schon besucht jedes Frühjahr ein Pärchen Stockenten den kleinen, sehr naturnah angelegten Teich im Garten meiner Eltern. Gemeinsam gründeln sie nach Entenart – Köpfchen in das Wasser, Schwänzchen in die Höh' – nach Wasserpflanzen und Kleintieren am Gewässergrund, pflegen ihr Gefieder und gehen anschließend auf Entdeckungsreise im Garten. Nach ein paar Tagen verschwinden sie, und Wochen später kehrt das Weibchen mit einer munteren Schar von Küken zurück, die es irgendwo in der Nachbarschaft erbrütet hat. Eines Tages wollte ich den überhandnehmenden Pflanzenbewuchs im Teich auslichten. Doch dort schwammen die Küken, von ihrer Mutter vom Ufer aus aufmerksam bewacht. Verschieben wollte ich die Arbeit aber auch nicht, und so redete ich den Enten gut zu und stieg vorsichtig ins Wasser. Die Küken paddelten arglos dicht um meine Beine und pickten nach den Leckerbissen, die ich beim Herumwaten und Pflanzenzupfen aufwirbelte. Und was tat die Entenmutter, die vorher noch so argwöhnisch über das Wohl ihrer Kleinen gewacht hatte? Sie steckte den Kopf unter einen Flügel und schlief – offenbar wähnte sie ihren Nachwuchs in meiner Gegenwart absolut sicher. Dieses Vertrauen eines zwar an Menschen gewöhnten, aber ansonsten wild lebenden Vogels ehrte und rührte mich gleichermaßen.

Oft schon im Spätherbst, spätestens aber im zeitigen Frühjahr buhlen die Erpel mit ihrem auffällig bunten »Prachtkleid«, das sie nur zur Brutzeit tragen, um die Gunst der schlicht braun gemusterten Weibchen. Wie zufällig wirkende Gesten der Männchen, etwa ein Kopfschütteln in Richtung der umworbenen Ente oder ein kurzes Aufrichten des Körpers im Wasser mit »Grunzpfiff«, gehören ebenso zum umfangreichen Balzritual der Stockenten wie sogenannte »Reihflüge«, bei denen mehrere Erpel hintereinander in einer Reihe fliegend eine Ente verfolgen. Gleiches passiert auch schwimmend, wenn sich ledige Erpel in die Bewerberschar einreihen – »Reihzeit« heißt die Balzzeit der Enten daher bei Jägern und Vogelkundlern. Die Paare finden sich stets aus einer größeren Gruppe heraus. Haben sich Erpel und Ente füreinander entschieden, schwimmen sie fortan dicht beieinander, und das Männchen verteidigt seine Partnerin gegen Nachstellungen von Nebenbuhlern. Im Frühjahr suchen beide gemeinsam einen geeigneten Brutplatz, meist am Ufer eines Gewässers oder zumindest nicht allzu weit davon entfernt, wobei »Sie« die Entscheidung trifft. Das »Nest« besteht aus einer einfachen, mit ausgerupften Daunen aus dem Bauchgefieder des Weibchens ausgepolsterten Bodenmulde im Schutz dichter Vegetation. Das Weibchen ist es auch, das vier Wochen lang die Eier bebrütet. Sein Partner hält derweil in der Nähe Wache, stets bereit, es vor zudringlichen Junggesellen zu schützen und vor Feinden zu warnen. Notfalls lenkt der Entenmann mit seinem bunten Federkleid auch die Aufmerksamkeit von Füchsen oder Greifvögeln auf sich, während sich das tarnfarbig schlicht gefärbte Weibchen reglos auf das Gelege drückt. Wenn die Küken schlüpfen, endet die Partnerschaft. Fortan ist die Ente mit ihrem Nachwuchs auf sich allein gestellt. Das hat durchaus seinen Sinn, denn die auffällig bunte Färbung der Männchen würde Feinde auf die wehrlosen Jungen aufmerksam machen. Nach getaner Arbeit mausern die Erpel alsbald vom »Brutkleid« ins »Schlichtkleid«, in dem sie den Weibchen ähneln – vermutlich ebenfalls zum Schutz vor Beutegreifern. In freier Natur fallen dennoch viele Enten natürlichen Feinden und vor allem der Jagd zum Opfer und erreichen daher nur selten ihr Höchstalter von mehr als 20 Jahren.

Oft kann man an Parkgewässern auffällig gefärbte Enten beobachten, die völlig anders aussehen als die wilden Stockenten. Da gibt es bunt gescheckte Tiere, schwarze Enten mit weißer Brust, hell rahmfarbene Weibchen und auch reinweiße Vögel. Letztere erinnern daran, dass die Stockente die Stammmutter unserer meist weißen Hausenten ist. Man könnte meinen, dass es sich um verschiedene Arten handelt, doch all diese »fehlfarbigen« Enten zählen zur selben Art. Auch die Körpergröße kann stark von derjenigen der Wildform abweichen: Manche Exemplare sind fast doppelt so groß wie Letztere. Diese erstaunliche Variabilität hat mehrere Gründe: Zum einen dürfte sie durch natürliche Einkreuzung von entflogenen (oder absichtlich ausgesetzten) Hausenten unterschiedlicher Rassen bedingt sein, zum anderen durch Inzuchteffekte. Wie Untersuchungen zeigen, bilden die städtischen Parkenten mittlerweile eine weitgehend eigenständige Form. Sie bleiben das ganze Jahr über an den Stadtgewässern und haben sogar ihren Tagesrhythmus an das Besucheraufkommen angepasst. Während wilde Stockenten vornehmlich in den Abendstunden und nachts zur Nahrungssuche auf Wiesen und Felder fliegen, sind die Parkenten tagsüber aktiv, wenn Erholung suchende Menschen, sprich potenzielle Futterspender, den Stadtpark besuchen. Sie haben sich mittlerweile völlig auf das menschliche Nahrungsangebot eingestellt und sich auf diese Weise quasi selbst domestiziert, das heißt vom Menschen abhängig gemacht.

Immer mehr Enten schätzen das bequeme Leben: Selbst an kleinen Parkteichen tummeln sich nicht selten 60, 80 oder mehr Vögel. Dabei sind die Männchen oft deutlich in der Überzahl, was nicht ohne Folgen auf ihr Verhalten bleibt: Häufiger sieht man »Trios« aus zwei Erpeln und einer Ente – auch das gab es schon im elterlichen Garten. Paarungsversuche eines Partners werden in der Regel unverzüglich vom jeweils anderen Männchen gestört, sodass eine solche Verbindung meist kinderlos bleibt. Gleiches gilt für die immer wieder zu beobachtenden homosexuellen Beziehungen zwischen unverpaarten Junggesellen. Oft aber versuchen diese ihr Erbgut gewaltsam zu verbreiten. Dann sind alle Balzrituale vergessen: Schon mehrfach musste ich mit ansehen, wie eine »Gang« fett gemästeter unverpaarter Erpel ein Weibchen brutal vergewaltigte. Gegen eine solch aggressive Übermacht kann auch der Partner nichts ausrichten. Gar nicht so selten wird die Ente im Getümmel der liebestollen Männchen, die alle auf ihren Rücken springen wollen, unter Wasser gedrückt und ertränkt. Selbst Enten, die bereits Küken führen, werden nicht verschont. Dabei spielen sich für den menschlichen Beobachter dramatische Szenen ab: Anstatt zu fliehen, versucht die Ente, ihrem Mutterinstinkt gehorchend, ihren Nachwuchs zu schützen. Die

Küken wiederum versuchen, möglichst nah bei der Mutter zu bleiben. Doch wenn sich die Erpel erst einmal in einen Vergewaltigungsrausch hineingesteigert haben, kennen sie kein Erbarmen – weder mit dem Objekt ihrer Begierde noch mit den hilflosen Jungen. Am Ende ist die Familie aufgerieben – die Mutter tot, völlig ermattet oder in letzter Not geflohen, die Küken versprengt. Allein haben sie keine Überlebenschance: Möwen, Krähen und Ratten haben leichtes Spiel, und auch bei anderen Entenmüttern finden sie keinen Schutz. Fremde Küken werden mit Bissen vertrieben, mitunter getötet.

Das Phänomen der Massenvergewaltigung bei Stockenten ist allerdings keine neuartige Erscheinung: Bereits um 1600 schrieb der Schweizer Naturforscher Conrad Gesner, damals einer der führenden Köpfe seiner Zunft: »Wann der Enten viel beyeinander sind, so werden sie also hitzig, dass sie das Weiblein, indem einer nach dem anderen auffsitzed ertödten.« Da es zu damaliger Zeit weder städtische Parks noch zahme Parkenten gab – die Verstädterung der Enten setzte viel später ein –, bezog sich Gesners Aussage zweifellos auf frei lebende Wildenten. An Stadtteichen tritt dieses auf den menschlichen Betrachter abnorm wirkende Verhalten allerdings sehr viel häufiger auf als in der freien Natur. Das hängt zweifellos auch mit der unnatürlich hohen Populationsdichte der Parkenten zusammen, die wiederum durch die regelmäßige Fütterung bedingt ist. Wegen der ständigen Übergriffe unverpaarter Erpel auf brütende und Küken führende Weibchen ist der Bruterfolg der Stockenten an Parkteichen meist nur sehr gering. So wird verhindert, dass der Bestand noch weiter anwächst. Was auf den ersten Blick ein Ausdruck von »Wohlstandsverwahrlosung« zu sein scheint, ist in Wirklichkeit also ein innerartlicher Regulationsmechanismus, der unter natürlichen Bedingungen verhindern soll, dass die Enten ihren Lebensraum durch zu starke Vermehrung übernutzen.

Entenmutter mit Küken

Viele Entenarten sind nach ihren Lautäußerungen benannt wie die Pfeifente oder nach körperlichen Attributen wie die Löffelente mit ihrer löffelartig verbreiterten Schnabelspitze. Doch woher stammt der Name »Stockente«? In früheren Zeiten, als die für manche Gegenden Deutschlands einst so typischen Kopfweiden noch regelmäßig geschnitten und ihre Triebe für die Korbflechterei genutzt wurden, brüteten Stockenten nicht selten in den nachwachsenden Stockausschlägen auf dem »Kopf« der Weide. Dort waren ihre Nester nicht nur vor den Blicken potenzieller Eierdiebe verborgen, sondern auch geschützt vor plötzlich einsetzendem Hochwasser.

Diese Neigung der eigentlich am Boden brütenden Stockenten, auch erhöhte Brutplätze zu nutzen, führt in städtischer Umgebung oft zu kuriosen Situationen: Nicht selten wählen die Vögel einen Blumenkübel auf dem hochgelegenen Balkon eines mehrgeschossigen Gebäudes als Kinderstube. Die Küken, die als echte Nestflüchter bereits kurz nach dem Schlupf das Nest verlassen, springen aus luftiger Höhe nach unten. Ihr geringes Gewicht bewahrt sie zwar vor Verletzungen, doch landen sie nicht selten auf einer belebten Straße oder auf einem geschlossenen Hinterhof. Dann benötigen sie beherzte Hilfe von Menschenhand: Die Küken müssen eingesammelt und sichtbar und hörbar für die Entenmutter zum nächstgelegenen Teich gebracht werden. Am besten geschieht dies, bevor die Kleinen springen. In Hamburg haben mittlerweile sogar Graugänse Balkonkästen als vordergründig sichere Brutplätze entdeckt. Andere Entenvögel nisten regelmäßig und von Natur aus in hochgelegenen Baumhöhlen, etwa der bei uns als Brutvogel selten gewordene Gänsesäger, die ebenfalls heimische Schellente oder die als Ziervogel aus Ostasien eingebürgerte Mandarinente. Dass auch unsere Stockente gelegentlich als Höhlenbrüterin beobachtet wurde, ist angesichts ihrer ausgeprägten Anpassungsfähigkeit kaum verwunderlich.

Seltenere gefiederte Gäste im Garten

In den vorangegangenen Kapiteln wurden zahlreiche Vogelarten beschrieben, die mehr oder weniger häufig rund ums Haus anzutreffen sind. Weitere Vögel tauchen nur als Gelegenheitsgäste in Gärten auf, darunter mitunter sehr seltene Vertreter. Im Folgenden sollen einige der gefiederten Gäste in bunter Reihenfolge vorgestellt werden.

Wer einen Gartenteich mit Goldfischen oder Koi-Karpfen besitzt, kann mit ziemlicher Sicherheit mit dem Besuch eines **Graureihers** rechnen. Graureiher, früher auch Fischreiher genannt, können dem verlockenden Angebot an leicht erreichbarer und durch ihre Färbung auch leicht erkennbarer Beute nicht widerstehen. Geduldig warten die großen Stelzvögel am Teichrand, bis ein Fisch in Reichweite kommt. Dann stoßen sie blitzschnell mit ihrem dolchartigen Schnabel zu. In den USA lernte ein besonders cleverer Mangrovenreiher, ein kleinerer Verwandter unseres Graureihers, sogar, Fische gezielt mit Brot anzulocken: Der wild in einem Park lebende Vogel hatte offenbar wiederholt beobachtet, dass Besucher Brotstückchen ins Wasser warfen, auf das sich die Schuppenträger gierig stürzten. Der Vogel war zu scheu, um zwischen den Menschen sein Jagdglück zu versuchen, lernte aber schnell den Zusammenhang: Sobald er sich ungestört fühlte, schnappte er sich ein übrig gebliebenes Bröckchen und warf es vor sich ins Wasser. Sobald kleinere Fische daran knabberten, stieß er zu und holte sich seine Mahlzeit. Mehr noch: Immer wenn ein fetter Karpfen, für den kleinen Reiher als Beute viel zu groß, nach dem Brot schnappen wollte, sammelte der Vogel den Köder blitzschnell wieder ein, damit er nicht verloren ginge. Offensichtlich war dem Reiher der große Wert des Brotstücks für seine besondere Jagdmethode sehr bewusst. Noch zu meiner Jugendzeit waren Graureiher bei uns durch intensive Verfolgung so selten, dass es undenkbar schien, diese eleganten Vögel würden an Gartenteichen fischen. Doch mittlerweile haben sie sich durch konsequenten Schutz wieder gut vermehrt und zumindest in der Stadt ihre natürliche Scheu weitgehend verloren. An zahlreichen Parkgewässern sind Graureiher mittlerweile ein vertrauter Anblick, und sie lassen sich auch nicht stören, wenn Passanten nur wenige Meter entfernt vorbeigehen. In Hamburg gibt es seit Jahren sogar eine Brutkolonie auf einer bewaldeten Insel mitten in der Stadt.

Ein weiterer Vogel, der an Parkgewässern sehr regelmäßig vertreten ist und sich gelegentlich auch an großen Gartenteichen mit dichter Ufervegetation blicken lässt, ist das **Teichhuhn.** Trotz seines Namens ist es kein Huhn und auch keine Ente, sondern zählt wie auch das bekanntere Blässhuhn zur Familie der Rallen, die weitläufig mit Trappen und Kranichen verwandt ist. Teichralle und Blässralle müssten diese Vögel also korrekt heißen. Erwachsene Teichhühner sind an ihrem roten Stirnschild und dem roten Schnabel mit gelber Spitze gut zu erkennen. Häufig wird man durch seine scharfen kürrück-Rufe auf den Vogel aufmerksam, wenn er mit vorsichtigen Schritten am Ufer entlangpirscht und dabei mit beständigem Zucken des Schwanzes die weißen Unterschwanzdecken aufleuchten

Der Tannenhäher besucht gelegentlich Gärten zur Nussernte.

lässt – ein Erkennungssignal für Artgenossen. Teichhühner können laufen, schwimmen, fliegen und auch klettern. Mitunter brüten sie sogar einige Meter hoch auf Bäumen oder in großen Büschen, in der Regel aber am Boden. Interessant ist, dass diese Vögel aus grünen oder abgestorbenen Pflanzenteilen drei verschiedene Arten von Nestern mit jeweils unterschiedlicher Funktion bauen: Plattformen für die Balz, Gelegenester für die Bebrütung der Eier und schließlich Kükennester, in denen die nestflüchtenden Jungen in den ersten Tagen ruhen und schlafen. In freier Natur sind Teichhühner nur schwer zu beobachten, denn sie sind vor allem in der Dämmerung aktiv und recht scheu. In menschlicher Nachbarschaft zeigen sie sich dagegen sehr vertraut und mischen sich unter die Scharen der um Brot bettelnden Enten und Blässhühner, sind allerdings viel zurückhaltender als diese und anders als die halb domestizierten Stockenten nach wie vor echte Wildvögel.

An manchen Gartenteichen lässt sich regelmäßig der farbenprächtige **Eisvogel** sehen, der dort von einem überhängenden Zweig oder einem anderen Ansitz – das kann auch schon mal eine in der Nähe gespannte Wäscheleine sein, wie ich selbst erlebte – im Sturzflug nach kleinen Fischen taucht. Ein bunter Vogel ist auch der **Fasan,** zumindest der langschwänzige Hahn. Ursprünglich in Mittelasien beheimatet, wurde dieser Hühnervogel wohl schon im Mittelalter als Jagdwild nach Europa eingeführt. Noch heute werden regelmäßig in Züchtereien erbrütete Tiere von Jägern ausgesetzt. Solche Vögel zeigen oft wenig bis gar keine Scheu und verirren sich mitunter in die Gärten. Als Kind freute ich mich sehr über einen bunten Fasanenhahn im Garten, den ich mit Opas Hühnerfutter unbedingt dort halten wollte, doch zu meiner großen Enttäuschung flog er nach wenigen Tagen zurück auf die umliegenden Felder und Brachflächen, von denen er gekommen war.

Unregelmäßige Gäste an fruchtenden Beerensträuchern sind die in den Taigawäldern des hohen Nordens brütenden **Seidenschwänze,** die in manchen Jahren im Herbst invasionsartig in großer Zahl bei uns einfliegen, in anderen dagegen sehr spärlich sind oder ganz fehlen. Da im Mittelalter auf Invasionen dieser etwa starengroßen Singvögel zufälligerweise verheerende Pestausbrüche folgten, kamen sie als »Pestvögel« in den zweifelhaften Ruf als Verkünder drohenden Unheils. Wo Vogelbeeren oder andere Früchte locken, kann man die hübschen und wenig scheuen Vögel mit ihrer auffallenden Federhaube und den gelben Abzeichen an Flügeln und Schwanz (s. Abb. auf S. 253) gut beobachten – ganz ohne Angst vor Pest, Cholera oder anderem Ungemach. Insbesondere in höheren Mittelgebirgslagen und in den Alpen kommen im Herbst mehr oder weniger regelmäßig **Tannenhäher,** Verwandte des Eichelhähers, in die Gärten, um reife Haselnüsse zu ernten und überall in ihrem Revier zu verstecken. »Zirbenhäher« wäre der passendere Name, denn die winzigen Samen der Zirbelkiefer oder Arve sind seine Leibspeise. Ähnlich wie Seidenschwänze fliegen in manchen Jahren, wenn das Nahrungsangebot im Norden schlecht ist, auch Tannenhäher aus Skandinavien und Russland nach Mitteleuropa ein. Dann kann man die auf dunklem Gefieder auffallend weiß gepunkteten Vögel auch im norddeutschen Flachland beobachten, wo sie sich durch ihre rau krähenden Rufe zu erkennen geben.

Andere gefiederte Besucher verhalten sich sehr heimlich und hinterlassen seltsame Spuren wie einst in einem Hamburger Garten zur Winterzeit: Neben zarten Trittsiegeln fanden sich im Schnee zahlreiche »Punktierungen« links und rechts der Abdrücke. Wie der nächtliche Blick aus dem Fenster ergab, waren die Verursacher zwei überwinternde **Waldschnepfen,** die dort im Boden nach Nahrung gestochert hatten. Die Nähe zur Hauswand und eine Fernwärmeleitung hatten in Teilen des Gartens den sonst gefrorenen Boden stocherfähig gehalten. Eines der dämmerungsaktiven Tiere entdeckte der vogelkundige Gartenbesitzer am Tage unter einem Kirschlorbeer – wahrlich ein seltener Anblick! In einem anderen Hamburger Vorgarten saß eines Tages gar eine erschöpfte **Schneeeule,** die es aus der Arktis dorthin verschlagen hatte und die im Tierheim wieder aufgepäppelt wurde.

Anderenorts entdeckte vor einigen Jahren ein Mann beim morgendlichen Blick aus dem Fenster seines Hauses vermeintlich einen gefüllten Sack auf der Terrasse. Als er neugierig hinaustrat, um zu sehen, was es damit auf sich hätte, bekam der »Sack« plötzlich einen langen, flaumartig befiederten Hals und Kopf mit gewaltigem Krummschnabel und entpuppte sich als ausgewachsener **Gänsegeier!** Über unserem Garten in der Nähe des Schaalsees kreisen nahezu täglich **Rotmilane,** seltene Greifvögel, die ganz in der Nähe brüten und sich auch mal im eleganten Tiefflug das Katzenfutter von der Terrasse des Nachbarhauses holen oder den vom Hund abgenagten Knochen direkt vor unserer Haustür inspizieren. Auch überfliegende **Seeadler** sind für mich bei der Gartenarbeit inzwischen ein vertrauter Anblick, doch ein **Zwergadler,** den ich vor etlichen Jahren, im Zuge eines stärkeren Einfluges dieser Art aus dem Mittelmeerraum, über dem Grundstück meines Elternhauses am Himmel kreisend entdeckte, begeistert mich noch heute. Nicht minder ungewöhnlich fand ich den spätabendlichen Besuch eines **Sperlingskauzes,** der direkt vor meinem Fenster auf der Spitze einer kleinen Fichte hockte – lange bevor das regelmäßige Vorkommen dieser kleinsten heimischen Eulenart in der nahen Lüneburger Heide bei Vogelkundlern bekannt war.

Mitunter ergeben sich durch Zufall sensationelle Nachweise überaus seltener Vogelarten: Im Herbst 2015 präsentierte eine Hauskatze ihrer Besitzerin in einem kleinen Ort in Baden-Württemberg eine im Garten gefangene vermeintliche Singdrossel. Da der schwerverletzte Vogel noch lebte, brachte die Frau ihn ins NABU-Vogelschutzzentrum Mössingen. Dort konnte das während der Fahrt leider verstorbene Katzenopfer zweifelsfrei als eine **Zwergdrossel** identifiziert werden, ein Ausnahmegast aus Nordamerika, der seit fast 150 Jahren nicht mehr in Deutschland nachgewiesen worden war! Fast zur selben Zeit gelang eine ähnlich spektakuläre Entdeckung in Hamburg: Dort schleppte ebenfalls eine Katze einen im Garten gefangenen, ungewöhnlich gefärbten Vogel an, den Experten als sibirische **Weißbrauendrossel** identifizierten – auch dies eine absolute Rarität in Mitteleuropa.

Anzumerken bleibt, dass in umfassenden Vogelbestimmungsbüchern neben den europäischen Drosselarten auch solche Irrgäste abgebildet sind, die teilweise recht ähnlich aussehen – verwirrend für vogelkundliche Laien. In aller Regel wird es sich daher bei einer vermeintlichen Zwergdrossel um eine gewöhnliche Singdrossel handeln oder statt einer möglichen Erddrossel aus Sibirien um eine Misteldrossel. Die genannten Fälle, die auf wissenschaftlich gesicherten Artdiagnosen an frisch toten Tieren beruhen und von der Deutschen Seltenheitenkommission anerkannt wurden, zeigen aber doch, dass auch im heimischen Garten mitunter echte Raritäten auftauchen können. Im Zweifelsfalle sollte man entsprechende Beobachtungen möglichst umfangreich fotografisch dokumentieren und mit erfahrenen Fachleuten besprechen.

Gut getarnt – die Waldschnepfe

Ein wissenschaftlicher Blick über den Gartenzaun

Ursprüngliche Lebensräume unserer Gartenvögel

Die meisten der in den vorangegangenen Kapiteln vorgestellten Vogelarten gibt es in Mitteleuropa schon sehr viel länger als Städte und Dörfer mit ihren Gebäuden, Parks und Gärten. Wo also haben sie ursprünglich gelebt? Die Artkapitel liefern dazu bereits viele Informationen, die nachfolgend noch einmal kurz zusammenfassend dargestellt und erweitert werden sollen.

Außerhalb des menschlichen Siedlungsraumes ist das Gros der in diesem Buch beschriebenen Vogelarten in lichten Wäldern mit gebüschreichen Rändern und sonnigen Lichtungen anzutreffen, in Heckenlandschaften und kleinteilig strukturierter, extensiv genutzter Kulturlandschaft. In den letzten Jahrhunderten entstanden aufgelockerte Wälder vor allem durch intensive Holznutzung und Waldweide. Waren also die meisten unserer heutigen Gartenvögel schon damals aus anderen Regionen eingewanderte Kulturfolger, die von den Aktivitäten des Menschen profitierten, oder gab es sie hierzulande bereits in der vom Menschen unbeeinflussten Urlandschaft? Diese Frage lässt sich nicht eindeutig beantworten, weil der Mensch bereits seit der Jungsteinzeit, als aus Jägern und Sammlern allmählich Ackerbauern und Viehzüchter wurden, die Landschaft zu seinem Nutzen veränderte und Wald rodete, um Äcker und Viehweiden anzulegen. Sicher ist aber, dass es auch unter natürlichen Bedingungen aufgelockerte, strukturreiche Wälder gibt oder besser gab, nämlich in den einst ausgedehnten Flussauen.

Bevor der Mensch den Großteil der Flüsse und Bäche durch Begradigung, Eindeichung und Uferbefestigungen von der umgebenden Aue abschnitt, sorgten dort einst großflächige Überschwemmungen, reißende Fluten und Eisgang immer wieder für ein Mosaik offener, das heißt baumfreier Flächen. Gefördert durch ausreichend Licht und Feuchtigkeit sowie nährstoffreiche Sedimente konnte sich dort ein reicher Pflanzenwuchs entfalten, der wiederum zahlreichen Vogelarten Nahrung und Lebensraum bot. Die in der Hartholzaue typischerweise gedeihenden Eichen, Ulmen und Eschen lassen – anders als die alles verschattende Rotbuche, der es in der Aue viel zu nass ist – mit ihren lichten Kronen zudem genügend Licht auf den Waldboden fallen, um Gräser, Stauden, Sträucher und Jungbäume

Vielfältig strukturierte Kulturlandschaften bieten vielen Vogelarten Lebensraum.

aufwachsen zu lassen. Davon wiederum profitierten Elche, Rothirsche und die vom Menschen ausgerotteten Auerochsen, allesamt typische Auenbewohner, die durch ihr jeweils unterschiedliches Fressverhalten zum Strukturreichtum der Auwälder beitrugen.

Einen großen Einfluss als Landschaftsgestalter hatte ursprünglich auch der Biber: Wo der Wasserstand zu niedrig war, um die Eingänge zu seinen mächtigen Wohnburgen unter Wasser anzulegen, errichtete der große Nager Dämme aus Ästen, Zweigen und Schlamm, um das Wasser aufzustauen: Es entstanden ausgedehnte Biberseen. Dort starben nässeempfindliche Bäume wie die Buche großflächig ab, Licht konnte auf den Boden gelangen, und wenn ein Biberdamm brach oder die Erbauer weiterzogen oder starben, entstanden »Biberwiesen« mit ähnlich reicher Vegetation und Tierwelt wie in den Flussauen. Dies kann man heute noch in menschenleeren Gegenden Nordamerikas und Sibiriens beobachten.

Zudem zogen früher Herden wild lebender Wisente durch die Wälder, mächtige Wildrinder, die Bäume massiv schädigen können, indem sie die Rinde großflächig abschälen oder kleinere Gehölze einfach umdrücken, um an das Laub im Kronenbereich – neben Gräsern und krautigen Pflanzen eine wichtige Nahrungsquelle – zu gelangen. Auch auf diese Weise entstanden immer wieder kleinflächig lichte Stellen.

Seit einigen Jahren wird die Frage intensiv diskutiert, ob es in Mitteleuropa von Natur aus, das heißt vor dem großflächig landschaftsprägenden Einfluss des Menschen, in weiten Teilen vielleicht gar keine geschlossenen Wälder gegeben hat, wie man lange annahm. So könnte unter dem Einfluss von großen Pflanzenfressern wie Wisenten, Auerochsen – den

Vorfahren unserer Hausrinder – und Wildpferden, die neben den heute noch lebenden Elchen und Rothirschen unter dem Feinddruck von Wolf und Bär unstet durch die Lande streiften, eine sogenannte »halboffene Weidelandschaft« entstanden sein.

Wie eine solche Landschaft ausgesehen haben könnte, zeigen uns Gebiete, die seit Jahrhunderten durch mehr oder weniger wild lebende, robuste Rinder oder Pferde extensiv beweidet werden. Dort hat sich ein räumlich und zeitlich wechselndes Mosaik aus Wald und offenen Flächen mit zahlreichen Übergängen in enger Verzahnung ausgebildet. In diesen Übergangszonen finden besonders viele Tiere und Pflanzen einen geeigneten Lebensraum und haben sich aneinander angepasst. So schützen sich manche Wildsträucher wie Weißdorne, Schlehen und Wildrosen mit Dornen und Stacheln vor dem Verbiss und entwickeln undurchdringliche Verhaue – natürliche Schutzwälle für keimenden Baumjungwuchs, aber auch perfekte Kinderstuben für zahlreiche Vögel. Dieser Vorstellung folgend, konnten sich verbissempfindliche Baumarten wie die heute auf den meisten Böden dominierende Rotbuche erst etablieren, nachdem der Mensch die meisten der großen Wildrinder und Wildpferde ausgerottet hatte. Später übernahmen Haustiere mit der früher üblichen Waldweide die ökologische Funktion ihrer wild lebenden Vorfahren. Wo allerdings die Viehdichte zu hoch war, verschwand der Wald vollends, da sämtlicher Baumnachwuchs in den Mägen von Rindern, Pferden, Ziegen und Schweinen endete.

Auch die Rodung der Bäume für Bauholz und Ackerflächen führte seit Jahrtausenden und bis zur neuzeitlichen Einführung einer nachhaltigen Forstwirtschaft zur Auflichtung und gebietsweise völligen Vernichtung der Wälder. Landschaftsbilder aus vergangenen Jahrhunderten zeigen uns, wie es in weiten Teilen Mitteleuropas früher aussah.

Ein solches Landschaftsmosaik aus kurzrasigen Flächen, höherer Staudenvegetation, Gebüsch und Waldinseln, auch offenen Sandflächen und Teichen, wie es in vergangenen Jahrhunderten oder vielleicht sogar von Natur aus vorhanden war, finden wir in kleinerem Maßstab auch im Siedlungsraum mit seinen Gärten, Parks und Grünanlagen. Gerade aus der Luft, also wortwörtlich aus der Vogelperspektive, ist die optische Ähnlichkeit teilweise frappierend. Dass dort Rasenmäher die Funktion der großen Weidetiere übernehmen und Bäume und Sträucher nicht von Wisent oder Wildpferd verbissen, sondern vom Menschen mit der Heckenschere gestutzt werden, stört viele Vögel nicht: Für sie zählt nur das Aussehen der Landschaft. Entspricht es ihrem angeborenen Lebensraumschema, lohnt sich aus ihrer Sicht eine nähere Betrachtung – der erste Schritt zur Verstädterung (s. S. 171).

So fand die Mehrzahl der heute als »typische Gartenvögel« angesehenen Arten den Weg in unser unmittelbares Wohnumfeld, darunter Baumbewohner wie **Buchfinken** und **Meisen** oder Gebüschbrüter wie **Rotkehlchen** und **Heckenbraunelle.** Ebenso eroberten ursprüngliche Charakterarten der Nadelwälder wie **Tannenmeise** und **Wintergoldhähnchen** neue Lebensräume im Siedlungsraum, nachdem dort in zunehmendem Maße heimische und exotische Koniferen in Mode kamen.

Goldammern sind typische Bewohner heckenreicher Kulturlandschaften.

Andere Vogelarten, die wohl überwiegend in mit niedrigem Gebüsch oder einzelnen Baumgruppen durchsetzten Steppen zu Hause waren, profitierten ursprünglich von der Verdrängung der Wälder durch kleinteilig genutzte Ackerbaukulturen. Vor allem Körnerfresser wie **Stieglitze, Hänflinge** und **Goldammern** fanden Nahrung auf den Feldern und in den an Wildkräutern und Insekten reichen Säumen entlang der Äcker und Feldwege sowie auf periodisch brachliegenden Flächen. Letztere gab es reichlich im Zuge der in großen Teilen Deutschlands bis weit ins 19. Jahrhundert verbreiteten Dreifelderwirtschaft. Zahlreiche Hecken boten Nistmöglichkeiten. Im Umfeld überwiegend kleinbäuerlich geprägter Dörfer – mit vielfältig genutzten und bepflanzten Bauerngärten, mit frei laufenden Hühnern, Schafen und Ziegen und oftmals umgeben von extensiv genutzten, hochstämmigen Obstbaumkulturen – fanden die genannten Arten ebenso wie **Spatzen** und **Türkentauben** oder auch **Grünspecht** und **Gartenrotschwanz** alles, was sie zum Leben brauchten.

Einem gänzlich anderen Lebensraum entstammen Vogelarten, die an oder gar in unseren Häusern brüten: **Schwalben, Mauersegler** und **Hausrotschwanz** etwa sind von Natur aus Felsbrüter, für die Gebäude künstliche Felslandschaften darstellen, die ihnen Brutmöglichkeiten auch im Flachland erschlossen. Daneben gibt es auch eine ganze Reihe von Vogelarten, die nicht zwingend darauf angewiesen sind, aber dennoch bei Gelegenheit gerne in Nischen und Spalten an Häusern, Scheunen und Ställen brüten, etwa **Feldsperlinge, Stare, Bachstelzen** oder **Grauschnäpper.** Sie nutzen normalerweise unterschiedlichste Höhlen beziehungsweise Halbhöhlen. Eine Sonderstellung nimmt der **Haussperling** ein, ursprünglich ein Steppenvogel, der sich den Menschen anschloss, als diese zum sesshaften Dasein als Ackerbauern und Viehzüchter übergingen.

Bedrohte Zugvögel: Gartenrotschwanz (oben), Trauerschnäpper (links) und Waldlaubsänger (rechts)

Bestandsentwicklung und Verstädterung

Immer häufiger liest und hört man, dass es bei uns immer weniger Vögel gibt und ihre Bestände zunehmend bedroht seien. Was ist dran an dieser Schreckensmeldung?

Fakt ist, dass aktuell die Hälfte aller 248 derzeit in Deutschland brütenden Vogelarten (ohne Neubürger) in der berühmt-berüchtigten Roten Liste der Brutvögel Deutschlands aufgeführt sind. 13 weitere, ursprünglich – das heißt seit Beginn der Neuzeit um 1500 n. Chr. – bei uns beheimatete Arten sind bereits ausgestorben. Viele dieser Arten verschwanden erst Ende des 19. bis Mitte des 20. Jahrhunderts, die Populationen zahlreicher weiterer Brutvogelarten stehen hierzulande kurz vor dem Erlöschen.

Wie sieht die Gefährdungslage bei den in diesem Buch vorgestellten Vogelarten aus? Betrachtet man nur die Situation im Siedlungsraum, gibt es Gewinner und Verlierer: Ganz überwiegend negativ ist die Bestandsentwicklung sowohl bei den Gebäudebrütern als auch bei den Vogelarten der kleinbäuerlichen Agrarlandschaft, den »Dorfvögeln«, die früher als klassische Bewohner der Hofstellen und Dorfränder bekannt waren (s. S. 169).

Die Ursachen für die negative Entwicklung der Gebäudebrüter (**Rauchschwalbe, Mehlschwalbe, Haussperling**) und der Dorfvögel (**Goldammer, Bluthänfling, Feldsperling**) sind vielfältig:

- Verlust von Brutplätzen durch Wärmedämmung an Gebäuden,
- Abriss alter Gebäude (Schuppen, Scheunen),
- Neubauten mit glatten, lückenlosen Fassaden,
- Verlust von Brachen, Obstgärten und Nutzgärten,
- Aufgabe von Kleintierhaltung und kleinbäuerlicher Landwirtschaft,
- großflächige Bodenversiegelung,
- Urbanisierung mit Verlust typisch dörflicher Strukturen,
- Intensivnutzung der Agrarlandschaft (Monokulturen, Gifteinsatz).

Wie sieht es nun mit den klassischen »Gartenvögeln« aus? Auch hier gibt es – bundesweit und über alle Lebensräume betrachtet – mit **Trauerschnäpper, Grauschnäpper** und **Gartenrotschwanz** drei Verlierer, allesamt Langstreckenzieher mit Überwinterungsgebieten südlich der Sahara. Neben Lebensraumverlusten hierzulande dürften negative Veränderungen im Winterquartier und entlang der Zugwege sowie eine mögliche klimabedingte Desynchronisation natürlicher Zyklen wesentliche Gründe für die anhaltenden Rückgänge sein. Näheres dazu ist in den jeweiligen Kapiteln dargestellt (s. S. 129 und 122). Der **Star** wiederum leidet unter dem Verlust von Dauergrünland mit Viehhaltung, seiner wichtigsten Nahrungsgründe (s. S. 92).

Die meisten übrigen der ab S. 10 vorgestellten Gartenvögel sind dagegen nicht gefährdet und gehören überwiegend zu den häufigsten Brutvogelarten Deutschlands.

Streuobstwiesen bieten Lebensraum für zahlreiche Vögel wie den Gartenrotschwanz.

In der Tabelle (rechts) sind alle Vogelarten aufgeführt, deren Brutbestand im Mittel mehr als eine Million Revierpaare (RP) beträgt. Gemeinsam machen sie rund 80 Prozent aller in Deutschland brütenden Vogelpaare aus. Die Daten beruhen auf den Ergebnissen eines bundesweiten Brutvogel-Monitorings. (Man zählt revieranzeigende – zum Beispiel singende – Männchen und wertet das als Revier. Ob es dazu auch ein Weibchen gibt, bleibt oft unklar, dennoch spricht die Quelle hier von »Revierpaaren«. Bei häufigen Singvögeln ist es nahezu unmöglich, bei Zählungen auch die nicht verpaarten Individuen zu berücksichtigen.)

Ein Vergleich der nebenstehenden Tabelle mit dem Auszug aus der Roten Liste (s. S. 174) muss stutzig machen: **Star** und **Feldsperling** tauchen in beiden Listen auf. Wie kann das sein? Warum werden Vogelarten, die (noch) zu den häufigsten Brutvögeln Deutschlands zählen, gleichzeitig in der Roten Liste geführt?

Ausschlaggebend für die Einstufung in die unterschiedlichen Kategorien der Roten Liste ist nicht ausschließlich ihre Gesamtzahl, sondern die mittelfristige und kurzfristige Bestandsentwicklung – und diese ist bei den genannten Vogelarten deutlich und anhaltend negativ. Auch die jeweiligen Gefährdungsursachen bestehen weiterhin, sodass eine Einstufung als »gefährdet« oder zumindest die Aufnahme in die Vorwarnliste gerechtfertigt ist. Entsprechendes gilt im Übrigen auch für die auf Platz 15 der häufigsten Brutvogelarten stehende **Feldlerche,** deren Bestand in Deutschland mittlerweile ebenfalls als »gefährdet« eingestuft wird. Dieser einstigen Charakterart der Felder und Wiesen wird man im Siedlungsraum allerdings nicht begegnen.

Die 21 häufigsten Brutvogelarten Deutschlands

Vogelart	Bestand (Revierpaare, RP)	Anteil (an der Gesamtzahl in D vorkommender RP)
Amsel	7 900 000 – 9 550 000	10,1 %
Buchfink	7 550 000 – 9 050 000	9,6 %
Kohlmeise	5 650 000 – 7 000 000	7,3 %
Mönchsgrasmücke	4 650 000 – 6 150 000	6,2 %
Haussperling	4 100 000 – 6 000 000	5,8 %
Blaumeise	3 250 000 – 4 800 000	4,6 %
Zilpzalp	3 300 000 – 4 600 000	4,5 %
Rotkehlchen	3 400 000 – 4 350 000	4,5 %
Ringeltaube	2 900 000 – 3 500 000	3,7 %
Star	2 600 000 – 3 600 000	3,6 %
Zaunkönig	2 550 000 – 3 000 000	3,2 %
Singdrossel	1 600 000 – 1 950 000	2,1 %
Grünfink	1 450 000 – 2 050 000	2,0 %
Sommergoldhähnchen	1 250 000 – 1 850 000	1,8 %
Feldlerche	1 200 000 – 1 850 000	1,7 %
Kleiber	1 250 000 – 1 750 000	1,7 %
Heckenbraunelle	1 250 000 – 1 750 000	1,7 %
Goldammer	1 100 000 – 1 650 000	1,6 %
Tannenmeise	1 100 000 – 1 600 000	1,5 %
Wintergoldhähnchen	910 000 – 1 350 000	1,3 %
Feldsperling	840 000 – 1 250 000	1,2 %

Quelle: Gerlach et al. (2019)

Die Zahlen in der obigen Tabelle geben die Gesamtzahl an Revierpaaren der genannten Arten in Deutschland wieder, nicht nur den auf Gärten und Parks entfallenden Anteil. Doch gerade in städtischen Grünflächen nehmen die Populationen vieler Vögel seit Jahren stetig zu. Dieser Prozess der Verstädterung ist bei einigen Arten wie der Amsel längst abgeschlossen (s. S. 10), bei anderen noch in vollem Gange.

Schleichender Rückzug häufiger Vogelarten

Auch wenn bislang keine der in diesem Buch vorgestellten Arten (nur diese wurden in nachfolgender Aufstellung berücksichtigt) in den Kategorien »stark gefährdet« oder gar »vom Aussterben bedroht« zu finden ist, so enthält die aktuelle Rote Liste doch zahlreiche uns sehr vertraute Vögel:

Gefährdet sind:

- Mehlschwalbe
- Star
- Trauerschnäpper
- Bluthänfling

Auf der Vorwarnliste stehen:

- Rauchschwalbe
- Grauschnäpper
- Feldsperling

Quelle: Rote Liste der Brutvögel Deutschlands, 6. Fassung, Stand 30.9.2020

Die Vorwarnliste nennt all jene Arten, deren Bestände in Deutschland aktuell zwar noch nicht bedroht sind, die aber in den letzten Jahren merklich seltener geworden sind, sodass man ein besonderes Augenmerk auf die weitere Entwicklung legen muss.

Am Beispiel der Metropole Hamburg sei die Veränderung der Vogelbestände genauer dargestellt: Vergleichende Untersuchungen in einem Korridor vom Zentrum bis zum nördlichen Stadtrand aus den Jahren 1982/83 und 2007/2008 belegen, dass Vertreter wie Ringeltaube, Gartenbaumläufer, Buntspecht, Kleiber oder Tannenmeise inzwischen große Bereiche der Stadt erobert haben (Mitschke 2009). Die Bestände einiger Arten sind geradezu explosionsartig angestiegen: So wurden für den Zaunkönig Anfang der 1980er-Jahre auf der Korridorfläche 118 Reviere festgestellt, im Zeitraum 2007/2008 waren es bereits 1231 Reviere. Auch kurzfristig beobachteten Vogelkundler teils starke Bestandszuwächse, wie der Vergleich der Ergebnisse der Korridorzählung 2007/2008 mit Daten aus dem Hamburger Brutvogelatlas zeigt, die im Zeitraum 1997–2000 erhoben wurden.

Deutliche Verstädterungstendenzen und entsprechend positive Bestandsentwicklungen zeigen neben den genannten auch weitere Arten wie Eichelhäher, Heckenbraunelle, Zilpzalp und Mönchsgrasmücke. Die vergleichsweise niedrigen Bestandszuwächse bei häufigen Arten wie Ringeltaube und Rotkehlchen beruhen darauf, dass bei diesen Arten der Verstädterungsprozess zum Untersuchungszeitraum bereits weitgehend abgeschlossen war und die meisten geeigneten Stadtlebensräume besiedelt waren. Was haben all diese Arten gemeinsam, und warum zieht es sie ausgerechnet in die Stadt, nach landläufiger Meinung doch eher ein vogelfeindlicher Lebensraum?

Wie auf S. 166 dargestellt, sind diese Vogelarten vorwiegend Bewohner aufgelockerter, strukturreicher Laub- und Laubmischwälder. Strukturreich bedeutet: Es gibt viel Unterwuchs, Totholz in jeder Form, sonnige Lichtungen, vielstufig aufgebaute Waldränder, Staudenfluren, Kleingewässer und anderes mehr. In modernen Wirtschaftsforsten (vor allem in solchen in Privatbesitz) sucht man solche Strukturen meist vergeblich. In Fichtenstangenforsten oder in gleichförmigen Altersklassenwäldern finden Vögel daher nur wenige Lebensmöglichkeiten, entsprechend niedrig ist dort ihre Siedlungsdichte. Ganz anders in der durchgrünten Gartenstadtzone: Ein vielfältig strukturiertes und genutztes, großflächiges Mosaik verschiedenster Lebensräume bietet viele Brutmöglichkeiten, Singwarten und klare Grenzen zwischen den einzelnen Vogelrevieren. Hinzu kommt die durch menschliche Aktivitäten bedingte große Dynamik siedlungstypischer Lebensräume: Sie führt dazu, dass unterschiedliche Stadien der Vegetationsentwicklung auf engem Raum nebeneinander existieren, was ebenfalls eine hohe Artenzahl zur Folge hat. In der sogenannten freien Landschaft hat der Mensch hingegen die ursprüngliche Dynamik weitgehend unterbunden, etwa durch Eindeichung von Flussauen.

All das führt dazu, dass viele Vögel sowie zahlreiche weitere Tierarten und auch Pflanzenarten in städtischen Gärten, Parks und Grünanlagen mittlerweile bessere Lebensbedingungen finden und entsprechend deutlich häufiger vorkommen als im intensiv genutzten Umland. Zahlreiche Untersuchungen zeigen, dass die Gartenstadtzonen, die von Reihenhaus- und Einfamilienhaus-Siedlungen mit zahlreichen Gärten geprägt sind, ähnlich vogelreiche Lebensräume darstellen können wie natürliche Auwälder.

Bestandszunahme ausgewählter Vogelarten

Zunahme in einem 58 km^2 großen Korridor in Hamburg zwischen 1997–2000 und 2007–2008

Vogelart	Zuwachs	Vogelart	Zuwachs
Wintergoldhähnchen	457,1 %	Zaunkönig	38,7 %
Schwanzmeise	138,2 %	Ringeltaube	23,9 %
Tannenmeise	85,9 %	Rotkehlchen	17,5 %
Gartenbaumläufer	52,0 %		

n. Mitschke 2009, verändert

Naturnahe Gärten – ein Beitrag zum globalen Vogelschutz?

Viele Vogelarten, die wir in unseren Gärten und Parks antreffen, zählen nicht nur zu den häufigsten Brutvogelarten Deutschlands, sondern nehmen darüber hinaus in ihren Beständen gerade im Siedlungsraum vielfach stark zu. Demgegenüber sind früher verbreitete Arten der halboffenen Landschaft wie Stieglitz, Gelbspötter oder Gartenrotschwanz in den letzten Jahrzehnten aus zunehmend dicht bebauten Bereichen weitgehend verschwunden. Wirklichen Raritäten wie Auerhuhn, Schreiadler oder Uferschnepfe wird man dort wegen ihrer Störanfälligkeit, ihrer oft sehr speziellen Lebensraumansprüche und ihres großen Raumbedarfs erst recht nicht begegnen.

Angesichts dieser Tatsachen stellt sich die Frage, welche Rolle insbesondere städtische Gärten für den Vogelschutz insgesamt spielen können. Müssen wir uns besonders um die ohnehin häufigen Arten kümmern, die in unserer Nachbarschaft offensichtlich bestens zurechtkommen? Oder sollte unser Augenmerk nicht viel mehr auf dem Schutz seltener Vögel liegen?

Lange Zeit haben Naturschützer letztere Strategie verfolgt. 1998 jedoch sorgte eine Veröffentlichung des Vogelkundlers Martin Flade für Aufsehen in der Fachwelt: Ihm war bei der Auswertung des kurz zuvor erschienenen Europäischen Brutvogelatlas aufgefallen,

Die Liste nennt in Deutschland (D) brütende Vogelarten, die auch in Gärten leben und in ihrer Weltverbreitung ganz oder überwiegend auf Europa beschränkt sind.

n. Flade 1998, verändert

Vogelart	Anteil D an Weltpopulation	Rang D in Europa
Sommergoldhähnchen	> 25 %	2.
Sumpfmeise	etwa 24 %	1.
Ringeltaube	> 20 %	2.
Girlitz	> 20 %	2.
Misteldrossel	etwa 20 %	2.
Grünfink	> 15 %	1.
Heckenbraunelle	etwa 15 %	2.
Blaumeise	etwa 15 %	2.
Gartenbaumläufer	> 12 %	3.
Mönchsgrasmücke	> 10 %	1.

dass Deutschland für viele gefiederte Bewohner von Wäldern, Parks und Gärten eine internationale Verantwortung trägt. So lebt etwa jeweils ein Viertel der gesamten Weltpopulation von Sumpfmeise und Sommergoldhähnchen in Deutschland. Arten wie Seeadler, Kranich oder Uhu, die bisher im Fokus der Schutzbemühungen gestanden hatten, sind dagegen zwar bei uns vergleichsweise selten, global betrachtet aber überhaupt nicht gefährdet.

Die Ursache für die auf den ersten Blick erstaunliche Tatsache, dass viele der aufgelisteten Vogelarten – allesamt vertraute Bewohner der Gärten und Parks – gerade in Deutschland besonders häufig sind, findet sich in deren ursprünglichem Lebensraum: Viele von ihnen sind Bewohner von Eichen- oder Buchenmischwäldern, die wiederum ihren Verbreitungsschwerpunkt in Mitteleuropa haben (vor allem Buchenwälder).

Ausschlaggebend für Schutzbemühungen sollten also nicht besondere Attraktivität oder regionale Seltenheit einer Art sein, sondern die Bedeutung, die eine geografische Region aus globaler Sicht für den Erhalt bestimmter Arten hat. Der Schutz von Uhu, Seeadler, Kranich oder Wanderfalke (deren Bestände sich aufgrund spezieller Artenschutzprogramme inzwischen sämtlich sehr gut erholt haben und in Deutschland nicht mehr als gefährdet gelten) ist die Kür. Der Schutz vermeintlicher »Allerweltsarten«, für deren Erhalt Deutschland eine internationale Verantwortung trägt, ist dagegen die Pflicht. Wir sollten in erster Linie dafür sorgen, dass diese bei uns (noch) häufigen Arten häufig bleiben – die bereits eingetretenen gravierenden Bestandsrückgänge einstiger »Allerweltsvögel« wie der Schwalben, Stare und Spatzen (s. S. 86) mögen uns hierfür ernste Warnung und zugleich Mahnung sein.

Die Liste nennt über Europa hinaus verbreitete, auch in Gärten vorkommende Brutvogelarten, deren deutsche (D) Populationen einen Großteil des gesamteuropäischen Bestandes ausmachen.

n. Flade 1998, verändert

Vogelart	Anteil D an Weltpopulation	Rang D in Europa
Kernbeißer	> 25 %	1.
Waldohreule	> 20 %	1.
Amsel	etwa 20 %	1.
Singdrossel	> 15 %	1.
Bachstelze	> 15 %	1.
Tannenmeise	etwa 15 %	2.
Kohlmeise	> 10 %	1.
Kleiber	> 10 %	1.
Klappergrasmücke	> 10 %	2.
Buntspecht	etwa 10 %	1.

Globale Verantwortung für Gartenvögel

Zusammenfassend ist festzuhalten:

- Deutschland trägt globale Verantwortung für den Schutz bei uns (noch) häufiger Vogelarten.
- Es gibt eine starke Zunahme vieler Gartenvögel im Siedlungsraum bei gleichzeitigem Bestandsrückgang derselben Arten in der freien Landschaft. Die insgesamt positive Bestandsentwicklung dieser Arten ist vor allem durch Verstädterung bedingt. Gärten, Parks und Grünanlagen spielen daher eine wichtige Rolle für den Erhalt vieler Vogelarten.
- Die globale Verantwortung ist ein gewichtiges Argument für die naturnahe und damit vogelfreundliche Gestaltung und Pflege von Gärten und Grünanlagen.

Bisher steht glücklicherweise (noch) keine der in den beiden vorstehenden Tabellen genannten Vogelarten in Deutschland auf der Roten Liste, im Gegenteil: Ihre Bestände sind stabil oder nehmen sogar zu. Betrachtet man jedoch deren Bestandsentwicklungen jeweils getrennt in Wäldern und im Siedlungsbereich, also in Gärten, Parks und Grünanlagen, so ergeben sich deutliche Unterschiede: Im Wald ist für viele dieser Vogelarten eine negative Bestandsentwicklung zu verzeichnen, zum Teil bedingt durch eine intensivere Holznachfrage (auch für regenerative Energiequellen wie Holzpellets und Hackschnitzel) und entsprechend intensivere forstliche Nutzung der Wälder sowie durch vermehrte Pflanzung von Fichten statt der natürlicherweise vorkommenden Buchen und Eichen. Die insgesamt positive Bestandssituation ist also ganz überwiegend dem Anwachsen der Bestände im Siedlungsraum anzurechnen. Das gilt insbesondere für die Gartenstadtzonen, in denen Parks und Friedhöfe mit altem Baumbestand und Gärten großräumig vernetzt sind. Diesen kommt auch aus globaler Sicht eine erhebliche Bedeutung zum Schutz der Vogelwelt und damit der Artenvielfalt insgesamt zu. Dies gilt umso mehr, je naturnäher Gärten, Parks und Grünanlagen geplant, bepflanzt und gepflegt werden.

Gartenbesitzer können eine ganze Menge tun, um ihre Parzellen zu kleinen »Vogelschutzgebieten« zu machen und damit auch ein kleines Stückchen Verantwortung für den Erhalt heimischer Vogelarten zu übernehmen, ganz nach dem Motto: Global denken – lokal handeln! Wie das gelingt, erfahren Sie in den folgenden Kapiteln dieses Buches. Ein einzelner Garten, und sei er noch so naturnah angelegt und gepflegt, kann allerdings stets nur ein Puzzlesteinchen sein. So benötigt beispielsweise ein Kohlmeisen-Paar, abhängig vom Angebot an Nistmöglichkeiten und Nahrung, im Sommer (ohne zusätzliche Fütterung) für sich und seinen Nachwuchs ein Nahrungsrevier von mindestens 1500 bis 2000 Quadratmetern – deutlich mehr als die Fläche eines durchschnittlich großen Gartens. Angesichts solcher Raumansprüche – und die Kohlmeise ist in dieser Hinsicht durchaus bescheiden – scheinen den Ambitionen eines Naturgärtners, das eigene Stückchen Land zu einem artenreichen Vogelparadies zu machen, enge Grenzen gesetzt zu sein.

Blaumeise

Doch ein Blick auf die Statistik eröffnet neue Dimensionen: In Deutschland gibt es derzeit etwa 16 Millionen Privatgärten mit einer durchschnittlichen Größe von 485 Quadratmetern (Stand 2014), insgesamt also etwa 7760 Quadratkilometer. Hinzu kommen etwa eine Million Schrebergärten mit einer Gesamtfläche von etwa 460 Quadratkilometern. Gemeinsam machen sie etwa 2,3 Prozent der Landfläche Deutschlands aus. Diese Zahl hört sich erst einmal nicht sonderlich eindrucksvoll an, doch entspricht sie immerhin knapp dem Vierfachen der Gesamtfläche aller 16 deutschen Nationalparke (ohne Meeresgebiete). Vor allem aber können wir der Natur und insbesondere der Vogelwelt in unseren Privatgärten und (innerhalb der jeweils geltenden Satzungen) auch in den Kleingärten durch entsprechende Gestaltung, Bepflanzung und Pflege nach freiem Belieben Raum geben – ganz ohne konkurrierende Nutzungen durch Landwirtschaft oder Forstwirtschaft. Gartengrundstücke und Kleingartenparzellen bilden innerhalb des Siedlungsraumes in der Regel größere, zusammenhängende Bereiche, die wiederum häufig vernetzt sind mit öffentlichen Parks, Grünanlagen und Waldfriedhöfen. Zusammengenommen ergeben sie strukturreiche Grünareale von beträchtlicher Ausdehnung, die vielen Vogelarten – trotz der geringen Fläche eines einzelnen Gartens oder einer einzelnen Parzelle – geeigneten Lebensraum bieten können. Jeder Gartenbesitzer und Pächter kann durch entsprechende Maßnahmen zwar nicht im Alleingang die (Vogel-)Welt retten, aber den Gesamtlebensraum der Vögel (und ebenso vieler anderer Tiere und Pflanzen) punktuell aufwerten. Und wenn viele dies tun, so lässt sich in der Summe enorm viel bewirken.

Wie also sieht ein vogelfreundlicher Garten aus?

Diese Frage ist nicht pauschal zu beantworten, denn die verschiedenen Vogelarten haben häufig unterschiedliche Ansprüche. Dazu finden sich nähere Hinweise in den jeweiligen Kapiteln über sie. Im Folgenden können und sollen daher nur wesentliche Grundzüge einer naturfreundlichen, vogelgerechten Gartengestaltung dargestellt werden.

Grundsätzlich gilt: Je mehr naturnahe Elemente ein Garten enthält, je mehr heimische Sträucher und Stauden dort wachsen und je weniger übertriebene Pflegemaßnahmen wir durchführen, desto reichhaltiger ist das Vogelleben. Weniger intensive Pflege bedeutet keineswegs gar keine Pflege: Naturnahe Gartengestaltung heißt nicht, wie viele Menschen fälschlich glauben, alles wild wuchern zu lassen, aber die meisten Vögel schätzen nun mal ein gewisses Maß an »natürlicher Unordnung«.

Entscheidend ist das richtige Maß zwischen Gestaltung und »laissez faire«. Entsprechend geplant, angelegt und gepflegt, sieht ein naturnaher und damit vogelfreundlicher Garten nicht nur bezaubernd aus, sondern bietet allen Bewohnern – Menschen, Tieren und Pflanzen – Raum zum Leben. Im Falle der Vögel bedeutet das, nicht nur geschützte Brutplätze anzubieten, sondern auch ein vielfältiges, reichhaltiges Nahrungsangebot für unterschiedliche Kostgänger zu schaffen.

Geeignete Maßnahmen sind zum Beispiel:

- passende Nistkästen anbringen und pflegen,
- vorhandene Brutplätze am Haus erhalten,
- Nistmöglichkeiten für Freibrüter schaffen,
- heimische Stauden und Gehölze anpflanzen,
- Mauern, Fassaden und Dachflächen begrünen,
- Blumenwiesen, Hecken und Teiche anlegen,
- auf jeglichen Gifteinsatz im Garten verzichten.

In den folgenden Abschnitten sind sinnvolle Maßnahmen zum Vogelschutz im eigenen Garten oder in der gepachteten Kleingartenparzelle dargestellt, beginnend mit den Dingen, die man sofort umsetzen kann.

Globale Verantwortung für die Erhaltung des Sommergoldhähnchens:
Mehr als ein Viertel des Weltbestandes brütet in Deutschland.

Nisthilfen für Gartenvögel schaffen und erhalten

Nisthilfen für Höhlenbrüter und Nischenbrüter

Nistkästen sind ein bewährtes Mittel des praktischen Vogelschutzes und ermöglichen faszinierende Naturbeobachtungen im eigenen Umfeld.

Höhlenbrüter wie Meisen, Kleiber oder Trauerschnäpper finden in Gärten und Landschaft kaum noch morsche oder abgestorbene Bäume mit verlassenen Spechthöhlen, die sie als Nachmieter nutzen könnten. Der Erhalt von Totholz in Wäldern, Parks und Gärten ist daher ein wichtiger Beitrag zum Vogelschutz und bietet zudem Lebensraum für zahllose Insekten und andere Kleintiere. Natürlich muss sichergestellt sein, dass keine unmittelbare Gefahr von umsturzgefährdeten Bäumen und herabfallenden Ästen ausgeht und der Verkehrssicherungspflicht Genüge getan wird.

Wo solche natürlichen Gegebenheiten fehlen oder nicht belassen werden können, lässt sich mit künstlichen Nisthöhlen für Ersatz sorgen. Zwar können Nistkästen die natürliche Vielfalt von Naturhöhlen nur unvollständig kopieren, bieten den Vögeln aber häufig bessere Brutbedingungen als jene. Grundsätzlich gilt allerdings für alle Tierarten, denen wir künstliche Quartiere anbieten, egal, ob Vögel, Fledermäuse oder Wildbienen: Das Gesamtpaket muss stimmen. Wo die von uns erhofften Nutznießer weit und breit kein ausreichendes Nahrungsangebot finden und wo ihre mitunter recht speziellen Lebensraumansprüche nicht erfüllt werden, da nutzt letztlich auch die schönste Nisthilfe nichts.

Nistkästen können Sie entweder fertig kaufen oder aus solidem Holz mit ein wenig Geschick leicht selbst bauen (s. ab S. 270). Aus Sicht des Vogelschutzes am besten geeignet sind vorgefertigte Nisthöhlen aus Holzbeton, einer Masse aus Zement, Sägespänen und grobem Sägemehl. Dieses Material ist atmungsaktiv, witterungsbeständig und weitestgehend sicher vor Hackattacken des Buntspechts, der Holzkästen gerne aufmeißelt, um darin befindliche Jungvögel zu verspeisen.

Die einzelnen Vogelarten stellen unterschiedliche Ansprüche an ihren Brutplatz, und danach richtet sich auch die Konstruktion der Nistkästen. Entscheidend sind drei Faktoren: der Durchmesser des Einflugloches, die Grundfläche und Tiefe des Innenraums und der Lichteinfall. Man unterscheidet **Vollhöhlen** für die eigentlichen Höhlenbrüter, die bis auf

Spatzennest

das Flugloch vollständig geschlossen sind, von den eher nischenartigen **Halbhöhlen** für Nischen- oder Halbhöhlenbrüter. **Spezielle Nisthilfen** gibt es unter anderem für Baumläufer, Zaunkönig und Waldkauz, für Schwalben, Mauersegler und Haussperlinge.

Durch herausnehmbare Vorderwände lassen sich die Nistkästen leicht reinigen und auch für die Ansprüche anderer Arten »umrüsten«, zum Beispiel durch eine Vorderwand mit anderer Fluglochweite. Es gibt auch Versionen mit röhrenartig vorgezogenem Einflugloch. Diese Konstruktion verhindert, dass Katzen, Marder, Eichhörnchen oder Waschbären mit ihren Pfoten die Jungvögel herausangeln können.

Holzbetonkästen für bestimmte Einzelarten bekommt man direkt bei den Herstellerfirmen, im Fachhandel oder bei Naturschutzverbänden (Adressen s. ab S. 280), einfache Modelle (»Meisenkästen«) aus diesem Material auch in Baumärkten und Gartencentern. Dort sind auch verschiedene Modelle aus Holz erhältlich. Diese sind wesentlich leichter und preisgünstiger als jene aus Holzbeton, naturgemäß aber weniger haltbar und anfällig für das Zerstörungswerk von Buntspechten. Auch Eichhörnchen bearbeiten mitunter das Flugloch mit ihren scharfen Nagezähnen. Blechmanschetten um die Einfluglöcher können dies verhindern, helfen aber nicht immer gegen Spechte. Denn diese hämmern dann einfach in Bodennähe ein Loch. Bei Verwendung solcher Blechmanschetten ist unbedingt darauf zu achten, dass die Öffnung innen glatt gefeilt und ein bis zwei Millimeter größer

ist als die Öffnung im Holz, damit die ein- und ausschlüpfenden Vögel ihr Gefieder nicht an den scharfen Blechrändern beschädigen oder sich gar schlimmer verletzen.

Nicht alle angebotenen hölzernen Nistkästen sind geeignet: Gänzlich abzuraten ist von ausgehöhlten Stammstücken mit Dach und entsprechendem Einflugloch. Sie bestehen meist aus Birkenholz, das sehr schnell verrottet. Dazu kommt es jedoch häufig gar nicht erst, weil die fleißigen Buntspechte sie mit Wonne zerlegen. Außerdem ist der Innenraum bei den meisten handelsüblichen Modellen viel zu klein, um einer oft vielköpfigen Meisenbrut ausreichend Platz zu bieten. Das gilt leider auch für viele der, wie ich sie nenne, Designer-Vogelhäuser, wie sie regelmäßig in Baumärkten und Gartencentern angeboten werden: Diese sind häufig sehr fantasievoll und bunt gestaltet, genügen jedoch den Ansprüchen der Vögel oft nicht. Auch kann die auffallende farbige Gestaltung neugierige potenzielle Räuber wie Elstern und Eichelhäher anlocken.

Nistkästen für Höhlenbrüter

Für Vollhöhlen haben sich verschiedene Normmaße für den Durchmesser des Einflugloches bewährt: 26 mm für kleinere Meisenarten wie Blaumeise, Sumpfmeise und Tannenmeise, 32 mm für Kohlmeisen, Feldsperlinge und Trauerschnäpper und 45 mm für den Star. Der langbeinige Gartenrotschwanz bezieht Kästen mit einer etwa 32 × 50 mm großen hochovalen Öffnung. Mit dem Angebot des jeweiligen Maßes kann man ein Stück weit entscheiden, welche gefiederten Mieter im Kasten einziehen sollen. So haben auch die kleineren und schwächeren Arten eine Chance, die ansonsten von größeren und stärkeren Konkurrenten hinausgeworfen werden.

Der Innenraum muss eine ausreichend große Grundfläche besitzen, damit auch eine größere Schar von Nestlingen genügend Platz hat und der fütternde Altvogel nicht auf seinem Nachwuchs stehen muss – besonders wichtig bei Regenwetter, damit die Jungvögel nicht vom nassen Gefieder ihrer Eltern durchnässt werden. Das Mindestmaß für die Bodenfläche eines Meisenkastens beträgt etwa 12 × 13 cm und die Höhe durchschnittlich 25 cm. Stare und Kleiber benötigen Nisthöhlen mit größerem Brutraum.

Moderne Holzbetonnistkästen erfüllen die jeweiligen Ansprüche der Zielarten in optimaler Weise und sind daher nach meiner Erfahrung trotz ihres teilweise recht hohen Gewichts uneingeschränkt zu empfehlen.

Nistkästen für Nischenbrüter

Bachstelze, Grauschnäpper, Rotkehlchen, Hausrotschwanz und andere Nischenbrüter benötigen gemäß ihrer natürlichen Neststandorte deutlich mehr Licht als die eigentlichen Höhlenbrüter. Die klassischen Halbhöhlen weisen daher nur eine halbe Vorderwand auf. Diese Konstruktion bietet allerdings so gut wie keinen Schutz vor Nesträubern. Daher ist es wichtig, sie beispielsweise an Veranden oder Carports oder auch unter Dachüberständen möglichst im Schutz von Rank- und Kletterpflanzen oder in einer abseitigen, schlecht einsehbaren Ecke anzubringen. Die Öffnung sollte dabei nicht nach vorne zeigen, sondern zur Seite, anderenfalls werden solche Halbhöhlen häufig von den Vögeln gemieden. Anscheinend wissen sie instinktiv, dass Nesträuber die Brut sonst allzu leicht entdecken können.

Wesentlich besseren Schutz bieten moderne Nistkästen für Nischenbrüter. Sie sind wie Vollhöhlen konstruiert, weisen aber je nach Modell eine relativ große Öffnung oder zwei bis drei Löcher in der Vorderwand auf. Das gewährleistet bei entsprechender Tiefe des Brutraumes einen ausreichenden Lichteinfall. Ein herausnehmbarer, halbhoher Einsatz, hinter dem die Vögel ihr Nest anlegen können, wirkt als Barriere, die die Brut vor den Pfoten bepelzter Nesträuber schützt. Ihr Nachteil: Sie sind wesentlich größer, schwerer und teurer als die klassischen Halbhöhlen.

Nistkästen selber bauen

Wer einigermaßen handwerklich geschickt ist, kann einfache Nistkästen leicht selber bauen. Detaillierte Bauanleitungen für eine Vollhöhle und eine einfache Halbhöhle finden Sie im Anhang ab S. 270.

Entscheidend für den Erfolg ist das verwendete Material: Sehr gut geeignet und zudem günstig ist zum Beispiel sägeraues Fichtenholz (oder anderes Nadelholz). Ungeeignet sind Sperrholz und Pressspanplatten, denn sie sind wenig haltbar und verziehen sich leicht. Ebenfalls ungeeignet sind nichtatmungsaktive Materialien wie Kunststoffe oder Blech, in ihnen bildet sich Kondenswasser und Schimmel. Blech heizt sich zudem in der Sonne stark auf. Schaumkunststoff aus Polystyrol (»Styropor«) ist zwar atmungsaktiv, die Vögel picken aber ständig daran herum und könnten auf diese Weise Kunststoffkrümel aufnehmen, was ihrer Gesundheit schadet. Und natürlich hält selbst die dickste Polystyrolplatte den wuchtigen Schnabelhieben eines Buntspechts nicht stand – und auch nicht der Beharrlichkeit einer Elster, die mit ihrem starken Schnabel das weiche Material in kurzer Zeit zerbröseln könnte, um an die junge Brut zu gelangen.

Die Wandstärke der verwendeten Bretter sollte etwa 20 mm betragen. Die späteren Innenseiten des Kastens dürfen nicht gehobelt werden, sondern müssen rau sein, damit sich insbesondere die Jungvögel daran festkrallen können, um zum Einflugloch zu gelangen.

Giftige Holzschutzmittel sind tabu, allenfalls können Sie die Außenseiten mit umweltfreundlichen Mitteln imprägnieren. Bei ungeschützt der Witterung ausgesetzten Nistkästen sollte das dem Regen besonders ausgesetzte Dach nach vorne geneigt sein, damit Regenwasser ablaufen kann, und zusätzlich mit Dachpappe geschützt werden.

Nistkästen anbringen – wo und wie?

Nicht nur Maße und Konstruktion der Nistkästen entscheiden darüber, welche Vogelart in die angebotenen Nisthilfen einzieht, sondern auch das Umfeld, in dem sie angebracht werden.

Relativ anspruchslos und anpassungsfähig sind Kohlmeisen und Blaumeisen. Sie untersuchen zur Brutzeit wirklich jedes verfügbare Loch und jeden Spalt, um nach Brutmöglichkeiten in einem dahinter liegenden Hohlraum zu fahnden, und sei es ein Briefkasten. Meisen sind zwar ursprünglich Waldvögel, sie nehmen aber auch einen Nistkasten auf einem Balkon im dritten Stock eines Mietshauses willig an. Auch Stare sind in dieser Beziehung recht pflegeleicht.

Andere Arten wie Trauerschnäpper und Gartenrotschwanz sind stärker an ihren ursprünglichen Lebensraum gebunden, für sie sollte der Kasten an einem Baum hängen, am besten in einem großen Garten mit hochstämmigen Obstbäumen oder an sonnigen Waldrändern. Auch Kleiber und Gartenbaumläufer, beides typische Bewohner lichter Wälder, bevorzugen Nistkästen an Bäumen in größeren Gärten, Parks oder in Waldnähe. In ihrem Revier sollten ältere grobborkige Bäume wie Eichen stehen, an denen die Vögel ausreichend Nahrung finden.

In welcher Höhe sollten Nistkästen angebracht werden? Für die in Garten und Park häufigen in Höhlen brütenden Vogelarten kann als Richtwert eine Höhe von zwei bis vier Metern gelten. Das bietet genügend Schutz vor Störungen durch Menschen und allzu neugierige Katzen, gleichzeitig kann man die Kästen so mittels einer langen Leiter kontrollieren und säubern. Meisenkästen kann man tendenziell etwas niedriger anbringen, Nistkästen für Kleiber und vor allem Stare eher höher.

Eine Ausrichtung des Flugloches nach Osten oder Südosten verhindert, dass es bei starken Westwinden, wie sie in unseren Breiten vorherrschen, hineinregnet. Aus demselben Grund sollten die Nisthöhlen gerade hängen oder mit dem Flugloch leicht nach unten geneigt. Wo die Kästen aber geschützt vor Wind und Wetter hängen, spielt die Ausrichtung des Flugloches keine Rolle. Allerdings sollten sie nicht über Stunden ungeschützt der prallen Sonne ausgesetzt sein, damit die Jungvögel darin keinen Hitzekollaps bekommen. In einem Baum bietet das Blattwerk meist genügend lichten Schatten, aber eine ungeschützte Südwand am Haus ist ganz sicher kein optimaler Standort, wenn aus den jungen Meisen keine Brathähnchen werden sollen.

Dass der Standort der angebotenen Nisthilfen ihren Ansprüchen genügt, ist besonders wichtig für Nischenbrüter. So wird der Hausrotschwanz als ursprünglicher Felsbrüter niemals in einem Baum brüten, sondern an einer Hauswand oder unter dem Dach. Rotkehlchen und Bachstelzen bevorzugen eher bodennahe Nischen.

Noch ein Wort zur Aufhängetechnik an lebenden Bäumen: Es gibt verschiedene Konstruktionen, bei einigen ist das Annageln erforderlich. Allgemein werden hierfür lange Nägel aus Aluminium empfohlen, da Nägel aus Kupfer oder Stahl den Baum angeblich schädigen oder gar zum Absterben bringen. Nach Auskunft des bekannten Försters Peter Wohlleben ist das jedoch eine Legende. Die Wahrheit ist, dass Kupferverbindungen zwar tatsächlich giftig sind, der Baum einen eingeschlagenen Nagel – gleich welchen Materials – aber zuverlässig mit Wundgewebe abschottet. Die Empfehlung, Aluminiumnägel zu verwenden, stammt aus der Forstwirtschaft. Denn wenn ein gefällter Baum mit einem eingewachsenen Nagel zersägt wird, bietet das weiche Aluminium der Säge keinen nennenswerten Widerstand. Nägel aus Kupfer oder Stahl ruinieren hingegen das Sägeblatt. Mir persönlich widerstrebt das Annageln in lebendes Holz grundsätzlich, ich hänge – wenn es irgendwie geht – die Kästen mit einem Drahtbügel über starke Äste. Das erleichtert auch das Abnehmen zur Reinigung. Ein aufgeschnittener Fahrradschlauch oder Ähnliches unter dem Drahtbügel verhindert, dass er bei Wind an der Rinde scheuert oder ins Holz einwächst. Gerade die modernen Großraumhöhlen aus Holzbeton haben ein erhebliches Gewicht, sodass sie sich nur für stärkere Bäume und Äste eignen. Sie können auch jedes Jahr die Position der Kästen etwas verändern oder die Aufhängung variieren. Für Hauswände verwendet man ausreichend starke Dübel.

Wie viele Nistkästen anbieten?

Wie viele Nistkästen man anbringen sollte, ist abhängig vom Nahrungsangebot und vom Strukturreichtum des Gartens und der Naturausstattung der Umgebung. Diese wiederum entscheidet darüber, welche Vogelarten in welcher Häufigkeit dort überhaupt vorkommen oder sich ansiedeln könnten.

Stare, Spatzen und Schwalben lieben es, gesellig zu brüten, und beanspruchen nur den eigentlichen Nestbereich für sich. In diesem Fall ist es förderlich, geeignete Nisthilfen in größerer Zahl anzubieten. Die meisten Vögel beanspruchen zur Brutzeit jedoch mehr oder weniger große Reviere, die sie gegen Artgenossen erbittert verteidigen. Bei knappem Angebot gibt es nicht nur innerhalb einer Art eine Konkurrenz um Nisthöhlen, sondern auch zwischen verschiedenen Arten wie Meisen, Kleibern, Trauerschnäppern oder Feldsperlingen.

Hängen Sie daher am besten mehrere Nistkästen auf, aber in ausreichender Entfernung voneinander, nicht etwa am selben Baum. Ebenso mildern unterschiedlich große

Einfluglöcher die zwischenartliche Konkurrenz. Viele Vögel schätzen außerdem ein ausreichend großes Immobilienangebot, um freie Auswahl zu haben und bei Bedarf auch einmal umziehen zu können. Warum manche der gefiederten Mieter den einen Kasten bevorzugen und einen anderen verschmähen, erschließt sich uns Menschen oftmals nicht. Auch aus diesem Grunde empfiehlt es sich, lieber zu viele als zu wenige Kästen anzubieten.

Da viele Vogelarten bereits im Herbst und Winter potenzielle Bruthöhlen inspizieren und häufig auch die kalten Winternächte darin verbringen, sollte man die Kästen bereits im Herbst aufhängen. Damit auch Zugvögel wie Trauerschnäpper und Gartenrotschwanz, die erst im späteren Frühjahr heimkehren, trotz der zahlenmäßigen Übermacht von Meisen und Feldsperlingen eine Bruthöhle finden, können Sie weitere Nisthilfen erst zu dieser Zeit aufhängen oder einige leere Kästen bis dahin mit einem Korken verschließen.

Nistkästen reinigen

Wann, wie und warum werden Nistkästen gereinigt?

Anders als in den meist viel feuchteren Naturhöhlen wird das Nestmaterial in künstlichen Nisthöhlen nur sehr langsam zersetzt. Da fast alle Vögel – mit Ausnahme des Stars – vorhandenes Nistmaterial nicht entfernen, bauen sie ein neues Nest auf das vorhandene – mit der Folge, dass der Nistkasten bald voll ist und damit unbewohnbar wird. Vor allem aber lebt ein Heer von Vogelflöhen, Milben und anderen Parasiten in den alten Nestern. Das ist für die Jungvögel nicht nur unangenehm, sondern kann die Brut bei starkem Befall schwächen oder sogar töten. Deshalb ist es wichtig, die künstlichen Nisthöhlen regelmäßig gründlich zu reinigen. Der beste Zeitraum hierfür ist von Mitte August bis etwa Ende September. Dann ist die Brutzeit beendet, und überwinternde Kleintiere wie Hummelköniginnen haben in den Kunsthöhlen meist noch kein Quartier genommen.

Wenn möglich, nehmen Sie den Kasten zur Reinigung und Kontrolle ab. Gut schließende, langärmelige Kleidung und Gummihandschuhe schützen vor unliebsamen Begegnungen mit blutsaugenden Parasiten. Gerade Vogelflöhe versammeln sich in Erwartung der nächsten Mahlzeit am Einflugloch, bereit auf die kleinste Erschütterung hin das Wesen anzuspringen, das diese Erschütterung verursacht. Wenn Sie aus sicherer Entfernung mit einem Stock leicht an das Flugloch klopfen, springt schon mal ein Teil der Plagegeister ins Leere. Zwar ist der Mensch ein Fehlwirt für diese Parasiten, und nach zwei, drei Probestichen verlassen sie ihn wieder, doch auch Probestiche jucken und sind unangenehm, wenn auch ungefährlich. Besonders bei der Nistkastenkontrolle im Wald, bei der man die Kästen während der Brutsaison nicht regelmäßig unter Beobachtung hatte, schützt das Anklopfen mit dem Stock auch vor unangenehmen Überraschungen durch wehrhafte Bewohner wie Hummeln, Wespen oder Hornissen, die entweder abwehrbereit herauskommen oder – wie die Hummeln – ein warnendes Brummen hören lassen. Solche Nistkästen lässt man in Ruhe, bis im Spätherbst

Nester von Freibrütern wie dieses Amselnest muss man nach der Brutzeit weder säubern noch entfernen.

die Insektenvölker abgestorben sind. Waldmäuse und Gelbhalsmäuse sowie Siebenschläfer hausen ebenfalls gerne in Vogelnistkästen. Wer sozusagen unangemeldet die Tür öffnet, muss damit rechnen, dass ihm diese flinken Tiere entgegenspringen. Siebenschläfer können zudem recht grimmig reagieren, wenn sie sich in die Enge getrieben fühlen, und haben scharfe Zähne. Kästen, in denen Siebenschläfer oder verwandte Arten wohnen, werden erst im Winter gereinigt, dann haben sich die Tiere zum Winterschlaf meist in Höhlen unter der Erde zurückgezogen.

Sollten Sie Fledermäuse darin finden, die an der Decke hängen, verschließen Sie den Kasten bitte möglichst schnell wieder und hängen ihn unbedingt an den alten Platz, denn Fledermäuse sind sehr ortstreu. Allenfalls können Sie vorsichtig und möglichst zügig ein eventuell vorhandenes altes Vogelnest entfernen.

Ansonsten lohnt sich ein genauerer Blick vor dem Ausräumen: Das eingetragene Nistmaterial, die Bauweise und unbefruchtete Eier geben Aufschluss darüber, wer im Kasten gebrütet oder anderweitig gehaust hat. Häufig lassen sich anhand der Spuren, Reste und Materialien auch Untermieter, Besitzerwechsel und auch regelrechte Hausbesetzungen und andere Dramen rekonstruieren, etwa eine feindliche Übernahme durch eine andere Vogelart oder durch Kleinsäuger. Das ist oft eine überaus spannende Detektivarbeit. Wer

Nistkastenprojekte betreut, etwa im Wald, sollte die Ergebnisse der Kastenkontrollen möglichst genau protokollieren. Auf diese Weise lassen sich zum Beispiel Bestandsentwicklungen in einem bestimmten Gebiet über einen längeren Zeitraum dokumentieren.

Nach der eingehenden Kontrolle schütteln oder klauben Sie den Inhalt heraus und fegen den Kasten mit einem alten Handfeger aus. Eventuelle Verkrustungen werden mit einem Spatel oder einer Drahtbürste ausgekratzt. Bei starkem Parasitenbefall können Sie den Kasten anschließend mit heißem Wasser ausspülen – dann aber den Kasten geöffnet gut austrocknen lassen, bevor Sie ihn wieder aufhängen. Insektizide dürfen auf keinen Fall eingesetzt werden, eventuelle Rückstände könnten die Vögel gefährden.

Irgendwelche Materialien brauchen Sie nicht einzufüllen, die Vögel haben da ihre ganz spezifischen Vorstellungen. Trotzdem können wir ihnen helfen: Im Frühjahr müssen brutwillige Vögel oft weit fliegen, um Federn oder Tierhaare zum Auspolstern ihrer Nester zu sammeln. Geradezu begeistert sind sie daher, wenn man Daunenfedern aus einem alten, ausrangierten Federbett oder auch ausgekämmte Haarbüschel von Hunden, Schafen oder Pferden in einem Spender anbietet, den man aus einem Stück feinmaschigen Drahtgeflecht leicht herstellen kann: Einfach einen Hohlraum formen, Federn und / oder Haarbüschel einfüllen und oben verschließen. Gut sichtbar, aber vor Wind und Regen geschützt aufgehängt, werden sich bald Scharen von Vögeln einstellen, um sich zu bedienen.

Nischen und Spalten an Haus und Schuppen bieten Nistmöglichkeiten für Vögel.

Vorhandene Brutplätze am Haus erhalten

Viele ursprüngliche Felsbrüter wie Mauersegler und Hausrotschwänze, aber auch Haussperlinge nutzen Nischen und Spalten an Gebäuden und unter Dächern zur Brut, Schwalben kleben ihre Lehmnester direkt an Wände oder Balken. In der Regel kehren diese sehr brutorttreuen Vögel jedes Jahr zu ihren angestammten Niststätten zurück. Erfahrungsgemäß ist es oft leichter, eine Kolonie von Spatzen oder Mauerseglern zu erhalten als sie wieder oder neu anzusiedeln. Vorrangig gilt es deshalb, noch vorhandene Vorkommen zu schützen und gegebenenfalls gezielt zu fördern.

Die Gefahr, Nistplätze von Vögeln oder auch Lebensstätten von Fledermäusen zu zerstören, ist besonders groß bei Arbeiten an der Hausfassade, zum Beispiel zur Renovierung und Wärmedämmung. Mitunter kann schon allein das Aufstellen von Baugerüsten zur Brutzeit dazu führen, dass die Vögel ihre Brutplätze aufgeben und Eier und Junge im Stich lassen. Was viele nicht wissen: Die direkte Vernichtung von Niststätten durch die Baumaßnahmen stellt einen genehmigungspflichtigen Eingriff dar, der, falls er unvermeidlich ist, durch geeignete Maßnahmen auszugleichen ist. Das geltende Bundesnaturschutzgesetz (BNatSchG) macht hierzu klare Vorgaben. So heißt es in § 44, Abs. 1 unter anderem: »Es ist verboten, 1. wild lebenden Tieren der besonders geschützten Arten nachzustellen, sie zu fangen, zu verletzen oder zu töten oder ihre Entwicklungsformen aus der Natur zu entnehmen, zu beschädigen oder zu zerstören, [...] 3. Fortpflanzungs- oder Ruhestätten der wild lebenden Tiere der besonders geschützten Arten aus der Natur zu entnehmen, zu beschädigen oder zu zerstören [...]«

Das bedeutet in anderen Worten: Nach den Buchstaben des Gesetzes wie auch nach eindeutiger, präzisierender Rechtsprechung des Bundesverwaltungsgerichtes ist es verboten, Brut- und Ruheplätze von Vögeln sowie Fledermausquartiere sowohl während als auch nach der Fortpflanzungszeit ohne Weiteres zu beseitigen! Das gilt ausdrücklich auch für den Siedlungsraum (s. Textkasten auf S. 192). Werden durch das Entfernen von Nestern zum Beispiel Jungvögel getötet, gilt dies zudem als Verstoß gegen das Tierschutzgesetz.

Der Gesetzgeber räumt dem Artenschutz damit zwar einen hohen Stellenwert ein, will aber andererseits erforderliche Maßnahmen zur Sanierung, Reparatur oder Wärmedämmung nicht verhindern, denn das wäre eine unzumutbare und unverhältnismäßige Belastung für die Hauseigentümer. Hier greift das – in der Regel mit Auflagen versehene – rechtliche Instrument der »Befreiung« von den oben zitierten Verboten des Bundesnaturschutzgesetzes. Was also ist zu tun, wenn eine Baumaßnahme ansteht und geschützte Tiere davon betroffen sein können?

In diesem Fall muss der Bauherr rechtzeitig vor Beginn der Bauarbeiten einen entsprechenden Antrag stellen bei der zuständigen Naturschutzbehörde (in der Regel der jeweilige

Landkreis als untere Naturschutzbehörde, in den Stadtstaaten die Umweltbehörde). Die Einzelheiten sind in den Bundesländern teilweise unterschiedlich geregelt und müssen entsprechend erfragt werden. Im Idealfall sollte es bereits ein Jahr vorher ein Beratungsgespräch mit der Behörde oder einem Naturschutzverband geben, damit auf jeden Fall eine Brutsaison zwischen Planung und Ausführung der beabsichtigten Arbeiten liegt. Denn schon rechtzeitig vor Beginn der Maßnahmen muss der Bauherr wissen, ob und gegebenenfalls wie viele Vögel oder Fledermäuse in oder an dem betroffenen Gebäude leben. Dazu ist auf eigene Kosten ein externer, anerkannter Gutachter zu beauftragen, der sich vor Ort ein Bild von der Situation macht und auch beratend tätig wird. Beratung ist insbesondere dann sinnvoll, wenn es sich um eine größere Maßnahme handelt, etwa wenn ein ganzer Häuserblock saniert werden soll, oder wenn es sich um ein bereits bekanntes, bedeutendes Quartier für Fledermäuse, Schwalben, Mauersegler oder Spatzen handelt.

Gesetzlicher Schutz

Nach dem Bundesnaturschutzgesetz zählen mit Ausnahme der Straßentaube alle an Gebäuden brütenden Vogelarten (und auch Fledermäuse sowie Hornissen und Solitärbienen) zu den besonders geschützten Arten, und der Begriff »Natur« gilt ausdrücklich auch für den besiedelten Bereich, wenn das Vorkommen von Tieren dort ihrem natürlichen Verhalten entspricht. Ausgenommen sind lediglich Räume, die unmittelbar Wohn- oder Geschäftszwecken dienen, nicht jedoch Lagerhallen, Dachböden, Garagen oder Balkone.

Geschützt sind also etwa Vogelnester und von Vögeln zur Brut genutzte Nischen und Spalten, aber auch regelmäßig genutzte Schlafplätze von Vögeln in Fassadenbegrünung oder Fledermausquartiere. Diese verlieren auch dann ihren Schutz nicht, wenn sie kurzzeitig oder vorübergehend nicht benutzt werden, etwa weil sich der Bewohner auf Nahrungssuche oder im südlichen Winterquartier befindet und erwartungsgemäß die Lebensstätte danach wieder aufsucht. Da so gut wie alle Gebäudebrüter ihre Niststätten wiederholt nutzen, sind diese also ganzjährig geschützt.

Bereits das auch nur vorübergehende Verschließen des Zugangs zu einem Brut- oder Schlafplatz (zum Beispiel Verhängen eines Balkons mit einem Netz, wenn sich dort Mehlschwalben angesiedelt haben) stellt eine »Beschädigung« im Sinne des Naturschutzgesetzes dar, auch wenn die Stätte gerade nicht besetzt ist, erwartungsgemäß aber wieder benutzt wird. Und als »Störung« gilt nach den Buchstaben des Gesetzes jede negative Einwirkung, die zur Beeinträchtigung des Brutgeschäftes oder auch nur zur Verängstigung oder Flucht der Tiere führt. Nutzungen, an welche sich die Tiere gewöhnt haben, sind jedoch weiterhin zulässig.

Quelle: https://berlin.nabu.de/stadt-und-natur/lebensraum-haus/artenschutz/gesetzlicher-schutz/index.html

In der Regel wird die zuständige Naturschutzbehörde die (vorübergehende!) Beseitigung vorhandener Lebensstätten genehmigen. Für den Fall, dass diese nicht erhalten werden und nach Abschluss der Maßnahmen nicht wieder von den Tieren genutzt werden können, wird die Genehmigung mit der Auflage verbunden, für entsprechenden Ersatz zu sorgen, und zwar mindestens in derselben Größenordnung: zum Beispiel durch das Anbringen von Nistkästen oder den Einbau von Niststeinen. Besser ist es, vorsorglich für mehr Ersatznistmöglichkeiten zu sorgen, weil erfahrungsgemäß häufig nicht alle angenommen werden. Die Naturschutzbehörde kontrolliert abschließend, ob die auferlegten Maßnahmen tatsächlich umgesetzt wurden.

Auf diese Weise soll sichergestellt werden, dass die Anzahl der Niststätten insgesamt nicht abnimmt. Ob die Tiere den Ersatz dann auch tatsächlich unmittelbar annehmen, ist eine andere Frage. Grundsätzlich ist es daher am günstigsten, wenn die ursprünglichen Nistplätze erhalten bleiben können. Mit gutem Willen und etwas Fantasie ist das sicherlich häufiger möglich, als es tatsächlich geschieht.

Bei Verstößen kann die zuständige Behörde die Bauarbeiten bis auf Weiteres stoppen und als Ordnungswidrigkeit mit einer empfindlichen Geldstrafe ahnden. Ein Bußgeld muss auch zahlen, wer die Brutstätten außerhalb der Brutzeiten ohne Genehmigung entfernt oder beschädigt, also etwa Schwalbennester abschlägt.

Nicht genehmigungspflichtig nach § 44 des Bundesnaturschutzgesetzes sind zum Beispiel Malerarbeiten an der Fassade oder das Aufstellen eines Gerüstes. Doch auch dabei sind die Bestimmungen des Artenschutzrechtes und des Tierschutzrechtes zu beachten: Bei belegten Nestern muss der Anflug in jedem Fall sichergestellt sein und darf nicht durch vollständige Vernetzung behindert werden. Störende Arbeiten im direkten Nestumfeld sind zu vermeiden, da sonst die Gefahr besteht, dass die Brut aufgegeben wird und die Jungvögel verhungern. Ist dies nicht möglich, sollten die Arbeiten zeitlich so geplant werden, dass sie außerhalb der Brutzeit durchgeführt werden können. Bereits begonnene Arbeiten sind – gegebenenfalls nur für den betroffenen Gebäudeteil – unverzüglich so lange einzustellen, bis die Vögel ihre Jungenaufzucht beendet haben.

Das alles mag im Einzelfall einen lästigen Aufwand bedeuten, ist aber ein bedeutender Beitrag zum Naturschutz im Siedlungsraum. Es trägt zum Erhalt von Vögeln (und Fledermäusen) in unserer Nachbarschaft bei und steigert damit auch unsere eigene Lebensqualität.

Nisttaschen und Nistquirle für Freibrüter

Auch den Freibrütern unter den Gartenvögeln, insbesondere solchen, die in dichtem Gebüsch oder in natürlichen Nischen brüten wie Rotkehlchen und Zaunkönig, kann man mit relativ geringem Aufwand geeignete Hilfestellung bieten.

Am schnellsten gemacht sind **Nisttaschen:** Dazu werden einige möglichst frische, voll benadelte Kiefernzweige gebündelt mit den Astbasen nach oben zeigend etwa in Mannshöhe oder auch niedriger an einen Baumstamm gebunden. Anschließend werden die Zweigspitzen so nach oben gebogen und ebenfalls fixiert, dass eine an drei Seiten geschlossene, nicht zu große, aber auch nicht zu kleine Tasche entsteht, in die Vögel ihr Nest bauen können. Tannenzweige sind ebenfalls gut geeignet, Fichtenreisig dagegen weniger, da es recht schnell die Nadeln verliert. Wichtig ist, die gut biegsamen jüngeren Astabschnitte zu verwenden. Auch aus unbelaubten Birkenreisern lassen sich solche Nisttaschen herstellen, allerdings braucht man in diesem Falle deutlich mehr Material, damit die Konstruktion den Belastungen des Brutgeschäftes standhält.

Entscheidend für die Akzeptanz und den Bruterfolg sind die Umgebung und die Tarnung: Ungeschützt und weithin sichtbar an einem kahlen Stamm angebracht, nehmen gefiederte Interessenten diese Nisttaschen nur ungern an, und die auffälligen Gebilde würden mit Sicherheit neugierige Elstern und Eichelhäher anlocken. Nisttaschen sollten daher möglichst gut versteckt zwischen dicht belaubten Zweigen oder verborgen hinter dichter Vegetation angebracht werden, sodass sie sich möglichst wenig von der Umgebung abheben. Zusätzlich kann man sie mit einer Haube aus weitmaschigem Drahtgeflecht gegen Nesträuber schützen, wobei die Maschen entweder weit genug sein müssen, dass kleine Vögel ungehindert hindurchschlüpfen können, oder aber ein entsprechend kleiner Einschlupf offen bleibt.

Bei Sträuchern kann man durch gezielte Schnittmaßnahmen die Bildung von **Nistquirlen** anregen. Besonders geeignet sind hierfür jüngere, noch gut ausschlagfähige Laubgehölze, am besten Dornsträucher wie Weißdorn, Feuerdorn oder Berberitze. Auf Schnittmaßnahmen (natürlicherweise auf Verbiss durch große Weidetiere) reagieren diese Pflanzen mit vieltriebigem Neuaustrieb und vermehrter Dornbildung. Dies kann man sich für die Anlage von Nistquirlen gezielt zunutze machen: Im ersten Jahr wird ein senkrecht stehender stärkerer Ast gekappt, vorzugsweise im oberen Drittel des Gehölzes. In der Folge sprießen daraus mehrere neue Triebe. Wenn diese eine gewisse Stärke erreicht haben, kappt man auch sie um jeweils etwa zwei Drittel. Aus jeder einzelnen Schnittstelle entwickelt sich wiederum ein Quirl von Neuaustrieben. Auf diese Weise entstehen mit der Zeit stabile und durch starke Bedornung geschützte Plätze zur Nestanlage. Grundsätzlich sind aber auch unbedornte Gehölze mit guter innerer Verzweigung geeignet wie Hainbuche oder Feldahorn, die wie die oben genannten Dornsträucher häufig für regelmäßig geschnittene

Hecken Verwendung finden (s. ab S. 200). Der Neuaustrieb ist umso kräftiger, je mehr Licht die Schnittstellen erreicht. Daher ist es wichtig, den Initialschnitt für einen Nistquirl nicht zu tief im Inneren eines Busches zu setzen, andererseits aber auch nicht zu hoch, damit der entstehende Nistplatz nach oben genügend Deckung durch darüberhängende Zweige hat. Bei sehr schattiger Umgebung oder tief im Inneren eines Gehölzes kann man ersatzweise auch einige Zweige mit Draht oder Angelschnur zu einer Nestunterlage zusammenbinden.

Eine weitere Art, Brutmöglichkeiten für Freibrüter zu schaffen, sind Nistbüschel aus dornigen Trieben, die man locker zu dickeren Bündeln schnürt und am Fuß eines Baumstammes halbseitig oder ringsum befestigt, wobei die Spitzen nach oben zeigen sollten.

Kugelnest der Schwanzmeise

Gärten vogelfreundlich gestalten

Haufenweise Lebensräume – Kleinstrukturen schaffen

Wer den Platz dafür hat, kann und sollte in einer ruhigen, ungenutzten Ecke des Gartens einen möglichst groß dimensionierten **Totholzhaufen** aus Ästen und stärkeren Zweigen anlegen. Solches Material fällt zum Beispiel beim Schnitt von Heckensträuchern und Obstbäumen regelmäßig an und kann auf diese Weise noch eine sinnvolle Verwendung finden. Besonders gut eignen sich das mit Dornen bewehrte, sperrige Schnittgut von Weißdorn und Schlehe oder auch wilde Pflaumentriebe. Als Fundament können Wurzelstubben, starke Äste oder zurechtgesägte Stücke von Baumstämmen dienen. In diesem Untergeschoss finden dann auch Igel und andere Kleinsäuger einen passenden Unterschlupf.

Ein solcher Totholzhaufen ist im Prinzip schnell errichtet, wenn man das Material einfach locker auf einen Haufen wirft. Das sieht allerdings häufig gestalterisch unbefriedigend aus, man könnte auch sagen »müllig«. Den tierischen Bewohnern wie Igeln, Rotkehlchen oder Zaunkönigen ist das zwar egal, sie beziehen ein solches Gebilde häufig sofort mit Begeisterung – besser und auch stabiler ist es aber, bei einem frei stehenden Totholzhaufen die dicken Enden jeweils nach innen zu richten und die Äste und Zweige zu verkeilen. Die feineren Zweige ragen dann alle nach außen, und man sollte darauf achten, dass es einigermaßen gleichmäßig aussieht. Richtig aufgebaut, sollte ein solches Gebilde an ein Gebüsch im blattlosen Zustand erinnern. Wichtig ist, dass der Haufen innen genügend Freiräume zur Nestanlage lässt.

Für den Aufbau eines **Totholzwalls**, der durchaus auch einen Zaun ersetzen kann, schichtet man das Schnittgut zwischen eine Reihe von jeweils versetzt stehenden Stützpfählen in gewünschter Breite. Anzuraten ist es auch hierbei allerdings, die Äste und Zweige gleichmäßig auszurichten – also immer die dicken Enden in dieselbe Richtung – und miteinander zu verkeilen, dadurch wird das Ganze stabiler und hält meist auch länger.

Haufen wie Wälle aus Totholz sacken durch Zersetzung des Holzschnitts mit der Zeit zusammen, deshalb muss man von Zeit zu Zeit von oben Material nachlegen. Besonders schön sieht es aus, wenn diese Gebilde mit Schlingpflanzen begrünt werden (s. ab S. 221).

In naturnah gestalteten Gärten fühlen sich Vögel wohl.

Dafür sind besonders die robusten, bei uns heimischen Geißblattarten geeignet, sowohl das Waldgeißblatt *(Lonicera periclymenum)* als auch das Echte Geißblatt oder Jelängerjelieber *(Lonicera caprifolium)*. Ihre starkwüchsigen, schlingenden Triebe finden in dem Astgewirr hervorragende Kletterhilfen, auch wenn sie in diesem Falle, ganz besonders bei den Totholzwällen, horizontal statt vertikal wachsen müssen. Wenn aber in der Nähe ein starker Strauch oder kleiner Baum steht, wird auch dieser vom Geißblatt erobert, was sehr reizvoll und zugleich urig aussehen kann. Falls man nach einiger Zeit neues Holzmaterial nachlegen muss, ist das kein großes Problem für die Schlinger: Sie arbeiten sich vieltriebig von unten zum Licht. Geißblatt schmückt sich mit exotisch aussehenden Blüten, die nachts duften, um Nachtfalter anzulocken, vor allem die oft beeindruckend großen Schwärmer-Arten, die wie Kolibris im Schwirrflug vor den Blüten stehen. Nur sie sind mit ihren sehr langen Saugrüsseln in der Lage, den Nektar aus den spornartigen, sehr tiefen Blütenkelchen des Geißblatts zu trinken und dabei die Blüten zu bestäuben.

Kriechrosen *(Rosa arvensis)*, auch Feldrosen genannt, und Brombeeren eignen sich ebenfalls sehr gut für eine Begrünung von Wällen und Haufen aus Totholz, denen man ihren »toten« Kern schon bald nicht mehr ansieht. Mit ihren stachelbewehrten Trieben bieten sie den in ihnen angelegten Kinderstuben zusätzlichen Schutz. Dasselbe gilt für krautige

Pflanzen wie Wilden Hopfen, Brennnesseln und Klettenlabkraut, die einen natürlichen Schutzwall gegen umherschleichende Katzen bilden und die man daher an diesen »wilden Totholzecken« ruhig wachsen lassen sollte – auch wenn ein solcher Anblick für manchen Gärtner oder manche Gärtnerin anfangs vielleicht etwas gewöhnungsbedürftig sein mag.

Sehr gut lassen sich Totholzhaufen in eine frei wachsende Hecke (s. ab S. 200) integrieren oder man pflanzt, wo der Platz für eine Hecke fehlt, wenigstens zwei oder drei Wildsträucher wie Hasel, Hundsrose, Weißdorn oder Holunder hinter oder neben den Haufen. Solcherart begrünte, blühende Haufen und Wälle aus Totholzmaterial sehen nicht nur schön aus, sondern bieten zudem ein reichhaltiges Nahrungsangebot für Vögel und andere Tiere, denn dort stellt sich zahlreiches Kleingetier ein, das seinerseits im Totholz und in dessen grünem Mantel Lebensraum und Nahrung findet. Auch in einem ansonsten eher naturfernen Umfeld können sich solche »lebendigen Totholzinseln« zu wahren Inseln der Artenvielfalt entwickeln. Entsprechend beliebt sind sie bei vielen Vögeln – vom Zaunkönig bis zum Buntspecht. Bei ausreichender Dimensionierung können sie zudem eine echte Alternative für kleine Gärten sein, wo oft der Platz für eine frei wachsende Hecke nicht ausreicht. Nebenbei bemerkt: Der Bau einer solchen Totholzinsel kann wunderbar meditativ-entspannend sein. Umso schöner ist es, wenn man damit nicht nur sich selbst unmittelbar etwas Gutes tut, sondern auch der Natur im eigenen Garten hilft und damit wiederum langfristig sein eigenes Wohlgefühl fördert.

Auch **Falllaub** sollte unter Totholz wie generell unter Büschen und Hecken unbedingt liegen bleiben. Es schützt den Boden vor Austrocknung, düngt nach seiner Zersetzung den Boden, und Igel sowie viele Vögel, vor allem Amseln, Rotkehlchen und Nachtigallen, suchen und finden in der Laubschicht Käfer, Spinnen, Asseln und andere Kleintiere. Lärmende Laubbläser und Laubhäcksler, die keinen Unterschied machen zwischen abgestorbenen Blättern und lebenden Tieren, sollten im Garten grundsätzlich tabu sein, denn wer will schon den Igeln und Vögeln ihr Essen wegblasen oder wegsaugen ..? Von Rasenflächen sollte man größere Mengen Laub allerdings manuell, das heißt mit einer Harke, entfernen, damit das Gras unter einer dicken, nassen Laubschicht nicht fault. Wenigstens einen Teil des zusammengerechten Falllaubes kann man unter Büschen zu **Laubhaufen** aufschichten, in denen Igel, Kröten und andere Kleintiere überwintern können. Damit das Laub nicht verweht wird, deckt man es am besten mit Fichtenreisig ab.

Steinhaufen sind ebenfalls leicht anzulegen. Früher sammelten die Bauern besonders in Norddeutschland, wo die Gletscher der letzten Eiszeit zahllose größere und kleinere Steine aus Skandinavien hinterlassen hatten, diese vor der Bestellung von ihren Äckern und warfen sie am Rand auf einen Haufen. So entstanden vielerorts Lesesteinhaufen (von »auflesen« im Sinne von »aufsammeln«), um die herum sich Wildstauden und Sträucher ansiedelten. Dasselbe kann man auch im Garten machen, gegebenenfalls auch in Kombination mit den beschriebenen Totholzhaufen. In einem locker aufgeschichteten Steinhaufen finden sich genügend Lücken, in denen Zaunkönig, Bachstelze oder Grauschnäpper ihre Nester anlegen können. Auch bieten die Steinhaufen Eidechsen (sofern man keine Katzen im Garten hat, die sie fangen) und vor allem zahlreichen wirbellosen Tieren Lebensraum, sodass viele Vogelarten dort einen reich gedeckten Tisch vorfinden. Wer alte Ziegelsteine günstig bekommen kann oder selbst noch welche vom Hausbau übrig hat, kann diese – locker auf einen Haufen geworfen – als Kern eines Steinhaufens verwenden, der außen mit natürlicher wirkenden Feldsteinen »verblendet« wird.

Gleichsam lang gezogene Steinhaufen im Megaformat sind **Trockenmauern** oder **Lesesteinwälle.** In »steinreichen« Gegenden prägten sie einst die Bilder ganzer Dörfer und Feldfluren, teilweise bis in die heutige Zeit. Sie eignen sich als Einfriedung von Gärten ebenso wie zur Begrenzung von Beeten oder in hügeligem Gelände als Stützmauern. Wichtig für die ökologische Bedeutung: Sie dürfen nicht vermörtelt werden, damit Lücken und Spalten erhalten bleiben. Um trotzdem die notwendige Stabilität eines solchen Bauwerks zu erreichen, sind – neben genügend Steinmaterial, Körperkraft und eventuell einem Frontlader für besonders große Brocken – vor allem Erfahrung und entsprechendes Know-how erforderlich. Eine niedrige Beeteinfassung aus Steinen von maximal einem halben Meter Höhe kann man, eine gewisse Fitness vorausgesetzt, ohne Weiteres selber bauen. Gleichwohl sollte man auch diese Aufgabe nicht unterschätzen, denn oft muss man mehrere Steine in die Hand nehmen, bis einer davon an der vorgesehenen Stelle richtig passt und stabilen Halt hat und gibt. Für den Bau einer größeren Trockenmauer aus entsprechend großen und schweren Steinen sollte man sich fachmännische Unterstützung holen, um die unabdingbar notwendige Stabilität zu gewährleisten und zum anderen einem drohenden schweren Bandscheibenleiden vorzubeugen.

Spannend sind auch **Komposthaufen,** bei denen organische Abfälle aus Küche und Garten von Regenwürmern, Schnecken, Asseln und anderen Kleintieren zerkleinert und anschließend von Pilzen und Mikroorganismen zu wertvollem Humus recycelt werden. Entsprechend groß ist dort das Nahrungsangebot für Vögel. Um keine Ratten anzulocken, sollten allerdings auf keinen Fall Fleischabfälle oder sonstige Speisereste auf den Kompost gelangen.

Über den richtigen Aufbau und die Behandlung von Komposthaufen informiere man sich am besten bei erfahrenen Gärtnern oder in der Fachliteratur (s. ab S. 276).

Heimische Sträucher und Hecken pflanzen

Die ursprüngliche Heimat vieler Gartenvögel sind aufgelockerte Wälder mit viel Unterholz (s. S. 166). Hecken und Gebüsche kommen den Lebensraumansprüchen vieler Arten, etwa Zilpzalp, Gelbspötter oder Gartengrasmücke, daher sehr entgegen. Besonders guten Schutz gegen vierbeinige oder gefiederte Nesträuber bieten Pflanzungen aus Sträuchern mit dicht bedornten oder bestachelten Trieben.

Geeignete Gehölze für eine Vogelschutzhecke

- Weißdorn (Crataegus monogyna / C. laevigata)
- Schlehe (Prunus spinosa)
- Kreuzdorn (Rhamnus cathartica)
- Feuerdorn (Pyracantha coccinea)
- Brombeeren (Rubus fruticosus agg.)
- Stachelbeere (Ribes uva-crispa)
- Wildrosen (Rosa spec.)
- Berberitze (Berberis vulgaris)

Schlehen und wilde Brombeeren sind im Garten allerdings nicht unproblematisch, weil sie stark wuchern können. In kleinen Gärten sollte man daher besser darauf verzichten. Natürlich kann man auch unbewehrte Arten pflanzen, zum Beispiel den einheimischen Roten Hartriegel, der durch seinen dichten Wuchs und eine intensive Ausläuferbildung ebenfalls gute Deckung bietet. Dabei ist es Vögeln meistens völlig egal, ob sie ihre Kinderstube in einem heimischen Wildstrauch oder in einem exotischen Zierstrauch wie dem immergrünen Feuerdorn anlegen, sofern dieser nur genügend Deckung und geeignete Strukturen für die Nestanlage bietet und insgesamt ihr angeborenes Nistplatzschema erfüllt ist. Betrachtet man allerdings nicht nur die Nistmöglichkeiten, sondern auch die mindestens ebenso wichtige Nahrungsgrundlage, dann sieht die Sache schon ganz anders aus: Das Gesamtpaket muss stimmen, will man Vögel in den Garten locken – und ohne ausreichendes Nahrungsangebot nützt der schönste Brutplatz nichts. Gerade in dieser Hinsicht gibt es zumeist sehr deutliche Unterschiede zwischen heimischen Wildpflanzen und exotischen und oftmals hochgezüchteten Zierpflanzen.

In vielen Gärten und Parks wachsen Gehölze aus fremden Ländern wie Rhododendren, Forsythie, Lorbeerkirsche (besser bekannt als »Kirschlorbeer«), Feuerdorn oder Chinesischer Wacholder, während heimische Sträucher meist deutlich unterrepräsentiert sind. Aus gestalterischem Blickwinkel können Exoten und Zuchtformen im Siedlungsbereich durchaus eine Bereicherung sein, allerdings können sie die ökologische Funktion heimischer Vertreter meist nicht annähernd erfüllen. So bevorzugen die bei uns lebenden Vögel eindeutig die Früchte heimischer Sträucher, wie nachfolgende Übersicht zeigt.

Kirschblüte

Heimische und exotische Gehölze als Futterpflanzen für Vögel im Vergleich

So viele Vogelarten fressen die Früchte folgender Arten (bei den exotischen Gehölzen handelt es sich ausnahmslos um häufig in Gärten und Parks gepflanzte Arten): *n. Witt 2001, verändert*

Gehölze	Vogelarten	Vogelarten	Gehölze
heimisches Gehölz			*exotisches Gehölz mit heimischer Verwandtschaft*
Eberesche, Vogelbeere	63	4	Bastard-Mehlbeere
Vogelkirsche	48	3	Kaukasus-Kirschlorbeer
Gemeiner Wacholder	43	1	Chinesischer Wacholder
Roter Hartriegel	24	8	Weißer Hartriegel
		2	Gelbholziger Hartriegel
Eingriffeliger Weißdorn	32	3	Lavalls Weißdorn
		2	Scharlachdorn
Gemeine Berberitze	19	7	Thunbergs Berberitze
Wildapfel	19	4	Beerenapfel
Schwarze Heckenkirsche	14	7	Tatarische Heckenkirsche
			exotisches Gehölz ohne heimische Verwandtschaft
		4	Feuerdorn
		2	Essigbaum
		0	Forsythie, Rhododendren, Azaleen

Die Früchte heimischer Sträucher bieten
Nahrung für Rotdrosseln und viele andere Vögel.

Im Durchschnitt ernährt ein heimisches Gehölz 21 Vogelarten, ein fremdländisches dagegen nur vier. Besonders schlecht schneiden in dieser Beziehung Exoten ohne heimische Verwandtschaft ab. Ähnliches gilt für pflanzenfressende Insekten: Tiere und Pflanzen haben sich im Laufe einer langen gemeinsamen Entwicklung (Coevolution) aufeinander eingestellt. So benötigen zum Beispiel die Larvenstadien vieler Insekten, etwa Schmetterlingsraupen, ganz bestimmte Futterpflanzen. Die meisten Exoten sind in dieser Hinsicht für heimische Pflanzenfresser nutzlos, auch wenn manche von ihnen – wie der Schmetterlingsstrauch – durchaus wichtige Nektarquellen für Bienen und Schmetterlinge sind. Insekten und deren Larven dienen wiederum Vögeln als Nahrung, selbst die meisten Körnerfresser wie Finken füttern ihre Jungen in den ersten Lebenstagen zu großen Teilen oder nahezu ausschließlich mit dieser eiweißhaltigen Kost.

Niemals darf eine einzelne Vogelart isoliert betrachtet werden, sie ist stets in ein komplexes Nahrungsnetz eingebunden. Wenn wir also eine Hecke oder auch nur eine Buschgruppe oder einzelne Sträucher neu pflanzen, sollten wir einheimische Gehölze wählen. (In der freien Landschaft ist dieses sogar gesetzlich vorgeschrieben!) Aufpassen muss man aber, dass man keine Zuchtform eines heimischen Gehölzes ersteht: So gibt es zum Beispiel vom Gemeinen Schneeball, der hierzulande an Grabenrändern und anderen feuchten Stellen wächst, sterile Zuchtformen mit gefüllten Blüten, die weder Nektar noch Pollen liefern und später natürlich auch keine Beeren ansetzen. Um sicherzugehen, dass man die einheimische Art bekommt und keinen fremdländischen Verwandten, sollte man sich vor dem Kauf den exakten wissenschaftlichen Namen notieren. Bezugsquellen für heimische Wildsträucher finden sich im Anhang (ab S. 281).

Hitliste heimischer Wildfruchtsträucher für Vögel

Die Zahlen geben an, wie viele Vogelarten die Früchte der genannten Wildsträucher schätzen:

Wildstrauch	Vogelarten	Wildstrauch	Vogelarten
Vogelbeere	63	Faulbaum	36
Schwarzer Holunder	62	Rote Johannisbeere	34
Vogelkirsche	48	Weißdorn	32
Traubenholunder	47	Brombeeren	32
Waldhimbeere	39	Wildrosen	27

Auch Pfaffenhütchen, Traubenkirsche und Roter Hartriegel ernähren jeweils weit über 20 Vogelarten (Angaben nach Witt 1995). Keine Erwähnung in der Hitliste fand der Gemeine Wacholder, dessen Beeren zwar von mehr als 40 Vogelarten geschätzt werden, der aber für Heckenpflanzungen nicht geeignet ist. Er benötigt einen freien, sonnigen Einzelstand und mageren Sandboden und ist daher vor allem für große Heidegärten geeignet.

Und noch etwas spricht für die Verwendung heimischer Gewächse: Sie sind nicht nur ökologisch ungleich wertvoller als die allermeisten Exoten, sondern in der Regel auch viel robuster, weil sie von Natur aus an das hiesige Klima und die Bodenverhältnisse angepasst sind (Voraussetzung für ihre Robustheit ist immer auch eine den konkreten Standortverhältnissen entsprechende Artenauswahl). Nicht zuletzt sind heimische Pflanzen häufig kostengünstiger als nichtheimische Arten.

Allerdings wäre es sicherlich übertrieben, grundsätzlich jede nichtheimische Art aus dem Garten zu verbannen, zumal einige wie Flieder oder Bauernjasmin auf eine lange gärtnerische Tradition zurückblicken. Heimische Sträucher sollten jedoch mindestens zwei Drittel des Gehölzbestandes im Siedlungsraum ausmachen, im Zweifel sollte die Entscheidung daher für den Wildstrauch fallen, also Kornelkirsche statt Forsythie, Weißdorn und Holunder statt Rhododendron und Ranunkelstrauch. Einige Ziersträucher mit Wildcharakter oder naturnahe Zuchtformen, zum Beispiel von Wildrosen, lassen sich jedoch auch gut mit heimischen Wildgehölzen kombinieren und können mit ihren Blüten oder Früchten zusätzliche Akzente in der Hecke setzen. Schließlich soll diese nicht nur den Vögeln und anderen Tieren gefallen, sondern auch den Menschen.

Beliebteste Straucharten bei Vögeln, Insekten und Säugetieren

Unsere heimischen Straucharten sind als Nahrungspflanzen bei Tieren unterschiedlich beliebt, wie nachfolgender Vergleich der Top 5 für Vögel, Insekten und Säugetiere zeigt:

Vögel	Insekten	Säugetiere
Vogelbeere	Salweide	Holzapfel*
Schwarzer Holunder	Weißdorn	Hasel
Vogelkirsche	Schlehe	Holzbirne*
Traubenholunder	Hasel	Wildrosen
Himbeere	Wildrosen	Himbeere

**auch Kulturformen als Obstbäume*

Vogelbeere

Darüber hinaus ernährt nahezu jede Pflanzenart auch bestimmte Tierarten (vor allem Insekten), die teilweise hoch spezialisiert und teilweise auf diese Pflanzenart als einzige oder nahezu einzige Wirtspflanze angewiesen sind. So entwickeln sich die Raupen des Zitronenfalters nur am Faulbaum und am nah verwandten Kreuzdorn.

Eine hohe Artenvielfalt heimischer Gehölze (und Stauden, s. ab S. 210) ist also die wesentliche Grundlage für die Artenvielfalt von Tieren. Je nach vorhandenem Raum kann und sollte man deshalb mehrere Arten kombinieren. Nicht jeder Garten bietet allerdings Platz für eine große, frei wachsende und am besten mehrreihige Hecke. Dennoch sind heimische Gehölze auch dort möglich: Eine kleine Gruppe, bestehend zum Beispiel aus Weißdorn, Wildrose und Holunder, vielleicht kombiniert mit einem begrünten Totholzhaufen (s. S. 196), bietet Mensch und Vogel nicht nur attraktive Blütenpracht und reichen Fruchtbehang, sondern auch geschützte Brutmöglichkeiten für Vögel.

Viele heimische Straucharten eignen sich auch für Schnitthecken. Solche Hecken sollten allerdings nur aus einer einzigen oder höchstens zwei Arten bestehen, zum einen aus optischen Gründen, vor allem aber, weil die teilweise unterschiedlich schnelle Wüchsigkeit der Pflanzenarten die regelmäßige Pflege anderenfalls sehr erschwert. Für eine solche Schnitthecke, die durch regelmäßige Schur der jungen Triebe dicht und stabil gehalten wird, eignen sich im Prinzip viele Gehölze, unter den heimischen Vertretern sind dies zum Beispiel Hainbuche, Feldahorn, Eibe, Weißdorn, Berberitze und Liguster. Für welche man sich letztlich entscheidet, hängt unter anderem vom vorhandenen Lichteinfall ab: Während die drei letztgenannten Gehölzarten volle

Schwarzer Holunder

Holzapfel

Sonne lieben, gedeihen die übrigen drei auch in schattigeren Lagen. Hainbuchenhecken halten ihr vertrocknetes Laub bis zum nächsten Frühjahr und bieten Vögeln daher ganzjährig gute Deckung. Der Vorteil einer Schnitthecke ist der vergleichsweise geringe Platzbedarf, Nachteile sind neben der jährlichen Arbeit vor allem das weitgehende Fehlen von Blüten und Früchten.

Wesentlich attraktiver für Vögel, Insekten und andere Tiere ist eine Hecke aus vielen oder zumindest mehreren heimischen Straucharten, die sich – zumindest in einem gewissen Rahmen – frei entfalten dürfen. Eine solche Pflanzung benötigt natürlich deutlich mehr Platz als eine regelmäßig getrimmte Hecke.

Wo der Platz begrenzt und bereits eine Schnitthecke vorhanden ist, bietet sich eine Kompromisslösung an: Eine Kombination von einzelnen oder in kleinen Gruppen gepflanzten, frei wachsenden Gehölzen mit der Schnitthecke ergibt für Vögel eine ideale Struktur: Die Schnitthecke bietet ausreichend Deckung und Nistmöglichkeiten, höhere Sträucher oder kleine Bäume erfüllen weitere strukturelle Lebensraumansprüche – zum Beispiel als Singwarten – und liefern Nahrung in Form von Insekten und Beerenkost. Insofern muss Platzmangel in kleinen Gärten, der die Entfaltung frei wachsender, wuchtiger Hecken nicht erlaubt, kein Nachteil sein. Allerdings ist unbedingt darauf zu achten, dass die Schnitthecke dadurch nicht zu sehr beschattet wird, damit sie nicht verkahlt. Das gilt vor allem für lichthungrige Vertreter wie Weißdorn und Liguster. Idealerweise sollten größere frei wachsende Gehölze auf der Nordseite oder der Westseite einer Schnitthecke stehen. Es empfiehlt sich außerdem, einen ausreichenden Abstand zwischen frei wachsenden Büschen und Schnitthecke zu lassen, damit man sie bequem schneiden kann.

Die Schnitthecken selbst lassen sich leider nicht ohne Weiteres in frei wachsende Hecken umwandeln, etwa indem man sie nicht mehr regelmäßig schneidet. Denn bei ihnen stehen die einzelnen Pflanzen sehr dicht (je nach Art in der Regel drei bis vier Stück pro laufenden Meter) und würden sich bei fehlender Pflege gegenseitig Licht und Raum streitig machen, hoch aufwachsen und unten verkahlen. Bei einer frei wachsenden Hecke müssen die Pflanzabstände zwischen den einzelnen Gehölzen daher viel größer sein, je nach Gehölzart etwa zwei Meter, bei breit ausladenden Arten wie dem Roten Hartriegel auch mehr, damit sich die Pflanzen tatsächlich frei und arttypisch entfalten können und man in der Folgezeit nicht so viel schneiden muss.

Schlehe

In jedem Fall sind die jeweils geltenden nachbarschaftsrechtlichen Bestimmungen einzuhalten, die verbindlich regeln, wie hoch ein an der Grundstücksgrenze

Traubenkirsche

wachsender Busch oder Baum maximal werden darf und wie weit entfernt ein Gehölz von bestimmter Größe von der Grenze entfernt sein muss. Optimal ist es, sich mit seinen Nachbarn auf eine gemeinsame Hecke zu verständigen. Über die zu erwartende Größe einzelner Arten sowie deren Ansprüche an Licht und Boden informiert die Übersicht auf S. 209.

Durch Auswahl kleinwüchsiger Arten und ausreichend weite Pflanzung kann man sich vorsorgend viel Arbeit ersparen. In größeren Hecken sollten zudem immer mehrere Sträucher der gleichen Art in Gruppen zusammengepflanzt werden. Das sieht nicht nur natürlicher aus als ein »wildes Sammelsurium«, sondern erleichtert ebenfalls die spätere Pflege (s. u.) ungemein. Denn schnellwüchsige Arten unterdrücken langsam wachsende Nachbarn, die dann regelmäßig wieder freigestellt werden müssen. Nur größere Sträucher wie die Hasel oder kleine Bäume wie Vogelbeere, Feldahorn oder Wildobstgehölze sollten besser einzeln in die Hecke gepflanzt werden.

Auch Obstbäume sollten in keinem vogelfreundlichen Garten fehlen. Wer ausreichend Platz hat, wählt am besten regionaltypische, hochstämmige Sorten. Will man mehrere Exemplare pflanzen, setzt man sie einzeln mit genügendem Abstand voneinander, damit sich die Kronen gut entwickeln können und die Bäume genügend Sonne für einen reichen Fruchtansatz und gute Reife erhalten. So lassen sie sich auch besser pflegen und beernten, als wenn sie zu eng oder in einer Hecke stehen. Wo der Platz für hochstämmige Obstbäume fehlt, bieten sich Halbstämme an.

Unter den einheimischen Laubbaumarten liefern neben Vogelbeere, Vogelkirsche und Traubenkirsche vor allem Birken und Erlen mit ihren Samen begehrtes Futter für viele Vogelarten. Diese schnellwüchsigen Vertreter werden nicht allzu groß, sodass sie sich prinzipiell auch für durchschnittlich große Gärten eignen. Für Großbäume wie Buchen und Eichen fehlt meist der Platz. Dabei sind gerade alte Eichen überaus wertvoll für Insekten und damit indirekt auch für Vögel. Wer so einen Baum auf dem Grundstück hat, sollte alles daran setzen, ihn zu erhalten, denn bis aus einer Eichel ein ehrwürdiger Baumveteran wird, vergehen viele Menschengenerationen.

Nachfolgend einige Tipps zum Heckenschnitt:

Hecken oder auch einzelne Sträucher benötigen von Zeit zu Zeit einen Rückschnitt, weil sie zu groß werden oder sich gegenseitig Licht und Luft nehmen, sodass sie von unten her verkahlen. Hinsichtlich der erforderlichen Schnittmaßnahmen ist grundsätzlich zu unterscheiden zwischen einer jährlich getrimmten Schnitthecke und einer frei wachsenden Hecke. Schnitthecken werden unabhängig von der Gehölzart mindestens einmal jährlich »geschoren«. Der Hauptschnitt wird im Sommer ab Ende Juni – wegen der Brutzeit der Vögel besser erst ab Mitte oder Ende Juli (vorher auf besetzte Nester kontrollieren!) –

Weißdorn

durchgeführt (nicht viel später, denn die Sträucher sollen noch im selben Jahr wieder austreiben). Ein Nachschnitt kann im Spätwinter oder Vorfrühling erfolgen. Bei guter Pflege und gesundem Wachstum genügt meistens ein einmaliger Sommerschnitt. Zu beachten ist, dass die Heckenkrone schmaler gehalten wird als die Heckenbasis, damit auch die unteren Bereiche genügend Licht bekommen und nicht verkahlen. Das gilt natürlich ganz besonders für die Licht liebenden Arten. Jeder neue Schnitt sollte etwas weiter außen ansetzen. Denn schneidet man alljährlich auf derselben Ebene, schlagen die Sträucher mit der Zeit weniger stark oder gar nicht mehr aus und es können Lücken entstehen. Da die Hecke dabei immer höher und breiter wird, erfolgt von Zeit zu Zeit ein kräftigerer Rückschnitt, damit sie nicht zu viel Platz wegnimmt und man sie noch ohne unverhältnismäßig großen Aufwand pflegen kann.

Ganz ohne Pflege, das heißt gelegentlichen Rückschnitt, kommt man auch bei frei wachsenden Hecken nicht aus. Je nach Zweck unterscheidet man verschiedene Schnitttechniken: Beim Auslichtungsschnitt werden nur einzelne Triebe vollständig(!) herausgeschnitten. Bei einem normalen Rückschnitt, der die Größe des Gehölzes reduzieren soll, werden zu lange Triebe von Zeit zu Zeit individuell eingekürzt. Eine leider sehr häufig in Gärten und Grünanlagen zu beobachtende Unsitte ist der gleichmäßige, jährliche Rundschnitt – wahlweise auch Kastenschnitt – von Gehölzen mit der elektrischen Heckenschere. Diese aus der Pflege von Schnitthecken abgeleitete Verstümmelung verhindert einen arttypischen Wuchs und lässt alle Sträucher gleich aussehen. Solch traurige Gestalten werden durch diese unsachgemäße Pflege nahezu aller ihrer vielfältigen ökologischen Funktionen und ihres Wertes für Tiere beraubt.

Soll ein überalterter oder verkahlter Strauch verjüngt werden, wird er bis kurz über dem Erdboden, das heißt bis zum Wurzelstock zurückgeschnitten. »Auf den Stock setzen« heißt diese Schnitttechnik im Fachjargon. Der Strauch treibt danach üppig und dicht wieder aus. Niemals darf man aber die gesamte Hecke auf einmal auf den Stock setzen, sondern immer nur einzelne Sträucher oder kleinere Abschnitte der Hecke (anders als bei der Schnitthecke, die stets komplett gestutzt wird). Sonst verlieren Vögel und andere Tiere schlagartig die notwendige Deckung. Es versteht sich von selbst, dass solche Schnittmaßnahmen nur außerhalb der Brutzeit der Vögel durchgeführt werden dürfen, am besten in der Zeit von Anfang Oktober bis Ende Februar. Weitere Informationen zum Thema finden Sie zum Beispiel in dem Buch »Hecken – Lebensräume in Garten und Landschaft« (s. S. 278).

Himbeere

Ausgewählte heimische Heckengehölze für Vögel

Deutscher Name Botanischer Name	Blühmonate	Fruchtreife	Boden	Licht
Berberitze *Berberis vulgaris*	5–6 (Blüte gelb)	8–10 (Frucht rot)	trocken bis mittelfeucht	sonnig
Eibe *Taxus baccata*	3–5 (Blüte gelblich [männlich] gelbgrün [weiblich])	9–10 (Frucht rot)	trocken bis mittelfeucht	halbschattig bis schattig
Feldahorn *Acer campestre*	5–6 (Blüte grünlich weiß)	8–9 (Frucht rötlich grün)	mittelfeucht	sonnig bis schattig
Hainbuche *Carpinus betulus*	5–6 (Blüte grünlich [männlich] rötlich [weiblich])	10 (Frucht braun)	mittelfeucht	sonnig bis schattig
Roter Hartriegel *Cornus sanguinea*	5–6 (Blüte weißlich)	8–10 (Frucht schwarz)	mittelfeucht	sonnig bis halbschattig
Hasel *Corylus avellana*	2–3 (Blüte gelb [männlich] rot [weiblich])	9–10 (Frucht braun)	mittelfeucht	sonnig bis halbschattig
Rote Heckenkirsche *Lonicera xylosteum*	5–6 (Blüte gelblich)	6–7 (Frucht rot)	mittelfeucht	sonnig bis schattig
Schwarzer Holunder *Sambucus nigra*	5–6 (Blüte cremeweiß)	8–9 (Frucht schwarz)	mittelfeucht bis feucht	sonnig bis halbschattig
Kreuzdorn *Rhamnus cathartica*	5–6 (Blüte gelbgrün)	9–11 (Frucht schwarz)	trocken bis mittelfeucht	sonnig bis halbschattig
Liguster *Ligustrum vulgare*	6–7 (Blüte weiß)	7–9 (Frucht schwarz)	trocken bis mittelfeucht	sonnig
Pfaffenhütchen *Euonymus europaeus*	5–6 (Blüte grünlich)	8–10 (Frucht orange)	mittelfeucht bis feucht	sonnig bis schattig
Schlehe *Prunus spinosa*	4 (Blüte weiß)	9–10 (Frucht blau)	trocken bis mittelfeucht	sonnig
Vogelbeere *Sorbus aucuparia*	5–6 (Blüte weiß)	8–9 (Frucht orange)	trocken bis mittelfeucht	sonnig bis halbschattig
Weißdorn *Crataegus monogyna,* *Crataegus laevigata*	5 (Blüte gelb)	9–10 (Frucht rot)	trocken bis mittelfeucht	sonnig
Wildrosen *Rosa* spec.	5–7 (Blüte rosa, weiß)	8–10 (Frucht rot)	trocken bis mittelfeucht	sonnig

Quelle: Westphal: Hecken – Lebensräume in Garten und Landschaft (2015)

Wildkräuter und Wildstauden im Garten

Zahlreiche Lebensräume wie Wiesen, Trockenrasen oder Sümpfe werden von jeweils charakteristischen Wildstauden geprägt. Auch in von Gehölzen dominierten Biotopen wie Wäldern und Hecken spielen krautige Pflanzen als Unterwuchs eine wichtige Rolle. In Abhängigkeit von den jeweils prägenden Standortbedingungen bilden sich entsprechende Pflanzengesellschaften aus. Auch wenn es in der Regel schon aus Platzgründen kaum möglich ist, komplette Lebensräume mit ihren typischen Lebensgemeinschaften im Garten entstehen zu lassen, so gelingt es doch meist mehr oder weniger leicht, eine Fülle heimischer Wildstauden im Garten anzusiedeln, wenn man für die ihnen zusagenden Bedingungen sorgt.

Und wo viele Wildpflanzen wachsen, stellt sich bald eine Fülle von Insekten ein, die von ihnen leben – und Vögel, die Insekten und deren Larven verspeisen. Je mehr verschiedene Arten heimischer Wildstauden wir also im Garten ansiedeln (oder dulden), desto reichhaltiger wird das Insektenleben sein und entsprechend gut auch das Nahrungsangebot für Vögel. Wie wichtig ein ausreichendes Angebot an Insekten zur Brutzeit selbst für Körnerfresser wie Spatzen ist, wird auf S. 239 geschildert. (Natürlich haben Insekten und andere Kleintiere nicht nur als Vogelfutter, sondern allgemein als Bestandteile des Nahrungsnetzes und auch für sich ihren Wert!) Auch unter nichtheimischen Stauden gibt es hervorragende Nektarspender, doch als Raupenfutterpflanzen kommen sie nur selten in Betracht. Dennoch ist es sinnvoll, den Pflanzenbestand im Garten durch robuste Zierstauden wie Herbstastern zu ergänzen, um damit das Nektarangebot für Bienen und Schmetterlinge bis in den Spätherbst zu verlängern, oder Sonnenblumen anzupflanzen, deren Samen Meisen und Finken ernähren. Detailliertere Angaben zu den Nahrungsvorlieben der verschiedenen Vogelarten finden sich in den entsprechenden Einzelkapiteln.

Grundsätzlich gibt es zwei Möglichkeiten, wie Wildkräuter in unseren Garten gelangen: Entweder stellen sie sich von selbst ein oder wir bringen ausgewählte Arten durch Aussaat oder Pflanzung gezielt ein.

Die sogenannte **Spontanvegetation** wird von vielen Menschen schlicht als »Unkraut« angesehen und rigoros beseitigt. Nun kann es in der Tat nicht Ziel sein, den gesamten Garten ausbreitungskräftigen und konkurrenzstarken Arten wie Brennnessel, Giersch, Quecke oder Klettenlabkraut zu überlassen. Doch lohnt es sich, diese Pflanzen einmal mit anderen Augen zu betrachten: So sind Brennnesseln die Kinderstube einiger unserer schönsten Schmetterlinge wie Tagpfauenauge, Kleiner Fuchs und Landkärtchen, deren Raupen sich (nur) von dieser Pflanze ernähren. Und der unscheinbare Gemeine Beifuß ernährt gar rund 180 Insektenarten. Die Samen von Beifuß und Brennnessel werden zudem gern von Vögeln verzehrt. Sicher findet sich in jedem Garten ein Eckchen, wo man solchen Wildwuchs dulden kann. Auch entlang von Mauern und aus Pflasterritzen wachsen unscheinbare Überlebenskünstler, deren Samen bei Spatzen und vielen Finken äußerst beliebt sind.

Girlitze lieben Brachflächen mit Wildkrautsamen.

Als Vogelfutter besonders beliebte Wildkräuter und Wildgräser

- Weißer Gänsefuß (Chenopodium album)
- Vogelknöterich (Polygonum aviculare)
- Flohknöterich (Polygonum persicaria)
- Vogelmiere (Stellaria media)
- Gemeiner Beifuß (Artemisia vulgare)
- Gemeine Nachtkerze (Oenothera biennis)
- Löwenzahn (Taraxacum officinale)
- Brennnessel (Urtica dioica / U. urens)
- Melde (Atriplex spec.)
- Gemeiner Hohlzahn (Galeopsis tetrahit)
- Borstenhirse (Setaria spec.)
- Hühnerhirse (Echinochloa crus-galli)
- Bluthirse (Digitaria sanguinalis)
- Einjähriges Rispengras (Poa annua)

Wildpflanzen der Wegränder und Brachflächen: Weißer Gänsefuß, Flohknöterich, Nachtkerze, Vogelknöterich, Gemeiner Hohlzahn, Borstenhirse, Löwenzahn, Bluthirse (v. li. o. im Uhrzeigersinn)

All diese Arten (s. S. 211 und nebenstehendes Bild) sind häufige Pflanzen der Wegränder, Schuttplätze, Brachflächen und Hofstellen. Botaniker zählen sie daher zur »Ruderalflora« (lat. *rudus* = Schutt). Für die meisten Menschen ist es schlicht »Unkraut«, unnützer Wildwuchs – aber eben auch beliebtes Vogelfutter. Im Übrigen lassen sich manche dieser allgemein unbeliebten Pflanzen wie Giersch, Löwenzahn oder Brennnessel in der Küche als schmackhaftes und gesundes Wildgemüse verwenden.

Dass man unerwünschtem Pflanzenwuchs nicht mit der Giftspritze zu Leibe rückt, versteht sich von selbst. Genauso gut und ohne Gefahren für die Umwelt kann man Wildwuchs dort, wo er wirklich stört oder andere Pflanzen unterdrückt, mit der Hand jäten. Auch Insektizide sind im Garten tabu, denn sie töten neben den »Schädlingen« auch »nützliche« Insekten, die diese in Schach halten, und vernichten die Nahrungsgrundlage der Vögel. Schon so manche Brut starb nach einem Gifteinsatz, wenn vergiftete Insekten verfüttert wurden.

Die Ruderalpflanzen stellen sich in der Regel von alleine ein, andere Arten kann man gezielt anpflanzen oder ansäen. Etwa 1000 heimische Wildpflanzen eignen sich für die Gartenkultur. Angesichts dieser selbst für Fachleute kaum zu überschauenden Fülle kann es schwerfallen, die richtige Auswahl zu treffen. Zum einen richtet sie sich nach den jeweils gegebenen Standortbedingungen wie Bodenart, Feuchtigkeit, Licht und Temperaturverhältnissen. Zum anderen kann man an bestimmten Stellen geeignete Bedingungen für gewünschte Arten schaffen, etwa unterschiedliche **Wildstaudenbeete** anlegen. Grundsätzlich gibt es für nahezu jeden erdenklichen Standort passende Pflanzenarten. Als Faustregel kann gelten: Je nährstoffärmer und kalkhaltiger der Boden ist, desto mehr Pflanzenarten können dort nebeneinander gedeihen. Das gilt vor allem auch für kleinwüchsige, konkurrenzschwache Blumen, die auf nährstoffreichen Böden von Brennnesseln und anderen konkurrenzstarken Arten überwuchert werden.

Glücklicherweise liegen inzwischen zahlreiche längerfristige Erfahrungen mit Wildstaudenpflanzungen vor, auf die man zurückgreifen kann. Sehr zu empfehlen ist zum Beispiel das Buch »Schön wild!«, in dem die Autoren, Biologin Brigitte Kleinod und Gärtnermeister Friedhelm Strickler, für unterschiedlichste, auch »schwierige«, Standorte praxiserprobte Tipps zu Bepflanzung und Pflege attraktiver Gartenbeete mit heimischen Wildstauden geben, die wenig Arbeit und viel Freude machen. Inspirationen in Hülle und Fülle durch wunderschöne Fotos aus naturnah gestalteten Gärten in ganz Deutschland und dem benachbarten Ausland findet man – neben fundierten Hintergrundinformationen und Pflanzenlisten – auch in dem preisgekrönten Buch »Natur für jeden Garten« des Biologen und Naturgartenplaners Reinhard Witt.

An dieser Stelle mögen als wenige Beispiele einige subjektiv ausgewählte Wildpflanzen für verschiedene Standorte genügen, die nicht nur ökologisch wertvoll sind, sondern auch attraktiv für das menschliche Auge.

Attraktive Pflanzen für magere, sonnige Standorte

Deutscher Name Botanischer Name	Wuchshöhe	Blühmonate Blütenfarbe	Besonderes
Großblütige Königskerze *Verbascum densiflorum*	50–200 cm	6–9 gelb	Schmuckstaude über den Winter
Schwarze Königskerze *Verbascum nigrum*	50–150 cm	5–8 gelb	purpurfarbene Staubfäden
Schwarzer Geißklee *Cytisus nigricans*	30–150 cm	6–8 goldgelb	Dauerblüher
Rosenmalve *Malva alcea*	50–150 cm	6–10 rosa	Spätblüher
Ähriger Ehrenpreis *Veronica spicata*	20–50 cm	6–9 violett	Dauerblüher
Ackerglockenblume *Campanula rapunculoides*	30–100 cm	6–8 blaulila	Wurzelausläufer

Quelle: Witt: Der Naturgarten (2001)

Attraktive Pflanzen für nährstoffreiche, sonnige Standorte

Deutscher Name Botanischer Name	Wuchshöhe	Blühmonate Blütenfarbe	Besonderes
Deutsche Schwertlilie *Iris germanica*	30–100 cm	5–6 blau	Duftpflanze
Moschusmalve *Malva moschata*	30–100 cm	6–10 rosa, weiß	Dauerblüher
Wiesenflockenblume *Centaurea jacea*	20–80 cm	6–10 violett	Insektenmagnet
Wiesenwitwenblume *Knautia arvensis*	30–80 cm	6–8 lila	Dauerblüher
Raintarn *Tanacetum vulgare*	60–120 cm	7–10 gelb	Duftpflanze
Wilde Möhre *Daucus carota*	30–100 cm	6–9 weiß	zweijährig

Quelle: Witt: Der Naturgarten (2001)

Attraktive Pflanzen für einen sonnigen Heckensaum

Deutscher Name Botanischer Name	Wuchshöhe	Blühmonate Blütenfarbe	Besonderes
Nesselblättrige Glockenblume *Campanula trachelium*	30–110 cm	6–8 blau, weiß	Dauerblüher
Wegwarte *Cichorium intybus*	30–120 cm	6–10 himmelblau	Dauerblüher
Bunte Kronwicke *Coronilla varia*	30–120 cm	6–10 rosa, weiß	klettert, wuchert
Blutstorchschnabel *Geranium sanguineum*	10–50 cm	5–9 rot	wuchert
Tüpfeljohanniskraut *Hypericum perforatum*	30–60 cm	6–8 gelb	Heilpflanze
Echter Pastinak *Pastinaca sativa*	40–120 cm	6–9 gelb	Duftpflanze

Quelle: Witt: Der Naturgarten (2001)

Auch für schattige oder halbschattige Standorte gibt es zahlreiche passende Wildpflanzen: Zu meinen persönlichen Favoriten bei der Gestaltung zählt das **Käferbeet.** Wurzelstubben und Holzstämme – malerisch drapiert oder teilweise zu bizarren Haufen aufgeschichtet (s. S. 196) – schaffen zusammen mit Farnen und Waldstauden wie Fingerhut, Waldstorchschnabel, Salomonssiegel, Sternmiere oder Roter Lichtnelke eine verwunschene Waldatmosphäre. Akeleien und verschiedene Arten von Glockenblumen passen ebenfalls gut in eine solche Pflanzung, die nicht nur zahlreichen Käfern beziehungsweise deren Larven, die im morschen Holz leben, einen reich gedeckten Tisch bieten. Auch Kleiber, Buntspechte und viele weitere Vogelarten werden sich dort als ständige Nahrungsgäste einstellen.

Pflanzungen mit heimischen Wildstauden sind – richtig angelegt – zwar pflegeleicht, doch ganz ohne Pflege kommt man nicht aus: Insbesondere müssen unerwünschte, ausbreitungskräftige Beikräuter und eventuell auflaufende Baumkeimlinge regelmäßig gejätet werden, damit sie die gepflanzten oder ausgesäten Stauden nicht überwuchern und verdrängen.

Wichtig ist auch die sorgfältige Vorbereitung des Beetes, gerade bei nährstoffreichem Boden. In diesem Fall muss gegebenenfalls »unkraut-«haltiger Oberboden entfernt und durch »unkraut-«freien Boden ersetzt werden. Alternativ kann man die nährstoffreichen Erdschichten mit einer mindestens 30 Zentimeter dicken Schicht nährstoffarmen Bodens (lehmiger Sand, Kalkschutt, Kies in gewünschter Mischung) überdecken. Zwar gibt es auch

für nährstoffreiche Böden durchaus attraktive Pflanzenarten, der Pflegeaufwand ist allerdings auf Dauer oft höher als auf nährstoffärmeren Böden. Anschließend bringt man die gewünschten Pflanzen in ausreichender Zahl aus, damit möglichst schnell eine geschlossene Vegetationsdecke entsteht, die spontanen und möglicherweise problematischen Zuwanderern keine Möglichkeit zum Keimen bietet. Entweder setzt man einzelne, in der Gärtnerei vorgezogene Pflanzen in ausreichender Anzahl oder sät sie aus. Gerade bei größeren Flächen ist die Ansaat die deutlich kostengünstigere Lösung. Zudem haben langsam auskeimende Pflanzen erfahrungsgemäß weniger unter Nacktschnecken-Fraß zu leiden als Einzelpflänzchen, die bei hoher Schneckendichte oftmals kahl gefressen sind, bevor sie richtig anwachsen konnten. Diese unvermeidliche Schwächeperiode bis zum Anwachsen scheint die Schnecken, die im Wesentlichen Abfallverwerter sind, unwiderstehlich anzuziehen. Auch sind unterschiedliche Pflanzenarten bei den Weichtieren unterschiedlich beliebt. Igel und Kröten als deren natürliche Fressfeinde profitieren von Unterschlupfmöglichkeiten wie Totholzhaufen und anderen Kleinstrukturen (s. S. 196).

Trotz sorgfältiger Bodenvorbereitung, Pflanzenauswahl und sachgerechter Pflege – für Überraschungen sorgt die Entwicklung eines Wildstaudenbeetes immer: Eine identische Artenkombination in selber Stückzahl auf nahezu gleichem Boden kann sich zum Beispiel in Norddeutschland ganz anders entwickeln als in Süddeutschland. So unterschiedlich sind die klimatischen Verhältnisse, und auch die kurzfristigen Witterungsverhältnisse in einer Region spielen selbstverständlich eine Rolle: Heiße, trockene Sommer etwa beeinflussen die Entwicklung der Vegetation in anderer Weise als kühle, verregnete Perioden. Unterschiedliche Bodenverhältnisse und kleinklimatische Bedingungen wirken sich ebenso auf das Überleben und die Konkurrenzkraft der einzelnen Pflanzenarten aus.

Selbst unter gleichbleibenden Bedingungen würde sich das Bild im Laufe der Jahre verändern. Das liegt an den unterschiedlichen Lebensstrategien der Pflanzen. So gibt es einjährige und zweijährige Pflanzen, die zum Auskeimen immer wieder offene Böden benötigen, genauso wie ausdauernde Stauden, die die anderen allmählich über Wurzelausläufer oder auf andere Weise verdrängen. Diese Veränderungen, als »Sukzession« bezeichnet, sind vollkommen natürlich und können durch entsprechende Pflegemaßnahmen beeinflusst werden. So können wir überhand nehmende Pflanzen jäten und durch Offenhalten des Bodens die weniger konkurrenzstarken Pioniere fördern. Ich finde es immer wieder außerordentlich spannend, diese Veränderungen zu beobachten. Manche Pflanzen halten sich

Weitere attraktive Wildstauden für Krautsäume und Beete im Garten

Auswahl für nährstoffreiche, überwiegend sonnige Standorte

- Wiesenstorchschnabel (Geranium pratense)
- Wiesenkerbel (Anthriscus sylvestris)
- Hecken-Kälberkropf (Chaerophyllum temulentum)
- Wiesenbärenklau (Heracleum sphondylium)
- Gemeine Schafgarbe (Alchemilla millefolium)
- Wiesenmargerite (Leucanthemum vulgare)
- Gemeiner Odermennig (Agrimonia eupatoria)
- Waldgeißbart (Aruncus sylvestris)
- Gemeine Akelei (Aquilegia vulgaris)
- Pfirsichblättrige Glockenblume (Campanula persicifolia)
- Roter Fingerhut (Digitalis purpurea)
- Hornklee (Lotus corniculatus)
- Rote Lichtnelke (Silene dioica)
- Frauenmantel (Alchemilla vulgaris)
- Echtes Seifenkraut (Saponaria officinalis)
- Große Bibernelle (Pimpinella major)
- Große Sternmiere (Stellaria holostea)

über Jahre, andere verschwinden – um vielleicht unvermutet an anderer Stelle des Gartens aufzutauchen. Ein guter Standort für blütenreiche Wildstauden ist auch der **Krautsaum,** der einer (Wildstrauch-)Hecke vorgelagert ist. Oder der besonnte Fuß einer Trockenmauer – Spezialisten wie der Mauerpfeffer und andere trockenheitsresistente Arten wachsen sogar auf der Mauerkrone – oder ein Sumpfbeet (s. S. 233).

Krautsäume, insbesondere solche aus hochwüchsigen Pflanzenarten (Hochstauden), etwa Doldenblütler wie Wiesenkerbel oder Engelwurz, sollte man im Gegensatz zu einer Blumenwiese über den Winter stehen lassen und erst im nächsten Frühjahr abschneiden. Denn an den verholzten Stängeln und sogar in deren oft hohlem Inneren verbringen viele Insekten oder deren Larvenstadien die kalte Jahreszeit. Vögel wie Meisen und Kleiber wissen dies genau und picken gezielt daran herum, um sich so den einen oder anderen Happen zu sichern. Wer Platz hat, kann einen größeren Bestand dieser meist recht wüchsigen und ausbreitungsfreudigen Arten als **Hochstaudenflur** anlegen oder dulden. Neben den genannten Doldenblütlern kommen hierfür zum Beispiel verschiedene Arten von Weidenröschen oder auf feuchteren Böden auch Blutweiderich, Wasserdost und Mädesüß infrage.

Hochstaudenfluren sind meistens recht stabil und müssen nur alle paar Jahre gemäht werden, um aufkommenden Baumjungwuchs zurückzudrängen. Hierbei wie auch bei ausgedehnteren Krautsäumen sollte unbedingt immer nur ein Teil mit einer Sense oder Staudensichel gemäht oder geschnitten werden. Im darauffolgenden Jahr, wenn die gestutzten Pflanzen wieder nachgewachsen sind, folgt dann der Rest. Entsprechendes gilt auch für größere Brennnesselbestände. Diese alternierende Mahd ist existenziell wichtig, damit zum Beispiel Schmetterlingsraupen mit längerer Entwicklungszeit oder auch überwinternde Puppen wenigstens zum Teil verschont bleiben und so den Bestand erhalten können. Müssen Krautsäume zur Blütezeit gemäht werden, garantiert eine zeitlich versetzte Mahd von Teilbeständen zudem ein kontinuierliches Nahrungsangebot für Blütenbesucher.

Blumenrasen und Blumenwiesen

Manch einer mag von einer bunt blühenden **Blumenwiese** im Garten träumen, wie sie früher vielerorts in der Landschaft anzutreffen war. Heute sind solche Wiesen dort weithin verschwunden. Sie mussten intensiv genutzten und mehrfach im Jahr gemähten »Grasäckern« mit Hochleistungsgräsern weichen, die keinen Platz für wilde Blumen lassen. Ein ähnliches Bild bietet sich in vielen Gärten. Leider lässt sich so ein wöchentlich gestutzter und regelmäßig gedüngter »Golfrasen« nicht ohne Weiteres in eine Blumenwiese umwandeln, allenfalls in einen **Blumenrasen.** Das funktioniert vergleichsweise gut insbesondere auf nährstoffärmeren Standorten mit teilweise lückiger Grasnarbe. Ökologisch ist ein Blumenrasen zwar weniger wertvoll als eine Blumenwiese, weil die für viele Insekten und Spinnen wichtige vertikale Dimension fehlt, dennoch bietet auch er durch seinen Blütenreichtum Nahrung für zahlreiche fliegende und krabbelnde Kleintiere. Davon wiederum profitieren die Vögel, die von ihnen leben. Mäht man etwas weniger häufig und nur nach Bedarf und stellt dabei die Schnitthöhe am Rasenmäher so hoch wie möglich ein, haben auch krautige Pflanzen die Chance, zur Blüte zu kommen: vor allem niedrig wachsende Arten wie Gänseblümchen und Gundermann, Kriechender Günsel, Kleine Braunelle (nicht zu verwechseln mit dem gleichnamigen Vogel) oder der Persische Ehrenpreis, eine aus dem Mittleren Osten eingeschleppte und mittlerweile weit verbreitete Pflanze. Auch wenn ihre Blüten immer wieder abgemäht werden, bleiben die Pflanzen ansonsten ungeschoren und können in kurzer Zeit wieder neue Blüten treiben.

Häufig liegen die Samen auch vieler weiterer Arten über Jahre im Boden und warten nur auf eine Chance zu keimen. Als Jugendlicher habe ich einmal auf dem elterlichen Grundstück einen Quadratmeter Rasen abgesteckt, der einige Wochen lang nicht gemäht wurde, und die Entwicklung verfolgt. Mehr als 20 verschiedene Arten von Blütenpflanzen konnte ich auf dieser kleinen Fläche entdecken, darunter Kleines Habichtskraut, Hopfenklee, Schafgarbe und Wiesenbocksbart. Um die Konkurrenzkraft der Gräser zu schwächen, darf weder gedüngt noch mit dem Grasschnitt gemulcht werden. Jede Mahd entzieht dem Boden über das entfernte Schnittgut Nährstoffe – gut für viele Wildblumen, die einen nährstoffarmen Boden schätzen. So kann sich mit der Zeit ein bunt blühender Blumenrasen entwickeln.

Nur in Ausnahmefällen lässt sich allerdings auf diese Weise ein Rasen in eine Blumenwiese umwandeln. Denn zum einen gibt es in der Umgebung oft keine Vorkommen mehr, von denen von uns gewünschte Pflanzen zuwandern könnten, und wenn, dauert dies oft sehr lange. Vor allem aber wird in der Regel bei der Anlage eines Rasens nährstoffreicher Mutterboden verwendet, und gerade die »modernen« Sorten der Rasengräser sind so extrem konkurrenzstark, dass zartere Pflänzchen keine Chance gegen den dichten Grasfilz haben.

Wem ein Blumenrasen nicht genügt, muss also einigen Aufwand treiben. Bei älteren Rasenflächen auf mageren Böden mag es genügen, die Grasnarbe in Teilen aufzufräsen oder in Teilen die Rasensoden ganz zu entfernen und dort Saatgut von Wildpflanzen auszubringen, in der Hoffnung, dass sie sich über die gesamte Fläche verbreiten werden. In der Regel muss aber die gesamte Grasnarbe mitsamt dem nährstoffreichen Oberboden maschinell entfernt und der Boden mit Sand und/oder feinem Kalkschotter abgemagert werden. Leichter hat man es bei Neuanlagen: Dann sollte man gleich darauf achten, dass nährstoffarmes Substrat statt des üblichen Mutterbodens aufgebracht wird oder vorhandene magere Rohböden nicht mit Mutterboden überdeckt werden. Anschließend wird eine zum Standort passende Saatgutmischung mit Wildblumen und bestimmten weniger konkurrenzstarken Gräsern ausgebracht. Hierfür sollte man unbedingt auf Ansaatmischungen zurückgreifen, die für möglichst dauerhafte heimische Blumenwiesengesellschaften entwickelt wurden. Viele im Baumarkt erhältliche Samenmischungen enthalten überwiegend Einjährige wie Mohn und Kornblume, die zwar im ersten und teilweise vielleicht noch im zweiten Jahr hübsch blühen, aber nicht von Dauer sind. Denn um zu keimen, brauchen diese Arten offene Böden. Sie müssen daher jedes Jahr auf solchen Böden neu ausgesät werden – eine weitere schöne Variante, um Wildblumen im Garten anzusiedeln, für eine Blumenwiese aber eben nicht geeignet.

Wie sich eine Blumenwiese letztendlich entwickeln wird und wie sich die Artenzusammensetzung im Laufe der Zeit verändert, hängt wie bei den Wildstaudenbeeten von vielen Standortfaktoren ab. In jedem Fall gilt: Wiesen mit heimischen Kräutern bieten ein prächtiges Bild und jede Menge Nahrung für Insekten und Vögel, eignen sich allerdings nur für größere Flächen, damit sie optisch gut wirken und ihre ganze ökologische Wertigkeit entfalten können. Zu beachten ist auch, dass Blumenwiesen im Gegensatz zu Blumenrasen möglichst wenig begangen werden sollten – als Spielfläche für Kinder sind sie also nicht geeignet. Man kann sie aber, um die Blütenpracht dennoch aus der Nähe bewundern zu können, mit regelmäßig gemähten Rasenpfaden erschließen. Gemäht werden Blumenwiesen je nach Ausprägung und Wüchsigkeit meistens zweimal im Jahr, etwa im Frühsommer und im Frühherbst. Dazu benötigt man entweder eine Sense oder bei größeren Flächen

einen Balkenmäher. Ohne regelmäßige Mahd bestimmen bald hochwüchsige Stauden und Baumjungwuchs das Bild – die Wiese entwickelt sich langfristig zum Wald. Die Blumen verschwinden meist schon vorher, weil sie in dem dichten Filz, der ohne Mahd schnell entsteht, nicht mehr keimen können. Eine ausreichende Vorbereitung anhand guter Literatur zum Thema (s. ab S. 276) oder eine fachliche Beratung durch Naturgartenplaner ist bei der Anlage und Pflege von Blumenwiesen unerlässlich, um Enttäuschungen und (nicht selten teure) Fehlschläge zu vermeiden. Größere Blumenwiesen lässt man am besten durch zertifizierte Fachbetriebe anlegen (s. Adressen ab S. 281).

Übrigens: Auch wer nur sehr wenig Platz oder gar keinen Garten hat, braucht auf heimische Wildstauden nicht zu verzichten. Viele gedeihen auch in Töpfen und Balkonkästen, und dafür ist praktisch überall Platz.

Bleibt abschließend noch die Frage zu klären, woher man die passenden Pflanzen bekommt. Ein Ausgraben an natürlichen Standorten verbietet sich von selbst, allenfalls kann man Samen gewinnen – in ausgewiesenen Naturschutzgebieten ist auch das nicht erlaubt. Bleibt also nur, die Pflanzen oder deren Samen zu kaufen: Die meisten heimischen Wildstauden – egal, ob Einzelpflanzen oder Saatgut – und ebenso seltenere Vertreter der heimischen Sträucher bekommt man (bislang) nicht im Gartencenter um die Ecke und schon gar nicht im Baumarkt. Es gibt aber eine Reihe spezialisierter und zertifizierter Anbieter (s. ab S. 281), bei denen man die gewünschte Ware (auch bewährte Saatgutmischungen für unterschiedliche Zwecke und Standorte) problemlos bestellen kann. Das mag für manche Gartenbesitzer ungewohnt sein, ist aber sicher und bequem und man hat die Garantie, dass man bekommt, was man möchte, und dass die Natur davon profitiert. Und wer einmal die zarte Schönheit heimischer Wildstauden kennengelernt hat, die sich mitunter erst auf den zweiten Blick offenbart, der wird – genau wie Vögel und Insekten – die oft knallig bunten, großblütigen Züchtungen aus den Hochglanzprospekten der Gartenindustrie nicht vermissen.

Wände, Mauern und Dächer begrünen

Häuser mit grünem Pelz ziehen viele Vögel magisch an. Sie finden im dichten Laub geschützte Schlaf- und Ruheplätze, Insekten und andere Kleintiere, teilweise auch Beeren als Nahrung, und sie bauen vielfach ihre Nester darin. Wie beliebt Gebäudefassaden, von rankenden und kletternden Pflanzen üppig bewachsen, bei den Gefiederten sind, zeigt schon das vielstimmige Getschilpe der Spatzen, das regelmäßig aus solchem Grün ertönt. Gerade in dicht bebauten Stadtbereichen, wo es oft an Hecken und Gebüschen mangelt, ist die Fassadenbegrünung ein wichtiges Element im Lebensraum vieler Vögel.

Auch für den Menschen haben begrünte Wände (und Dächer) gerade in den Häuserschluchten der Großstadt wesentliche Funktionen: Sie puffern klimatische Extreme ab, spenden Sauerstoff und bieten im tristen Grau zudem etwas für das Auge. Im Sommer schützt der dichtlaubige Bewuchs die Wand vor zu starker Sonneneinstrahlung und sorgt durch Verdunstung für ein angenehmeres Kleinklima, im Winter haben immergrüne Kletterpflanzen wie der Efeu zudem eine isolierende Wirkung gegen Kälte: Die Luftschicht

Rotdrossel

zwischen den Blättern und zwischen Haus und Pflanze isoliert gerade in der Stadt, wo die winterlichen Temperaturen in der Regel um einige Grade höher liegen als im Umland, oft ebenso gut gegen Kälte wie eine technische Fassadendämmung. Starke Temperaturschwankungen und auch Starkregen können der Wand somit nichts anhaben. Leider stehen einer Fassadenbegrünung oft Vorbehalte entgegen, die teils auf Unwissenheit und Befürchtungen beruhen. Andererseits gilt es aber tatsächlich einige wichtige Dinge bereits bei der Planung zu beachten, um Misserfolgen und späteren Unannehmlichkeiten vorzubeugen.

Für eine Begrünung von Mauern und Fassaden eignen sich prinzipiell alle Pflanzenarten, die natürlicherweise Mauern, große Sträucher oder Bäume als Kletterhilfen nutzen, um ans Licht zu gelangen. Da sie im Boden wurzeln und eigene Blätter entfalten, sind sie Selbstversorger und keine Schmarotzer (die es im Pflanzenreich ebenfalls gibt). Je nach Art der Klettertechnik unterscheidet man verschiedene Typen: Selbstklimmer halten sich entweder mit Haftwurzeln (Beispiele: Efeu, Kletterhortensie) oder mit Haftscheiben (Beispiele: Wilder Wein, Jungfernrebe) an der Unterlage fest. Sie benötigen daher kein Klettergerüst. Alle anderen Kletterpflanzen, die man in Ranker, in Schlinger und in Spreizklimmer unterteilt, dagegen schon. Ranker wie Echter Wein und Waldrebe (Clematis) halten sich an natürlichen oder künstlichen Rankhilfen mithilfe speziell ausgebildeter Seitensprosse oder Blattstiele fest. Schlinger, auch Winder genannt, umschlingen Zweige und dünnere Äste oder Drähte dagegen mit dem gesamten Spross (Beispiele: Schlingknöterich, Blauregen). Auch die bereits genannten Geißblattarten (s. S. 197) zählen zu den Schlingern. Spreizklimmer schließlich verhaken sich mit gebogenen Stacheln im Geäst oder in einer künstlichen Kletterhilfe und hangeln sich so nach oben. Hier sind vor allem die Kletterrosen zu nennen, die wie alle Rosen entgegen dem allgemeinen Sprachgebrauch keine Dornen, sondern Stacheln (Auswüchse der Blatthaut) besitzen, die sich leicht abbrechen lassen. Dornen dagegen sind entweder Auswüchse der holzigen Sprossachse (Sprossdornen) oder aus umgewandelten Blättern entstanden (Blattdornen). Die passende Kletterhilfe richtet sich nach dem »Klettertyp« der gewählten Pflanzenart(en).

Verwendet man am Haus Pflanzen, die ein Klettergerüst benötigen, hat das den Vorteil, dass man ihren Wuchs durch dessen Form und Dimension steuern kann. Man muss nur dafür sorgen, dass bei starkwüchsigen Arten ein Abstand von mindestens einem halben Meter bleibt zu baulichen Strukturen, die nicht überwuchert werden sollen, etwa Regenrinnen oder Regenfallrohre. Letztere kann man übrigens mithilfe spezieller Rankhilfen gut mit einjährigen Arten begrünen, doch starkwüchsige Arten wie der Blauregen (Glyzine) sind ohne Weiteres in der Lage, ein Regenrohr im Laufe weniger Jahre zu zerquetschen.

Bei Selbstklimmern lässt sich das Wachstum nur durch regelmäßiges Schneiden begrenzen. Für die flächige Begrünung großer Fassadenflächen sind sie zwar gut geeignet, doch muss man insbesondere aufpassen, dass die Pflanzen nicht die Dachrinnen verstopfen oder Dachpfannen anheben.

Schlingpflanzen und Kletterpflanzen zur Begrünung von Mauern, Zäunen und Fassaden: Mauerwein, Waldrebe, Wald-Geißblatt, Schlingknöterich, Efeu (v. li. o. im Uhrzeigersinn)

Welche Kletterpflanzen Sie letztendlich auswählen, richtet sich unter anderem nach den Standortbedingungen (Klima, Sonnenexposition, Bodenart, Feuchtigkeit), dem vorhandenen Platz, den Besonderheiten der Pflanzen (wie Blüten, Blattfärbung, Frosthärte, Wüchsigkeit) sowie natürlich Ihren eigenen Vorstellungen.

Können die Pflanzen der Fassade schaden?

Schlingpflanzen und Rankpflanzen, die auf eine Kletterhilfe angewiesen sind, kommen mit der Wand nicht nennenswert in Berührung, da diese Konstruktionen immer einen gewissen Abstand zur Wand aufweisen müssen. Sie schädigen das Bauwerk daher nicht, sondern schützen es im Gegenteil vor Witterungseinflüssen.

Anders sieht es unter Umständen mit Selbstklimmern aus. Die Haftscheiben etwa des Wilden Weins richten keinen Schaden an, weil sie nicht ins Mauerwerk eindringen, sondern sich nur festhalten. Da die Pflanzen im Laufe der Jahre bei guten Bedingungen jedoch stark wachsen und dadurch ein hohes Gewicht erreichen können, kann es passieren, dass irgendwann die ganze Pracht mitsamt dem Putz am Boden liegt. Bei unverputzten Mauern kann das nicht passieren, auch die Art des Putzes spielt eine große Rolle.

Gefürchtet ist der Efeu, ausgerechnet eine bei Vögeln und auch vielen anderen Tierarten äußerst beliebte Kletterpflanze. Hier ist es wirklich entscheidend, dass die Fassade vor der Begrünung keinerlei Schäden aufweist. Denn die Haftwurzeln des Efeus fliehen das Licht und dringen durch kleine Risse und schadhafte Fugen ins Mauerwerk, das sie durch allmähliches Dickenwachstum schädigen können.

Grundsätzlich ungeeignet als Untergrund für Kletterpflanzen mit Haftwurzeln sind zum Beispiel Wärmedämmverbundsysteme, vorgehängte Fassaden aus Holz, Schiefer oder anderen Werkstoffen, kunststoffhaltige Wandputze oder luftporenhaltige Wärmedämmputze mit begrenzter Tragfähigkeit.

Bei geeigneter Auswahl schützt eine Fassadenbegrünung aber den Untergrund nicht nur vor witterungsbedingter Alterung, sondern auch vor Fassadenspechten – Buntspechten, die sich darauf spezialisiert haben, insbesondere wärmegedämmte Fassaden zu durchlöchern (s. S. 67).

Schäden am Fundament oder an intakten Wasserrohren im Boden durch die Wurzeln der Kletterpflanzen sind ebenfalls nicht zu befürchten. Nur wenn ein Rohr leck ist, dringen die Wurzeln ein und können es verstopfen. Andererseits muss man unbedingt dafür sorgen, dass die Kletterpflanzen so nah am Haus – oft mit versiegeltem Umfeld und unter einem Dachüberstand, der Regen abhält – nicht an Wassermangel leiden und genügend durchwurzelbaren Boden zur Verfügung haben.

Neben Hausfassaden bieten sich ebenso Mauern und Holzwände aller Art für eine Begrünung an, zum Beispiel Schuppen, Ställe, Garagen oder Carports. Wer eine Fassadenbegrünung oder sonstige Verwendung von Kletterpflanzen plant, sollte sich unbedingt vorher eingehend informieren. Hierfür sei auf entsprechende Literatur verwiesen, zum Beispiel das sehr empfehlenswerte, weil praxisnah und verständlich geschriebene Buch »Grüne Wände für Haus und Garten« (s. S. 277).

Gleiches gilt für die extensive Begrünung von Flachdächern, dies allein schon wegen zahlreicher spezieller Anforderungen an Statik, Pflanzsubstrate und Pflanzenauswahl.

An die Begrünung von Schuppendächern, Carports und Ähnlichem kann man sich nach gründlicher Vorbereitung (geeignete Literatur s. ab S. 276) noch alleine wagen. Umfangreichere Dachbegrünungen sollte man aber unbedingt darauf spezialisierten Fachfirmen überlassen. Begrünte Flachdächer sind durch ihren Insektenreichtum wertvolle zusätzliche Nahrungsquellen für Vögel.

Ausgewählte vogelfreundliche Kletterpflanzen

Deutscher Name Botanischer Name	Wuchshöhe	Klettertyp	Standort*	Besonderheiten
Efeu	bis 30 m	Selbstklimmer (Haftwurzeln)	halbschattig bis schattig	immergrün, späte Blüte, Nahrung f. Insekten und Vögel
Kletterhortensie	5–10 m	Selbstklimmer (Haftwurzeln)	halbschattig bis schattig	langsamer Wuchs, »romantischer« Blütenflor
Mauerwein	bis 10 m	Selbstklimmer (Haftscheiben)	sonnig bis halbschattig	richtige Sorte beachten! Nahrung f. Vögel (Beeren)
Dreilappiger Mauerwein	bis 20 m	Selbstklimmer (Haftscheiben)	sonnig bis halbschattig	richtige Sorte beachten! Nahrung f. Vögel (Beeren)
Echter Wein	bis 10 m	Blattstielranker	sonnig, warm	Nahrung f. Vögel (Trauben)
Schlingknöterich	8–15 m	Schlinger	sonnig bis schattig	sehr starkwüchsig, regelmäßig kräftig zurückschneiden
Großblättrige Pfeifenwinde	bis 10 m	Schlinger	halbschattig bis schattig	starkwüchsig, attraktive Blätter
Waldrebe	3–12 m	Blattstielranker	sonnig bis halbschattig	zahlreiche Sorten (Clematis), attraktive Samenstände
Kletterrosen	bis 6 m	Spreizklimmer	sonnig	Nahrung f. Insekten und Vögel

Quelle: Kleinod: Grüne Wände für Haus und Garten (2014)

*Alle Pflanzenarten bzw. deren Sorten stellen bestimmte Ansprüche an den Boden (Nährstoffgehalt, Säure-/Basengehalt, Feuchtigkeit), über die man sich vor dem Kauf informieren muss. Entweder man wählt die Pflanzen nach dem vorhandenen Boden aus oder bereitet den Boden im Bereich des gewünschten Standortes nach deren Ansprüchen vor. Clematis brauchen einen beschatteten Wurzelbereich!

Sammeln Lehm aus Pfützen zum Nestbau – Rauchschwalbe (vorn) und Mehlschwalben

Wasser im Garten

Wie fast alle Tiere müssen Vögel regelmäßig trinken. Viele lieben auch ein erfrischendes Bad, um ihr Gefieder zu reinigen. Um ihnen diese Möglichkeit zu bieten, ist nicht unbedingt ein Gartenteich mit Flachwasserzone erforderlich. Man kann den Vögeln ebenso gut eine Vogeltränke als Ersatz anbieten.

Es gibt solche Tränken, die auch zum Baden geeignet sind, fertig zu kaufen, doch eine flache Schüssel aus möglichst rauem Material mit flach ansteigendem Rand und einem aus dem Wasser ragenden flachen Stein in der Mitte leistet hierfür ebenso gute Dienste. Tränken sollten regelmäßig gesäubert und das Wasser erneuert werden, weil es durch eingetragenes Laub, Kot oder andere Verunreinigungen sonst leicht faulig wird.

Wer will, kann auch eine künstliche Pfütze mit einer Abdichtung aus Teichfolie oder besser aus Lehm anlegen. Letzteres ist vor allem dort wichtig, wo auch Schwalben brüten. Sie finden dort feuchten Lehm als Baumaterial für ihre Nester (s. S. 98). In diesem Fall sollte man den Lehm zusätzlich mit klein gehäckseltem Stroh vermengen, das verleiht den frei an Wänden hängenden Schwalbennestern eine besondere Stabilität. Solche Pfützen können natürlich nicht wie eine Vogeltränke gereinigt werden. Wasser nachfüllen muss man in trockenen Perioden aber bei beiden.

Vögel baden übrigens auch im Winter, solange sie offenes Wasser vorfinden. Auch trinken müssen sie natürlich in der kalten Jahreszeit. Vor allem bei Kahlfrost, wenn alle Gewässer zugefroren sind und kein Schnee liegt, den sie aufnehmen könnten, sollte man ihnen daher stets ein Schüsselchen mit lauwarmem Wasser anbieten.

Ganz wichtig ist, dass man bei der Anlage von Tränken und Badestellen das Sicherheitsbedürfnis der Vögel berücksichtigt: Es sollte immer eine ausreichende Deckung, zum Beispiel eine Hecke, ein begrünter Totholzhaufen oder auch dichtes Fassadengrün, in der Nähe sein, damit die Vögel bei Gefahr, etwa bei einem Sperberangriff, schnell dorthin flüchten können. Andererseits darf eine Badestelle auch nicht zu nah zum Beispiel an einer Hecke stehen, damit sich keine Katze unbemerkt bis auf Sprungweite anschleichen kann. Etwa drei Meter Abstand sollten genügen. Wasserschalen kann man auch auf einem etwa brusthohen, stabilen Pfosten befestigen, das bietet den Gefiederten ebenfalls einen gewissen Schutz vor den räuberischen Samtpfoten (s. dazu auch ab S. 250).

Um zu verhindern, dass badelustige Vögel – in Ermangelung einer geeigneten Vogeltränke oder einer flachen Uferzone eines Gartenteiches – in einer mit Wasser gefüllten, offenen Regentonne oder in ähnlich tiefen Gefäßen ertrinken, sollte man diese mit einer »Rettungsinsel« versehen: einem stabilen, auf der Wasseroberfläche schwimmenden Holzkreuz. Vor allem für noch nicht voll flugfähige, unerfahrene Jungvögel ist dies wichtig.

Einen Gartenteich planen und anlegen

Wer in seinem Garten ausreichend Platz hat, sollte über die Anlage eines Gartenteiches nachdenken. Wasser ist Leben – das zeigt sich gerade bei einem solchen Kleingewässer immer wieder sehr deutlich, denn es bietet Lebensraum für eine Vielzahl von Lebewesen, die ans Wasser gebunden sind, und lockt zudem zahlreiche weitere Tiere an, die zum Trinken, Jagen oder Baden dorthin kommen, darunter viele Vögel. Vor allem, wenn es in der Umgebung keine andere geeignete Wasserstelle gibt, werden sich auch seltenere Arten aus einem größeren Umkreis am Gartenteich einstellen. Dort finden Vögel wie auch andere Insektenjäger zumindest von Frühjahr bis Herbst ein schier unerschöpfliches Nahrungsangebot.

Da der Gartenteich in dieser Hinsicht also von zentraler Bedeutung ist und darüber hinaus auch optisch ein sehr bereicherndes Element darstellt, sind die nachfolgenden Ausführungen über Anlage und Pflege teilweise etwas ausführlicher gehalten als bei den vorigen Kapiteln.

Vor dem ersten Spatenstich – oder bevor der bestellte Bagger anrückt – ist Sorgfalt bei der Planung und der Auswahl des Standortes oberstes Gebot. Ein Teich sollte sich harmonisch in die Gartenanlage einfügen: Nicht jeder Garten »verträgt« (optisch) einen Teich. So führt beispielsweise eine starke Geländeneigung nicht nur zu technischen Problemen – ein Teich wirkt dort auch einfach unpassend. Zu bedenken ist bei der Standortwahl auch, dass die meisten Sumpfpflanzen und Wasserpflanzen ausreichend Licht benötigen, um gut zu gedeihen. Der Standort sollte daher so gewählt werden, dass der Teich während der Vegetationsperiode mindestens einige Stunden täglich von der Sonne beschienen wird. Zu viel Sonneneinstrahlung ist andererseits zu vermeiden, um einem zu starken Algenwachstum vorzubeugen (zum Thema Algen später mehr).

Stark beschattete Kleingewässer sind bedeutend artenärmer als besonnte, doch deswegen nicht unbedingt weniger wertvoll, denn auch sie beherbergen ein reiches Kleintierleben, wenngleich oft andere Arten als ein lichtdurchfluteter Teich. Es sollte nach Möglichkeit auch ein ausreichender Abstand zu größeren Gehölzen eingehalten werden, damit im Herbst nicht so viel – zu viel – Laub ins Wasser fällt. Es zersetzt sich dort, wodurch es zu bedrohlichem Sauerstoffmangel und unerwünschter Nährstoffanreicherung kommen kann, die wiederum ein starkes Algenwachstum bedingt. Diese Effekte wirken sich in kleinen Gewässern naturgemäß stärker aus als in größeren, die gegen äußere Einflüsse unempfindlicher und daher leichter in einem biologischen Gleichgewicht zu halten sind.

Wie groß ein Gartenteich mindestens sein sollte, lässt sich dennoch nicht pauschal sagen – das Spektrum reicht je nach verfügbarer Fläche, Geldbeutel und Nutzungsansprüchen vom wenige Quadratmeter kleinen Tümpelchen bis zum Schwimmteich, einer Mischung aus Pflanzenklärteich und Naturschwimmbecken, die im Gegensatz zu einem reinen Teichbiotop den Menschen die Möglichkeit zum Badevergnügen bietet.

Ist der richtige Standort gefunden, stellt sich spätestens dann die Frage nach der Abdichtung. Am einfachsten wäre es, man hätte hoch anstehendes Grundwasser, das den Teich füllt, doch in diesem Falle benötigt man eine wasserrechtliche Genehmigung für sein Vorhaben. Ansonsten bieten sich zwei Möglichkeiten an: Lehm und spezielle Teichfolie. Eine Abdichtung mit Lehmziegeln ist zwar grundsätzlich natürlicher, jedoch sehr arbeitsintensiv und durch Rissbildung, Durchwurzelung oder wühlende Tiere im Untergrund anfällig für Leckagen, die nachträglich kaum zu beheben sind. Spezielle UV-beständige Teichfolie (nicht irgendeine Plastikplane verwenden!) ist mittlerweile vielfach bewährt und lässt sich – in passender Größe werksseitig zugeschnitten und wasserdicht verschweißt – mit entsprechender Manpower leicht verlegen. Natürlich muss man bei der Berechnung der benötigten Foliengröße nicht allein die Wasserfläche berücksichtigen, sondern auch die vorgesehene Tiefe, schließlich soll die ausgehobene Teichform ausgelegt und nicht überdacht werden. Zudem muss die Folie an den Rändern ausreichend überlappen, damit sie entsprechend befestigt werden kann. Geeignete Fachliteratur informiert über Einzelheiten (s. ab S. 276), sofern man bei größeren Projekten nicht besser eine Fachfirma mit der Anlage betraut.

Im Handel gibt es auch Fertigteiche aus Kunststoff mit unterschiedlichen, vorgeformten Wassertiefen zu kaufen. Für naturnahe Gärten sind sie wenig geeignet, denn sie besitzen meist viel zu gering dimensionierte Flachwasserzonen und wirken im Gegensatz zu gut angelegten Folienteichen immer künstlich. Auch ist hier die Qualität des Materials von entscheidender Bedeutung für die Stabilität und Lebensdauer der Teichform (Billigware hat oft mangelhafte Materialqualität, witterungsbeständige, haltbare Fertigteiche sind sehr teuer).

Ganz besonders wichtig bei Planung und Anlage eines Gartenteiches ist die Modellierung: Die vorgesehene Tiefe muss in biologisch sinnvollem Verhältnis zur Fläche stehen – wir wollen schließlich keinen Bombentrichter bauen ... Wichtig sind ausgedehnte Flachwasserzonen, die auch kleinen Vögeln ein gefahrloses Trinken und Baden ermöglichen. Hierzu legt man am besten nach Abschluss aller Bauarbeiten einige größere, flache Steine hinein, die über die Wasseroberfläche hinausragen. Der Neigungswinkel vom Rand bis hin zur tiefsten Stelle sollte überwiegend nicht größer als etwa 30 Grad sein, sodass zumindest ein größerer Teil des Uferbereichs sacht abfällt. In diesen gut durchwärmten Flachwasserzonen kann sich das für die biologische Selbstreinigung wichtige Plankton besonders gut entwickeln und die flachen Randbereiche lassen sich gut bepflanzen. Für Teiche ohne Fischbesatz ist eine maximale Wassertiefe von etwa einem halben Meter vollkommen ausreichend. Legt man Wert auf ein reiches Kleintierleben, sollte man auf Goldfische und Co. verzichten, denn diese fressen nicht nur Wasserflöhe, Insektenlarven, Froschlaich und Kaulquappen, sondern sorgen durch ihr ständiges Wühlen im Bodengrund für Wassertrübung und Nährstofffreisetzung, was wiederum die Ursache für anhaltende Algenprobleme sein kann.

Die Grube für den zukünftigen Teich wird etwa 20 Zentimeter tiefer ausgehoben, als die geplante Endtiefe nach Fertigstellung sein soll. Eine entsprechend dicke Schicht feiner

Auswahl attraktiver Pflanzen für Teichufer, Gräben und Sumpfbereiche

Deutscher Name Botanischer Name	Wuchshöhe	Blühmonate Blütenfarbe	Besonderes
Schwanenblume *Butomus umbellatus*	40–160 cm	6–8 rosaweiß	schlammige Ufer konkurrenzschwach
Gelbe Schwertlilie *Iris pseudacorus*	30–80 cm	5–6 gelb	Hummelblüte
Sumpfdotterblume *Caltha palustris*	10–30 cm	3–5 goldgelb	Frühblüher
Zungenhahnenfuß *Ranunculus lingua*	40–150 cm	6–8 gelb	Ausläufer treibend
Blutweiderich *Lythrum salicaria*	50–130 cm	6–9 rotviolett	Dauerblüher
Gemeiner Gilbweiderich *Lysimachia vulgaris*	50–150 cm	6–8 gelb	stark wuchernd
Straußgilbweiderich *Lysimachia thyrsiflora*	30–60 cm	5–6 gelb	Ausläufer treibend
Fieberklee *Menyanthes trifoliata*	10–40 cm	4–5 rosa	Ausläufer treibend
Sumpfcalla *Calla palustris*	15–30 cm	5–9 weiß	kalkarmes Wasser auffallende Blüte
Wasserminze *Mentha aquatica*	20–80 cm	7–9 lila	Duftpflanze

n. Witt 2001 u. 2015

Sand sorgt für ein glattes Fundament unter der Folie. Bei sehr steinigem Boden oder der Gefahr der Durchwurzelung durch in der Nähe stehende Bäume sollte man zusätzlich noch ein spezielles Schutzvlies unter der Teichfolie verlegen, um mechanischen Schäden vorzubeugen. Auf der Folie, ganz besonders in den zu bepflanzenden Bereichen wird ein möglichst nährstoffarmes Gemisch aus Sand und wenig Lehm ausgebracht – auf keinen Fall fetter Mutterboden, denn in diesem Fall würde das Nährstoffüberangebot zu massiven und dauerhaften Problemen mit Algen führen. Abschließend wird die Folie, die die Uferbereiche mindestens einen halben Meter überlappen sollte, mit Sand und Steinen befestigt, wobei die Ränder senkrecht nach oben stehen.

Nach Einfüllen des Wassers, wenn sich die Folie gesetzt hat, werden die Folienränder knapp über dem Boden abgeschnitten. Auf diese Weise entsteht eine Kapillarsperre, die verhindert, dass das umgebende Erdreich durch Kapillarkräfte permanent Wasser aus dem Teich zieht. Noch besser ist es, rund um den Teich eine Rinne von etwa 15 Zentimeter Breite und Tiefe auszuheben, in die man den Folienrand verlegt. Die Rinne wird anschließen mit groben Kieseln aufgefüllt und nach Geschmack mit Feldsteinen dekoriert. Mit ausläuferbildenden Pflanzen wie dem Pfennigkraut, das man direkt vor oder hinter den Kieselgraben setzt, lässt sich die zunächst sehr künstlich wirkende Kapillarsperre problemlos begrünen. Von Zeit zu Zeit muss man allerdings diesen Bereich von zu starkem Bewuchs befreien, da dieser über das Wurzelwerk ebenfalls ständig Wasser zieht. Eine dauerhafte Vernässung entspricht zwar den natürlichen Bedingungen im Uferbereich fast eines jeden Gewässers und bietet Sumpfpflanzen einen idealen Lebensraum, doch kommt es auf diese Weise gerade bei sehr kleinen künstlichen Teichen zu hohen Wasserverlusten, vor allem in trockenen, heißen Sommermonaten, in denen zudem auch noch viel Wasser verdunstet.

Allerdings ist es in der Natur keineswegs unüblich, dass sehr kleine, flache Gewässer (Tümpel) im Sommer regelmäßig austrocknen. Viele Tiere – von urtümlichen Krebsen über die Larven bestimmter Libellen und anderer Insekten bis hin zu manchen Amphibien wie Fadenmolch und Gelbbauchunke – sind an diese Lebensbedingungen angepasst, ebenso manche selten gewordene, unscheinbare Pflanzenarten, die periodisch trockenfallende Uferbereiche besiedeln.

Gartenteiche bepflanzen

Entscheidend nicht nur für die Optik, sondern auch für den späteren Pflegeaufwand ist die Auswahl der Pflanzen. Je nach Wuchsform unterscheidet man Unterwasserpflanzen, echte Schwimmpflanzen, Schwimmblattpflanzen und Sumpfpflanzen.

Unterwasserpflanzen wie Hornkraut, Tausendblatt und Wasserpest leben ständig untergetaucht und nehmen Nährstoffe ausschließlich über ihre Blätter auf. Damit sind sie direkte Konkurrenten der Algen, die sich anfangs in jedem frisch befüllten Gartenteich massenhaft vermehren. Die meist frei treibenden Unterwasserpflanzen sollten daher gleich zu Beginn eingesetzt werden. Sie werden anfänglich stark wuchern, können aber bequem mit einer Harke herausgefischt und auf dem Kompost entsorgt werden (vorher Libellenlarven und andere Tiere aus den Pflanzen sammeln und zurück ins Wasser setzen!).

Zu den Schwimmpflanzen zählen die kleinen Wasserlinsen, im Volksmund auch Entengrütze oder Entenflott genannt, die Krebsschere mit ihren stachelspitzigen Blättern oder der Froschbiss. Ihre Wurzeln hängen frei im Wasser und nehmen ebenfalls Nährstoffe auf. Schwimmblattpflanzen wie Seerosen und Teichrosen wurzeln dagegen im Boden und nehmen von dort Nährstoffe auf, ebenso wie die Sumpfpflanzen, die im Flachwasserbereich oder auf feuchtem Boden wachsen und mit ihrem Blattwerk in die Luft ragen. Dazu gehören hochwüchsige Gräser wie Schilf und Rohrkolben, aber auch zahlreiche weitere Blütenpflanzen von der auffallenden Wasserschwertlilie bis zum kleinwüchsigen Sumpfvergissmeinnicht. Aus dieser Gruppe stammen auch – für das menschliche Auge wie für Insekten – sehr attraktive Hochstauden wie der Blutweiderich, das Rauhaarige Weidenröschen oder der Wasserdost, ein wahrer Schmetterlingsmagnet.

Probleme erkennen und vermeiden

Alle Sumpfpflanzen und Wasserpflanzen können sehr stark wuchern, daher sparsam pflanzen und (in tieferen Wasserzonen) eventuell in Pflanzkörbe setzen! Auf einige »Problemarten« wie Schilf, Rohrkolben und wilde Seerosen sollten Sie von vornherein verzichten, denn sie sind kaum zu kontrollieren und noch schwerer zu entfernen. Auf jeden Fall hat man regelmäßig sehr viel Arbeit mit ihnen. Wer auf die zweifellos sehr attraktiven Seerosen nicht verzichten möchte, sollte unbedingt schwächer wüchsige Zuchtformen wählen. Auch Sumpfsimse und Tannenwedel können einen Teich binnen kürzester Zeit vollkommen unter sich begraben, sodass man kein freies Fleckchen Wasserfläche mehr sieht.

Anfangs werden allerdings eher Algen zum (vermeintlichen) Problem: Eine anfängliche Massenvermehrung nach der Befüllung eines Teiches ist vollkommen normal, denn zunächst stehen große Mengen Nährstoffe durch das eingebrachte Substrat zur Verfügung. Die Algen nutzen diese, bevor die langsamer wachsenden Unterwasserpflanzen ihnen direkte Konkurrenz machen oder Schwimmblattpflanzen ihnen das notwendige Licht nehmen. Fadenalgen, die oft schleimige Watten bilden, lassen sich leicht mit einem Rechen oder einem aufgerauten Holzstab herausfischen. Mikroskopisch kleine Schwebealgen, die bei einer Massenvermehrung (»Algenblüte«) das Wasser milchig grün färben, werden dagegen von Wasserflöhen, die trotz ihres Namens zu den Krebstieren zählen, und anderen filtrierenden Wasserorganismen vertilgt. Schwebealgen sind somit ein wichtiges Anfangsglied der Nahrungskette. Es ist daher ratsam, den neu befüllten Teich mit einigen Eimern oder Kanistern voll Wasser aus einem schon länger bestehenden Teich oder einem Naturweiher »anzuimpfen«. Auf diese Weise sorgt man für einen Startbesatz an Bakterien und Mikroorganismen, die für die biologische Wasserreinigung wichtig sind. Hat man alles richtig gemacht, sollten spätestens im dritten Jahr nach der Teichanlage keine Algenprobleme mehr auftauchen. Das bedeutet nicht, dass es keine Algen mehr gibt: Natürlicherweise tritt in nahezu allen Gewässern im Frühjahr und im Herbst eine mehr oder weniger ausgeprägte Algenblüte auf. Eine solche Massenvermehrung verschwindet aber meist nach wenigen Tagen oder Wochen wieder von selbst.

Anhaltende Algenprobleme sind dagegen ein Zeichen tief greifender Störungen. Meist ist eine zu hohe Nährstoffkonzentration die Ursache. Dann hilft es zum Beispiel, den

Weidenmeisen

Teichgrund alle paar Jahre zu entschlammen, insbesondere wenn viel Laub eingetragen wird. Dem lässt sich vorbeugen, wenn man im Herbst ein Netz über die Teichfläche spannt. Dabei sollte allerdings ein Teil der Flachwasserzone frei bleiben, damit Vögel und andere Tiere weiterhin ungehindert trinken und baden können. Besatz mit gründelnden Fischen und der Eintrag von Dünger oder nährstoffreichem Mutterboden aus der Umgebung des Teiches können ebenso verantwortlich für Algenprobleme sein wie ein regelmäßiges Nachfüllen mit stark kalkhaltigem Leitungswasser. Auf chemische Präparate (Algizide) oder technisches Zubehör wie Pumpen und Filter (sie vernichten nützliches Plankton!) sollte man in einem Naturteich verzichten, sie kurieren bestenfalls die Symptome, nicht die Ursachen etwaiger Algenprobleme. Mit der Zeit wird ein ursprünglich nährstoffarmer Teich ohnehin durch sich zersetzende Biomasse aus absterbenden Wasserpflanzen und Sumpfpflanzen immer nährstoffreicher – ohne Eingriff des Menschen entwickelt sich der Teich zum Sumpf mit einer geschlossenen Vegetationsdecke, ein Prozess, den Fachleute »Verlandung« nennen. Entsprechend verändert sich auch die Tierwelt.

Bei den tierischen Bewohnern von Teich und Sumpf müssen wir – von dem oben beschriebenen »Animpfen« abgesehen – nicht nachhelfen. Oft stellen sich flugtüchtige Insekten wie Libellen, Wasserkäfer und die flinken Wasserläufer schon wenige Stunden nach Befüllung eines Teiches ein.

Auch Stechmücken legen alsbald ihre Eier ab. Eine anhaltende Stechmückenplage aufgrund des Gartenteichs – häufige Befürchtung – entsteht jedoch nicht. Stechmücken bevorzugen kleine und kleinste, verschmutzte, also nährstoffreiche, Wasseransammlungen wie Regentonnen, länger mit Wasser gefüllte Gießkannen und ähnliche Bruthabitate. Sobald sich das Wasser im neu angelegten Teich geklärt hat und die anfängliche Massenentwicklung von Bakterien zurückgegangen ist, verlieren die Mückenlarven ihre Nahrungsbasis. Zudem stellen sich alsbald genügend natürliche Feinde wie Libellenlarven und andere räuberische Kleintiere ein, sodass es mit der Stechmückenherrlichkeit schnell vorbei ist. Andere, nicht stechende Mücken wie Büschelmücken und Zuckmücken treten an ihre Stelle – ihre oft beeindruckenden Schwärme bilden gemeinsam mit Eintagsfliegen und zahlreichen anderen Insekten, die als Larven den Gartenteich bevölkern, eine überaus wichtige Nahrungsquelle für viele unserer Gartenvögel.

Wassergraben, Sumpfbeet und Miniteich

Als platzsparende Teichvarianten in kleinen Gärten kann man auch einen wassergefüllten Graben anlegen oder – falls man weniger Wert auf eine offene Wasserfläche als auf eine attraktive Bepflanzung legt – einen Sumpfgraben oder ein Sumpfbeet, gespeist zum Beispiel vom Abfluss einer Regenrinne. Gleichzeitig ist dies eine gute Möglichkeit, einen Teil des anfallenden Regenwassers natürlich versickern zu lassen. Solche Sickermulden sind – richtig bepflanzt – optische Hingucker und Insektenmagneten und damit auch für unsere Gartenvögel attraktiv. Mit Maurerkübeln aus dem Baustoffhandel, mit Wasser gefüllt und schön bepflanzt, können Miniteiche sogar auf Terrasse und Balkon entstehen. Hierfür, ebenso wie für Grabenränder und Sumpfbeete, kann man dieselben Pflanzenarten verwenden, die auch in den Flachwasserzonen eines Teiches mit ihrem oft stark schwankenden Wasserstand wachsen. Wegen des begrenzten Platzes sollte man allerdings solche Pflanzen auswählen, die nicht allzu sehr wuchern, sonst muss man ständig auslichten.

Gartenteiche, Gräben und Sumpfbeete lassen sich natürlich auch mit anderen naturnahen Gartenelementen kombinieren: So kann man zum Beispiel den Aushub, der beim Ausschachten der Teichgrube oder eines Grabens anfällt, in einiger Entfernung vom Ufer zu einem Wall aufschütten und diesen mit Stauden, Wildrosen oder anderen kleiner bleibenden Gehölzen bepflanzen. Mit größeren Steinen oder Wurzelstöcken lassen sich die Uferbereiche attraktiv und abwechslungsreich gestalten, und Steinhaufen oder Totholzhaufen bieten Unterschlupf für Molche und Kröten, deren Nachwuchs sich im Wasser entwickelt. Eine enge Verzahnung verschiedener (Teil-)Lebensräume im Garten ist der beste Garant für ein reiches Tierleben.

Gartenvögel fördern, schützen, beobachten

Vogelfütterung – notwendig, nutzlos oder schädlich?

Gerade in den letzten Jahren haben Fachleute, Naturschützer und Vogelfreunde diese Frage intensiv und kontrovers diskutiert: Soll man, darf man, muss man Vögel füttern – vielleicht sogar ganzjährig?

Diejenigen Vogelarten, die als Standvögel bei uns überwintern, haben Jahrtausende lang ohne menschliche Hilfe die kalte Jahreszeit überlebt. Unter den heutigen, häufig naturfernen Bedingungen finden sie allerdings in Garten und Landschaft immer weniger Nahrung. Wer einen Garten besitzt, kann und sollte daher in der Tat für ein ganzjähriges, natürliches Nahrungsangebot sorgen, nämlich durch eine naturnahe und damit vogelfreundliche Gartengestaltung, Pflege und Pflanzenauswahl, so wie sie in den vorangegangenen Kapiteln beschrieben wurden. Das ist mit Sicherheit die beste Lebensversicherung für Vögel.

Eine auch noch so gut gemeinte Fütterung darf jedenfalls nicht als Alibi für eine naturferne und lebensfeindliche Gestaltung unserer Landschaft, unserer Gärten und Parks dienen. Sterile Kiesbeete, intensiv gepflegter Golfrasen, exotische Ziersträucher und mittendrin ein gut gefülltes Futterhäuschen – das passt nicht zusammen! Doch angesichts noch viel zu vieler aus Vogelsicht wenig ertragreicher Gärten und Grünanlagen erscheint eine fachgerechte Zufütterung besonders im Winterhalbjahr, nicht nur bei geschlossener Schneedecke und starkem Frost, dennoch durchaus sinnvoll.

Kritiker befürchten indes, dass dadurch das natürliche Gleichgewicht gestört würde, weil auch schwache Individuen durchgefüttert werden (s. u.) und daher etwa Meisen im Frühjahr so häufig sind und so viele Nistkästen besetzen, dass andere Höhlenbrüter wie der Trauerschnäpper, die erst spät aus ihren afrikanischen Winterquartieren zurückkehren, das Nachsehen haben. Letzteres mag stimmen, wobei fraglich ist, ob dies allein durch die Winterfütterung der Fall ist – auch die Auswirkungen des Klimawandels spielen hier eine nicht zu unterschätzende Rolle (s. S. 129). In bestimmten Fällen kann die Winterfütterung allerdings tatsächlich zu Veränderungen zum Beispiel des Zugverhaltens führen, wie das Beispiel in England überwinternder Mönchsgrasmücken zeigt (s. S. 115). Und was das

Blaumeisen gehören zu den häufigsten Besuchern von Futterstellen.

ohnehin sehr dynamische natürliche Gleichgewicht angeht: Wir Menschen haben in der Vergangenheit derart massiv in unsere Umwelt eingegriffen und tun es weiterhin jeden Tag, dass von natürlichen Verhältnissen wohl kaum noch die Rede sein kann. Im Gegenteil: Der Mensch ist längst zum wichtigsten ökologischen Faktor geworden, der alle anderen Organismen direkt oder indirekt beeinflusst.

Allerdings sollten wir uns darüber im Klaren sein, dass die klassische Winterfütterung nur wenige, in der Regel ohnehin häufige Vogelarten erreicht. Von den knapp 250 in Deutschland brütenden Vogelarten werden wir in der Regel weniger als 20 an einer Winterfütterung im Siedlungsbereich beobachten können. Außerdem: Vertreter wie Zaunkönig, Baumläufer oder Wintergoldhähnchen, die praktisch nie ans Futterhäuschen kommen, haben trotz teilweise hoher Winterverluste bis heute überlebt und sind keineswegs selten.

Spatzen wiederum gehen gerade in der Stadt, wo oft intensiv gefüttert wird, am stärksten im Bestand zurück. Die Ursachen für Bestandsrückgänge von Vogelarten sind oft sehr komplex und liegen meist in der Zerstörung oder Beeinträchtigung ihrer Lebensräume begründet. Wirklich bedrohten Arten wie Rebhuhn, Kiebitz oder Feldlerche ist also nur durch einen umfassenden Schutz und eine Verbesserung ihrer Lebensräume wirksam zu helfen. Denn was nützt es beispielsweise einer Goldammer, wenn wir ihr rund ums Jahr Futter anbieten, sie aber in der ausgeräumten Feldflur keine Hecken mehr zum Brüten findet? Die Vogelfütterung stellt also ganz sicher kein Allheilmittel im Naturschutz dar, sondern nur eine Art Überbrückungsmaßnahme.

Andererseits: Wir Menschen haben den Vögeln durch Eingriffe in die Natur so viel genommen – sollten wir ihnen da nicht wenigstens ein wenig zurückgeben? Ein weiterer wichtiger Aspekt darf dabei nicht vergessen werden: Die Winterfütterung bietet uns die Möglichkeit, das Leben und Treiben unserer Gartenvögel bequem aus nächster Nähe zu verfolgen. Gerade für Kinder ist dies oft der erste Kontakt zur Natur und Motivation für eine weitere Beschäftigung mit der Vogelwelt. So war es auch bei mir: Ich kann mich heute noch gut daran erinnern, wie glücklich ich als Kind war, als ich den ersten Kleiber meines Lebens im Vogelhaus sah – den ich damals mangels Wissen und Erfahrung allerdings zunächst für einen Eisvogel hielt ... Und wie spannend und befriedigend war es für mich zu sehen, dass die Futterglocken, die ich im Winter mit Opa auf der Diele des alten Bauernhauses selbst hergestellt hatte, alsbald von munteren Meisen und selbst vom Buntspecht angenommen wurden! Und als ich schon längst erwachsen war, erzählte mir meine Oma, im fortgeschrittenen Alter nur noch sehr eingeschränkt mobil, bei jedem Besuch stets als Erstes voller Begeisterung, was sie an der Futterstelle vor dem Küchenfenster beobachtet hatte. Allein solche Erfahrungen rechtfertigen eine Winterfütterung.

Vogelfütterung pro und kontra auf einen Blick

pro:

- direktes, emotionales Naturerlebnis
- Überlebensrate von Vogelindividuen wird erhöht

kontra:

- ohnehin häufige Arten profitieren zulasten seltener Arten (Zugvögel!)
- keine ausreichende Artenschutzmaßnahme
- bei unsachgemäßer Fütterung Gefährdung durch Krankheiten

Wann und wie lange zugefüttert werden sollte, hängt natürlich auch von der Witterung ab. Es empfiehlt sich, schon gegen Ende Oktober, Anfang November mit kleinen Futtergaben zu beginnen. So können sich die Vögel bereits an die Futterquellen gewöhnen. Bei Frost und hoher Schneelage muss die Fütterung für die Vögel absolut verlässlich sein: Nach einer Frostnacht im Freien, die zu überstehen die Tiere sehr viel Energie kostet, müssen sie morgens sofort an vertrauter Stelle Futter vorfinden, für eine längere Suche reichen ihre Energiereserven oft nicht mehr.

Es ist durchaus sinnvoll, bis weit in das Frühjahr hinein zuzufüttern, damit die Vögel dringend benötigte Fettreserven für das anstrengende Brutgeschäft anlegen können. Denn gerade im ausgehenden Winter und Vorfrühling ist das Nahrungsangebot am geringsten: Samen, Beeren und andere Früchte wurden von hungrigen Schnäbeln weitgehend abgeerntet, Insekten sind noch nicht aktiv.

Oder sollte man besser gleich das ganze Jahr über zufüttern, wie es in letzter Zeit von renommierten Vogelkundlern wie Prof. Peter Berthold propagiert wird? Darüber gibt es zwischen Befürwortern und Gegnern erbitterten Streit: Naturschutzverbände wie der Naturschutzbund Deutschland (NABU) und der Landesbund für Vogelschutz in Bayern (LBV) lehnen eine Ganzjahresfütterung strikt ab (anders jedoch die Verbände in Großbritannien, wo das Vogelfüttern wie die Beschäftigung mit der Vogelwelt allgemein eine Art Volkssport ist). Als Begründung wird angegeben: »Es handelt sich schließlich um Wildvögel und keine Haustiere, die das ganze Jahr hindurch auf das angewiesen sind, was wir ihnen zu fressen geben. Die Konkurrenz um Nahrung zählt in der ›freien Natur‹ zu den grundlegenden ökologischen Existenzbedingungen. Alle wild lebenden Arten haben sich im Laufe ihrer Entwicklung darauf eingestellt. Natürlich bedingte Nahrungsengpässe sind demnach auch keine ›Katastrophen‹ für die Tierwelt. Im Gegenteil: Nahrungsknappheit führt zu einer natürlichen Auslese (Selektion) der Schwächeren und Kranken, an der noch keine Tierpopulation zugrunde gegangen ist.«

Abgesehen davon, dass diese Argumentation natürlich auch für die von den deutschen Naturschutzverbänden mittlerweile weitgehend akzeptierte Winterfütterung gilt, ist aber beispielsweise die Zahl der Insekten durch Umweltveränderungen, Rückgang von Nahrungspflanzen und nicht zuletzt durch den systematischen Einsatz verschiedenster Gifte mittlerweile derart drastisch zurückgegangen (s. S. 100), dass dies nicht ohne Auswirkungen auf die Vogelwelt bleiben kann. Insbesondere nicht zur Brutzeit, wenn die Altvögel ausreichend eiweißreiche Insektenkost für ihren hungrigen Nachwuchs sammeln müssen. Kommt dann noch anhaltend nasskaltes Wetter dazu, verhungern viele Nestlinge, weil die Eltern kaum geeignete Nahrung finden. Was spricht dagegen, ihnen wenigstens in solchen ungünstigen Witterungsperioden mit zusätzlicher Nahrung unter die Flügel zu greifen?

Es reicht oft schon, wenn sich wenigstens die Elternvögel an einer Futterstelle verköstigen können, um mehr Zeit für die Nahrungssuche für die Jungen zu haben. Eine immer wieder geäußerte Befürchtung (die auch ich lange hegte) ist, dass die Altvögel den Kleinen für sie ungeeignetes Körnerfutter zutragen, was zu ihrem Tode führen kann. Das ist inzwischen weitestgehend widerlegt, so leicht lässt sich der elterliche Instinkt auch durch bequeme Nahrungsquellen nicht austricksen.

Allenfalls kann es bei anhaltend schlechtem Wetter wie im Frühjahr 2016, als viele Vögel einen katastrophal schlechten Bruterfolg hatten, passieren, dass die Vogeleltern ihren Kleinen aus purer Not und Verzweiflung Körnerfutter von Futterstellen zutrugen, wie mir mehrfach berichtet wurde. Das führte zum Verlust der gesamten Brut, wobei dahingestellt sei, ob dies tatsächlich die Ursache war oder ob die Jungvögel nicht ohnehin verhungert wären.

Passendes Futter wären in diesem Fall im Fachhandel erhältliche Weichfuttermischungen mit hohem Insektenanteil, insektenreiche, fetthaltige »Energiekuchen« oder für größere Junge auch lebende Futtertiere wie Bienenlarven (überschüssige Drohnenbrut vom Imker) oder die als Futter für viele Vögel bewährten Mehlwürmer, die Larven des Mehlkäfers. Untersuchungen aus England zeigten, dass eine ergänzende Fütterung mit Mehlwürmern bei Spatzen den Bruterfolg (ausgeflogene Junge pro Brutversuch) um 55 Prozent steigerte. Ebenso gibt es getrocknete Insektenmischungen, wie sie zum Beispiel in Tierheimen oder Wildvogelauffangstationen zur Jungvogelaufzucht verwendet werden – man muss hier einfach ein bisschen ausprobieren. Eine zusätzliche Fütterung im Sommerhalbjahr erhöht zudem die körperliche Fitness des heranwachsenden Nachwuchses und dessen Überlebenswahrscheinlichkeit nach dem Flüggewerden: Gerade in der ersten Zeit ihrer Selbstständigkeit sterben viele der noch unerfahrenen Jungvögel an Nahrungsmangel, durch das Futterangebot lässt sich die Sterberate in dieser Phase senken. Man kann häufig beobachten, dass die Elterntiere ihnen in den ersten Tagen nach dem Ausfliegen, solange sie noch betreut werden, die besten Nahrungsquellen, darunter auch künstliche Futterstellen, zeigen.

Selteneren Arten, etwa den mittlerweile vielfach stark bedrohten Bewohnern der Agrarlandschaft, können wir allerdings zumindest in unseren Gärten nicht oder nur in Einzelfällen durch Zufütterung helfen, obwohl es – wie für Stieglitz und Bluthänfling (s. S. 155) dargestellt – neben dem Verlust geeigneter Lebensräume durch intensive Nutzung vorrangig der Mangel an Nahrung ist, der ihnen zu schaffen macht.

Die Frage, ob man überhaupt, nur im Winter oder ganzjährig füttern sollte, mag nach den vorangegangenen Ausführungen jeder selbst für sich entscheiden – ein klares Ja oder Nein gibt es nicht.

Gemäß ihrer unterschiedlichen Ernährungsgewohnheiten benötigen die einzelnen Vogelhausbesucher unterschiedliche Nahrung. Für Körnerfresser wie Grünfinken und Spatzen ist das handelsübliche Winterstreufutter mit einem hohen Anteil an Sonnenblumenkernen, kleinen Sämereien und Erdnussstückchen bestens geeignet. Meisen, Kleiber, Spechte und Zeisige lieben Fettfutter, also Futter mit einem hohen Fettanteil. Ein besonderer, sehr nahrhafter Leckerbissen für viele Vögel sind ungesalzene Erdnüsse, die am besten in speziellen

Drahtsilos, sogenannten Nussspendern, angeboten werden. Andernfalls werden sie sehr schnell von Eichhörnchen und Eichelhähern stibitzt und irgendwo als Nahrungsvorrat vergraben. Amseln, Rotkehlchen, Heckenbraunellen und andere Weichfutterfresser lieben Obststückchen, Rosinen und Haferflocken. In Sonnenblumenöl getränkt, sind Haferflocken ein besonders nahrhaftes Futter für diese Arten.

Wenn Sie Futtermischungen selbst herstellen, sollten Sie in jedem Fall Zutaten in einer guten Qualität, möglichst Bio-Qualität, wählen. Auch bei gekauftem Futter sollte es bestmögliche Qualität sein. Vor allem bei Fettfutter bitte auf das Verfallsdatum achten, denn Fett wird irgendwann ranzig und damit möglicherweise ungesund für Vögel. Angegammelte Äpfel sind hingegen kein Problem, Drosseln lieben weiches Fallobst über alles. Frische Äpfel schneidet man am besten in Viertel, die von den Vögeln leichter als ganze Früchte angepickt werden können. Tabu sind gewürzte und gesalzene Speisereste aller Art, die für Vögel tödlich sein können, ebenso Verschimmeltes aller Art. Auch Brot ist kein geeignetes Vogelfutter, selbst wenn Spatzen und Tauben gerne Brotkrumen aufpicken und Enten an Parkteichen sogar ganze Weißbrotscheiben gierig verschlingen.

Amseln lieben Fallobst.

Welches Futter für welchen Vogel?

Körnerfresser (Beispiele: Finken, Ammern, Spatzen)

- Sonnenblumenkerne, Sämereien, Getreide
- Erdnussstückchen (ungesalzen!), keine ganzen Erdnüsse (Haselnüsse, Walnüsse, Mandeln und Ähnliches sind für diese Arten – außer vielleicht für Kernbeißer – nicht geeignet.)

Weichfutterfresser (Beispiele: Rotkehlchen, Heckenbraunelle, Drosseln)

- Haferflocken
- Obststückchen, Rosinen

Gemischtköstler (Beispiele: Meisen, Kleiber, Spechte)

- Fettfutter mit Sämereien oder Insektenlarven
- Sonnenblumenkerne
- Erdnüsse (ungesalzen!) ganz oder in Stückchen
- Haselnüsse, Walnüsse (diese für Meisen ohne Schale!)

Geeignete Futtergeräte

Körnerfutter bieten Sie am besten in Futtersilos an, bei denen die Vögel die Nahrung nur mit dem Schnabel durch schmale Schlitze oder Öffnungen erreichen. Der Vorteil: Das Futter ist vor Feuchtigkeit und Verschmutzungen durch Vogelkot geschützt, das beugt der Verbreitung von Krankheitserregern wie Salmonellen vor, die durch infizierten Kot übertragen werden. Das klassische Vogelhäuschen muss aus hygienischen Gründen regelmäßig gesäubert und auch mal mit heißem Wasser ausgewaschen werden. Um sich diese Arbeit zu erleichtern, legen Sie den Boden im Inneren des Vogelhäuschens am besten mit festem Packpapier aus, das täglich gewechselt wird. Sollten Sie dennoch sichtbar kranke oder auffallend apathische Vögel an der Futterstelle beobachten, stellen Sie bitte die Fütterung – vor allem im Sommer – vorsichtshalber bis auf Weiteres ein. Vor allem bei Grünfinken kam es in den vergangenen Jahren zu gehäuften Todesfällen (s. S. 255).

Die handelsüblichen Meisenknödel mit körnerhaltigem Fett kann man entweder frei aufhängen oder in Futterspiralen aus Stahl fixieren, um zu verhindern, dass sie von Eichhörnchen verschleppt werden. Den flinken Nagern bietet man besser etwas abseits vom Vogelfutterplatz ein Mischfutter aus Nüssen und Kernen in einem speziell konstruierten Eichhörnchenfuttersilo an. Auch Spatzen und Grünfinken fliegen auf Meisenknödel, die sie aber meist nur zerfleddern, um an die Sämereien zu gelangen. Will man das verhindern, verwendet man besser Futterglocken, an die sich nur die geschickten Meisen, Zeisige und – unter akrobatischen Verrenkungen – der Buntspecht von unten anklammern können.

Solche Futterglocken mit Fettfutter können Sie leicht selbst herstellen, so wie ich es als Kind von meinem Opa gelernt habe. Dazu brauchen Sie halbierte, ausgehöhlte Kokosnüsse oder Blumentöpfe, in deren Loch (bei Kokosnusshälften ausbohren) ein passender rauer Holzstab oder ein Ästchen gesteckt wird, der so weit aus der weiten Öffnung ragt, dass sich die Vögel später daran festhalten können, um das Futter aufzupicken. Rindertalg, den man beim Metzger bekommt, wird vorsichtig erwärmt, bis er flüssig wird – es darf aber nicht anfangen zu sieden. Durch Zugabe von etwas Speiseöl zum Talg bleibt dieser später auch bei tiefen Temperaturen geschmeidig und bröckelt nicht. In die flüssige Masse rühren Sie eine Mischung aus Sonnenblumenkernen, Haferflocken, Hanfsamen und anderen kleinen Sämereien. Anstelle von Rindertalg sind zum Beispiel auch Schmalz oder Kokosfett geeignet. Die erkaltende Masse gießen Sie in die Kokosnusshälften oder Blumentöpfe und lassen sie aushärten, bevor Sie die Glocken mit der Öffnung nach unten aufhängen. Sie können diese Masse, solange sie noch weich, aber nicht mehr flüssig ist, zum Beispiel auch an Bäume mit rissiger Borke schmieren, gern etwas versteckt, dann gehen auch Baumläufer und andere Vögel daran, die das Getümmel am Futterplatz meiden. Wer sich nicht so viel Arbeit machen möchte, kann natürlich auch die bekannten Meisenknödel oder Meisenringe kaufen.

Vögeln, die ihre Nahrung bevorzugt vom Boden aufnehmen wie Drosseln, Rotkehlchen und Heckenbraunellen, bietet man Futter am besten in einem speziellen Bodensilo an oder auf einem Futterbrett mit Einsatz aus sehr engmaschigem Drahtgeflecht, durch das Regenwasser ablaufen kann. Auf keinen Fall sollten Körnerfutter oder Flockenfutter in größeren Mengen, die nicht sofort gefressen werden können, ungeschützt auf den Boden gestreut werden. Durch die Feuchtigkeit verschimmelt es schnell und lockt zudem Ratten an.

Damit auch schwächere Vögel und Vogelarten zu ihrem Recht kommen, sollten Sie möglichst räumlich getrennt unterschiedliche Futterstellen anbieten. Wie Vogeltränken (s. S. 227) sollten diese so eingerichtet werden, dass die Vögel notfalls schnell in die Deckung eines Busches fliegen können, sich aber Katzen nicht unbemerkt anschleichen können, also mit ausreichendem Abstand zu bodennaher Deckung. Weniger gefährdet sind hängende Futterspender. Auch die Montage auf einem glatten Pfahl erhöht die Sicherheit vor Katzenangriffen. Dornige Zweige, unter den Futterstellen verteilt, verhindern, dass sich die Jäger daruntersetzen.

Rotkehlchen mit Mehlwurm

Bunte Federpracht: Kernbeißer ...

... Stieglitz,

...Erlenzeisig,

und Grünfink

Wintergoldhähnchen

Vögel und Katzen – ein unlösbarer Konflikt?

Vögel und Katzen – das ist ein Thema, das jedes Frühjahr aufs Neue zu Streit zwischen Vogelliebhabern und Katzenhaltern führt und oftmals äußerst emotional diskutiert wird. Was mich betrifft, so sitze ich hierbei gewissermaßen zwischen den Stühlen: Ich liebe Katzen und ich liebe Vögel ... Aber auch ich sehe es gar nicht gerne, wenn Katzen aus der Nachbarschaft als ungebetene Gäste in den Garten kommen und Vögel und andere Kleintiere fangen oder durch ihre bloße Anwesenheit das Brutgeschäft stören. Abgesehen von den negativen Emotionen der betroffenen Gartenbesitzer: Wie groß ist der Einfluss von Katzen auf die heimische Vogelwelt, speziell die in Gärten und Parks vorkommenden Arten, tatsächlich?

Tatsache ist, dass Hauskatzen weltweit gesehen für das Aussterben von mindestens 33 Vogelarten verantwortlich sind, meist auf abgelegenen Inseln, deren ursprüngliche Bewohner auf die von Siedlern eingeschleppten Katzen nicht eingestellt waren. Da auf diesen Inseln von Natur aus keine vierbeinigen Raubtiere lebten, hatten viele der dort vorkommenden Vogelarten im Laufe der Zeit ihre Flugfähigkeit verloren und waren ihren plötzlich aufgetauchten Feinden daher hilflos ausgeliefert.

Ein bekanntes Beispiel ist das Schicksal des Stephenschlüpfers, eines kleinen zaunkönigartigen Singvogels, der ausschließlich auf Stephen Island beheimatet war, einem Fleckchen Land im Südpazifik mit einem Leuchtturm darauf. Der einzige Mensch auf der ansonsten unbewohnten Insel war der Leuchtturmwärter, der eine Katze namens Tibbles besaß. Diese hatte die Eigenheit, alle von ihr gefangenen Tiere ihrem Herrchen zu präsentieren, der über Jahre systematisch Art und Anzahl der Beutetiere notierte. Regelmäßig fanden sich auch die kleinen Stephenschlüpfer darunter – bis Tibbles irgendwann im Jahre 1894 das letzte Exemplar erwischte. Eine einzige Katze hatte somit eine komplette Vogelart ausgerottet!

Nun lässt sich dieses zweifellos extreme Beispiel sicherlich nicht auf unsere Verhältnisse übertragen, denn die in unseren Gärten und Parks lebenden Vogelarten können zum einen fliegen und sind grundsätzlich an bepelzte Beutegreifer wie Katzen, Füchse oder Marder angepasst. Und die meisten von ihnen zählen in Deutschland zu den häufigen bis sehr häufigen Brutvögeln. Allerdings: Es gibt auch überaus zahlreiche Katzen in unseren Siedlungen: Etwa 16,7 Millionen von ihnen leben in etwa 26 Prozent der deutschen Haushalte (Stand 2021) – Tendenz seit Jahren steigend. Wenigstens sechs Millionen Schmusetiger genießen regelmäßigen Freigang, zusätzlich streunen Schätzungen zufolge mindestens 100 000 Katzen herrenlos umher. Andere Schätzungen gehen von bis zu zwei Millionen Streunern in Deutschland aus – eine Zahl, die mir deutlich realistischer erscheint.

Die halbwilden Streunerkatzen müssen jagen, um zu überleben, sofern sie nicht von Tierfreunden mit Futter versorgt werden. Aber auch ein Großteil derjenigen Katzen, die liebevoll betreut werden und keinen Hunger leiden müssen, handelt nach dem bekannten Sprichwort: »Die Katze lässt das Mausen nicht.« Obwohl seit wenigstens 6000 Jahren domestiziert, liegt ihr der Jagdinstinkt ihrer wilden Vorfahrin, der in Nordafrika und Vorderasien beheimateten Falbkatze, immer noch im Blut. Solche Katzen jagen und töten nicht aus Hunger, sondern aus spielerischer Freude am Anschleichen, Belauern und Fangen. Viele Katzenbesitzer schätzen gerade diesen Rest von Wildheit ihrer Samtpfoten und sagen lapidar: »Das ist eben Natur.«

Aber genau das ist es nicht: Während die Zahl wild lebender Beutegreifer stets von der Anzahl ihrer Beutetiere und anderen Umweltfaktoren reguliert wird (und nicht umgekehrt, wie oft behauptet wird), ist diese Gesetzmäßigkeit bei Hauskatzen außer Kraft gesetzt. Die mit unseren Stubentigern nah verwandte Europäische Wildkatze, die in manchen Gegenden Deutschlands heimlich und nahezu unsichtbar durch die Wälder schleicht, benötigt zum Überleben riesige Territorien, die zwischen 200 und 2000 Hektar groß sein können – wohlgemerkt pro Tier! Die teils riesigen Reviere der Wildkater (Kuder) überschneiden sich allerdings wenigstens zu einem Teil mit den kleineren Territorien der Weibchen. Hauskatzen dagegen benötigen keine derartig ausgedehnten Reviere. Sie werden, ganz überwiegend zumindest, mit allem versorgt, was sie benötigen – Essen, Trinken, Schutz vor Regen und Kälte –, und bekommen bei Bedarf medizinische Betreuung. Ihre Population wird also nicht durch Umweltfaktoren begrenzt, sie können daher in extrem hoher Dichte auf engem Raum leben – im Gegensatz zu den strikt einzelgängerisch lebenden Wildkatzen häufig sogar recht gesellig und ohne Konkurrenz untereinander, wie sie lebensnotwendig für Wildkatzen ist. Hauskatzen stehen potenziellen Beutetieren also in einer unnatürlich hohen Anzahl gegenüber, die um Dimensionen höher liegt als die aller wild lebenden Beutegreifer – Wildkatzen, Füchse, Marder, Greifvögel – zusammen.

Es gibt Untersuchungen und Hochrechnungen aus verschiedenen Ländern, meist aus dem englischsprachigen Raum, die eine Vorstellung davon vermitteln, wie hoch der Einfluss von Hauskatzen auf Vögel, Kleinsäuger und Reptilien tatsächlich ist.

Ein Team von Wissenschaftlern um den Zoologen Michael Woods von der Mammal Society in London registrierte fünf Monate lang, von April bis August 1997, die Art und Anzahl der von 696 Katzen nach Hause gebrachten Beutetiere. Hochgerechnet auf etwa neun Millionen Katzen in Großbritannien, wurden landesweit im genannten Zeitraum bis zu 92 Millionen Tiere erbeutet, darunter 55 Millionen Kleinsäuger, 27 Millionen Vögel sowie fünf Millionen Reptilien und Amphibien. Andere Forscher schätzen, dass im Vereinigten Königreich jährlich 100 Millionen Tiere von Katzen getötet werden.

Aus Deutschland gibt es keine entsprechenden Zahlen, doch sind die Verhältnisse bei uns grundsätzlich mit denen in Großbritannien vergleichbar. Man kann daher hierzulande sicherlich von Verlusten in ähnlicher Größenordnung ausgehen. Da zudem die allermeisten Katzen nur einen Teil ihrer Beute mit nach Hause bringen, dürfte die Dunkelziffer an erbeuteten Vögeln und anderen Tieren noch deutlich höher liegen. Aber hat dieser gewaltige Aderlass angesichts der Häufigkeit der meisten betroffenen Beutetiere im Siedlungsbereich überhaupt nennenswerte Auswirkungen?

Auch dazu gibt es wissenschaftlich fundierte Aussagen, wiederum aus dem Vereinigten Königreich. So erbeuten Hauskatzen zwar vor allem Meisen und Amseln, überdurchschnittlich häufig aber unter anderem auch Haussperlinge, Singdrosseln und Stare, deren Bestände seit Langem stark zurückgehen. Sicherlich sind hierfür auch andere Faktoren wie ein Mangel an Nahrung und Brutmöglichkeiten verantwortlich, aber wenn wie bei Spatzen, Rotkehlchen oder Heckenbraunellen knapp die Hälfte aller erwachsenen Vögel und ihrer Jungen von Katzen erbeutet wird, wie der Wissenschaftler Philip Baker von der Universität Bristol herausfand, so sind diese zusätzlichen Verluste keineswegs zu vernachlässigen. Vielmehr hält er es für möglich, dass zumindest lokal Vogelpopulationen massiv durch Katzen dezimiert werden und nur durch stete Zuwanderung von außen aufrechterhalten werden.

Hinzu kommt der Scheucheffekt, der in seinem Ausmaß überhaupt nicht abzuschätzen ist: Allein die Anwesenheit einer Katze kann das Brutgeschäft empfindlich stören. Hält sie sich zu nahe am Nest auf, trauen sich die Altvögel nicht mehr, ihre Jungen zu versorgen. Ihr Warngezeter lockt zudem andere Feinde wie Elstern an. Und wo ständig viele Katzen umherschleichen, siedeln sich in Bodennähe brütende Vögel wie Rotkehlchen, Zilpzalp oder Heckenbraunelle gar nicht erst an.

Übrigens: Selbst wenn tagsüber nie eine Katze im Garten zu sehen ist, heißt das nicht unbedingt, dass der Garten generell katzenfrei ist: Die Verhaltensforscherin Dunia Thiesen-Moussa stattete in Weimar eine Anzahl von Freigänger-Hauskatzen mit GPS-Halsbändern aus und konnte auf diese Weise deren Aktivitäten lückenlos überwachen. Das Ergebnis war durchaus erstaunlich: So mancher Stubentiger zeigte sich deutlich unternehmungslustiger als gedacht. Selbst Tiere, die tagsüber brav auf ihrem Heimatgrundstück blieben, unternahmen in der Nacht teils sehr ausgedehnte Streifzüge durch die nähere und weitere Umgebung, einige überquerten dabei regelmäßig viel befahrene Straßen. Überraschend auch: Während tagsüber die meisten Katzen einander lieber aus dem Weg gingen oder ihr (Tages-)Revier aggressiv gegen Artgenossen verteidigten, zeigten sie sich nachts viel geselliger und saßen wenigstens kurzzeitig friedlich beisammen. Noch hat die Forschung keine Erklärung für dieses Verhalten. Auf jeden Fall ahnen die meisten Katzenbesitzer nicht, was ihre Lieblinge draußen im Dunkeln so treiben.

Was also können Gartenbesitzer und Katzenbesitzer tun, damit alle zu ihrem Recht kommen und die Verluste in Grenzen gehalten werden?

Tipps für Vogelliebhaber und Gartenbesitzer

- Pflanzen Sie Dornsträucher (s. S. 200), in denen Vögel geschützte Brutmöglichkeiten finden. Ein zusätzlicher Saum aus Brennnesseln hält vierbeinige Jäger ab.
- Bringen Sie Nistkästen am besten frei von einem Ast hängend und in mindestens zwei Meter Höhe an. Achten Sie darauf, dass möglichst keine katzengünstigen Sitzplätze in der Nähe sind. Weitere Tipps zum Schutz von Nistkästen finden Sie ab S. 182.
- Blechmanschetten oder im Handel erhältliche Katzenabwehrgürtel (halten auch Marder und Waschbären ab) an Baumstämmen verhindern, dass vierbeinige Räuber hinaufklettern und Nester in den Kronen plündern können. Diese Vorrichtungen müssen so hoch angebracht werden, dass Katzen und Marder sie nicht vom Boden aus im Sprung überwinden können. Dornige Ranken und Zweige, lückenlos in senkrechter Ausrichtung um den Stamm gebunden, erfüllen denselben Zweck. Diese Maßnahmen sind allerdings nutzlos, wenn unerwünschte »Vogelliebhaber« von einem Nachbarbaum aus herüberklettern oder -springen können.
- Futterhäuschen und Vogeltränken sollten mit einem Abstand von zwei bis drei Metern zu dichtem Gebüsch platziert werden, damit Katzen sich nicht ungesehen bis auf Sprungweite anschleichen können.
- Futterhäuschen und Vogeltränken auf glatten Pfählen bieten einen gewissen Schutz, daruntergelegte dornige Zweige verhindern, dass Katzen dort lauern. Möglichst kein Futter auf den Boden streuen, wenn Katzen in der Nähe sind.
- Vermeiden Sie Stacheldraht, damit sich Katzen und andere Tiere nicht verletzen können.
- Spezielle Duftsprays und Pulver (im Fachhandel erhältlich) verbreiten einen für Katzen unangenehmen Geruch und haben eine abschreckende Wirkung. Die Anwendung muss regelmäßig wiederholt werden. Ähnlich wirkt der Harfenstrauch *(Plectranthus caninus)*, im Volksmund »Verpiss-dich-Pflanze« genannt, der Katzen auf drei bis fünf Meter Abstand hält.
- Ultraschallgeräte halten ebenfalls Katzen fern oder sorgen zumindest dafür, dass sich eine Katze weniger häufig und lange in einem derart ausgestatteten Garten aufhält. Solche Geräte werden auch zur Marderabwehr eingesetzt – mit unterschiedlichem Erfolg. Die Auswirkungen auf andere Säugetiere wie Igel oder Fledermäuse sind noch nicht abschließend erforscht.
- Renitente Katzen lassen sich mit einem scharfen Wasserstrahl aus dem Gartenschlauch vertreiben. Das ist ihnen sehr unangenehm, schadet ihnen aber nicht. Bei wiederholter Anwendung wird manche Katze den betreffenden Garten dauerhaft meiden (oder nur bei Abwesenheit des Gartenbesitzers wiederkehren ...).

* Sprechen Sie mit den Katzenbesitzern in Ihrer Nachbarschaft und klären Sie sie mit sachlichen Argumenten über die Folgen frei laufender Miezen auf wild lebende Tiere auf. Bitten Sie um Rücksichtnahme – unzumutbare Belästigungen durch Katzen (wozu Juristen in der Regel allerdings nicht die Auswirkungen auf die Tierwelt im Garten zählen) muss ohnehin niemand dulden. Die Rechtsprechung hinsichtlich der Katzenproblematik ist allerdings uneinheitlich, juristische Streitigkeiten in dieser Sache bringen selten mehr als ein zerrüttetes Nachbarschaftsverhältnis.

Tipps für Katzenliebhaber

* Schaffen Sie sich nur dann eine Katze an, wenn Sie genügend Zeit und Platz haben.
* Sorgen Sie während Ihres Urlaubs für eine liebevolle Betreuung und setzen Sie keine Katzen aus.
* Lassen Sie Ihre Katze sterilisieren, im anderen Fall kastrieren. Insbesondere Kater sind dann häuslicher und können nicht für Nachwuchs sorgen, was die Zahl halbwilder Streunerkatzen verringert.
* Gewöhnen Sie Ihre Katze von klein auf an ein Dasein als Stubentiger. Katzen benötigen nicht unbedingt Freigang, werden aber nicht darauf verzichten, wenn sie es gewohnt sind.
* Bauen Sie für die Katze im Garten eine ausbruchssichere, abwechslungsreich und naturnah gestaltete Voliere mit Zugang zum Haus. Das schützt die Tiere auch vor den Gefahren des Straßenverkehrs.
* Spielen Sie viel und ausgiebig mit Ihrer Katze, so kann sie ihren Jagdtrieb wenigstens zum Teil ausleben.
* Füttern Sie Ihre Katze ausgiebig, bevor Sie sie ins Freie lassen.
* Behalten Sie Ihre Katze von Sonnenaufgang bis in den Vormittag hinein im Haus, denn dann sind Vögel verstärkt mit der Futtersuche beschäftigt, und auch die ersten Ausflüge flügger Jungvögel erfolgen meist während der Morgenstunden.
* Lassen Sie während der Brutzeit, besonders im Mai und Juni, Katzen nur unter Aufsicht ins Freie. Achten Sie auf Warnrufe und aufgeregtes Verhalten von Vögeln!
* Legen Sie Ihrer Katze ein Halsband mit Glöckchen oder elektronischem Piepser um. So werden wenigstens die Altvögel gewarnt. Achten Sie darauf, dass das Halsband elastisch genug ist, damit sich die Katze nicht stranguliert.
* Nehmen Sie Rücksicht auf katzenlose Gartenbesitzer! Abgesehen von den Folgen für die im juristischen Sinne »herrenlosen« Vögel oder Eidechsen: Nicht jeder schätzt ein Katzenklo im Gemüsebeet oder Katzenhaare auf den Kissen der Gartenmöbel. Es käme ja auch kaum jemand auf die Idee, seinen Hund frei durch die Nachbargärten streunen zu lassen.

Vögel, Licht und Glas – wie schlimm ist das?!

Von ähnlicher Dimension wie die Zahl der von Katzen erbeuteten Vögel dürfte die Zahl der Gefiederten sein, die jährlich an Glasscheiben und verglasten Gebäudefassaden, gläsernen Lärmschutzwänden und Bushaltestellen verunglücken.

Als ich noch als Biologe bei einem großen Naturschutzverband arbeitete, brachte mir einmal jemand eine Plastiktüte mit 23 frisch toten Seidenschwänzen, Wintergästen aus dem hohen Norden (s. S. 163). Der ganze Trupp war geschlossen gegen eine Glasfassade eines Hamburger Bürohochhauses geflogen – ein sehr schmerzvoller Anblick. Aber auch ganz normale Fensterscheiben können tödlich sein. Experten schätzen die Zahl der Todesopfer deutschlandweit auf 100 bis 115 Millionen – pro Jahr! Oft werden die verunglückten Vögel gar nicht entdeckt, weil Krähen, Elstern oder Katzen sie sehr schnell »entsorgen«.

Betrachtet man den Siedlungsraum einmal in dieser Hinsicht, erkennt man mit Schrecken, wo überall tödliche gläserne Vogelfallen lauern. Vieles, was aus Architektensicht besonders chic und gelungen erscheint, wäre aus Sicht des Vogelschutzes nie und nimmer genehmigungsfähig.

Glas ist bekanntlich durchsichtig und für schnell fliegende Vögel nicht als Hindernis zu erkennen. Die häufig aufgeklebten schwarzen (oder roten) Greifvogelsilhouetten sind, einzeln oder zu wenigen angebracht, leider so gut wie wirkungslos, um Unfälle durch Scheibenanflug zu vermeiden. Kleinvögel sehen in ihnen keinen jagenden Falken oder Sperber, sondern bestenfalls ein Flughindernis. Häufig knallen sie direkt daneben gegen die Scheibe. Die Form der Aufkleber ist also völlig egal, eine Wirkung könnten sie nur dann entfalten, wenn sie so engmaschig angebracht würden, dass nicht mehr als die Fläche einer Hand dazwischen passt – was aus verständlichen Gründen für normale Fenster nicht praktikabel ist.

Inzwischen wurden neuartige Produkte entwickelt, deren Wirkung darauf beruht, dass die meisten Vögel im Gegensatz zum Menschen UV-Licht gut wahrnehmen können. Transparente Aufkleber oder mit einem speziellen Stift, einem Birdpen, von Hand applizierte Muster absorbieren die UV-Strahlung und sollen vom Vogel als Hindernis wahrgenommen werden, während sie für den Menschen so gut wie unsichtbar sind. Auch sie müssen entsprechend engmaschig aufgetragen werden. Nach mehrjährigen Erfahrungen scheinen aber auch diese Neuerungen nicht der Weisheit letzter Schluss zu sein und sie werden von Fachleuten wegen bislang nicht erwiesener Wirksamkeit nicht empfohlen.

Um ein Fenster in Haus oder Wohnung als Hindernis kenntlich zu machen, reicht es oft schon, eine Gardine oder einen Lamellenvorhang hinter der Scheibe anzubringen und üppiges Grün, etwa in Wintergärten, zu entfernen oder zumindest nicht direkt hinter der Verglasung zu platzieren. Auch weniger häufiges Fensterputzen kann helfen, die Gefahr des

Sporadische Wintergäste aus dem hohen Norden – Seidenschwänze

Scheibenanflugs zu verringern, weil selbst feine Staubablagerungen für das UV-empfindliche Vogelauge deutlich besser zu erkennen sind als für uns.

Ich sehe häufig schwarze Greifvogelsilhouetten an gläsernen Wartehäuschen direkt vor dunklen, immergrünen Hecken – welcher Vogel soll das erkennen, zumal in der Dämmerung? Dagegen mögen die oft flächendeckenden, knallbunten Graffitis an solchen Orten aus ästhetischer Sicht unschön wirken – um Vogelschlag zu verhüten, eignen sie sich hervorragend. Dies möge bitte nicht als Aufforderung zu hemmungslosen Schmierereien im öffentlichen Raum missverstanden werden, aber es zeigt doch die Richtung an, wie Vogelschlag an Glasflächen verringert oder gar vermieden werden kann: Insbesondere große Glasscheiben an öffentlichen Gebäuden oder Konstruktionen wie Wartehäuschen oder Lärmschutzwänden müssen mit engmaschigen Linien, Punkten oder Rastern kenntlich gemacht werden. Wie dies auch ästhetisch ansprechend gelingen kann, zeigen zahlreiche instruktive Fotos bereits existierender Beispiele in der sehr empfehlenswerten Broschüre »Vogelfreundliches Bauen mit Glas und Licht«, herausgegeben von der Schweizerischen Vogelwarte Sempach (s. S. 279).

Besonders prekär ist die Situation, wenn sich die Umgebung – insbesondere Bäume und Hecken, aber auch der Himmel – in den Scheiben spiegelt. Hier besteht dringender Handlungsbedarf. Schon bei der Planung sollte darauf geachtet werden, dass keine Vogelfallen entstehen. Wobei sich auch nachträglich individuelle Lösungen zur Abhilfe finden lassen – mitunter durchaus aufwendig und teuer. Auch hierfür sei auf die genannte Broschüre verwiesen. An dieser Stelle mag es genügen, das Bewusstsein für das gravierende und vielfach unterschätzte Problem des Scheibenanflugs zu schärfen.

Gleiches gilt für künstliches Licht als Gefahrenquelle für Vögel: Bekannt ist, dass insbesondere in nebligen oder wolkenverhangenen Nächten Zugvögel an Leuchttürmen verunglücken. Sie werden vom Licht angezogen, irren desorientiert herum und kollidieren dabei mit aufragenden Hindernissen wie diesen, aber auch mit beleuchteten Hochhäusern, oder fallen sogar erschöpft vom Himmel. Auch Skybeamer verwirren nächtlich ziehende Vögel. Hieran können normale Gartenbesitzer nicht unmittelbar etwas ändern – doch auch im Garten lauern indirekte Gefahren durch übertriebene Beleuchtung: Nachtaktive Insekten, darunter allein etwa 85 Prozent der gut 4000 bekannten Schmetterlingsarten Mitteleuropas, die sich normalerweise am Mondlicht orientieren, werden massenhaft von Lampen und anderen künstlichen Lichtquellen angezogen. Sie umkreisen diese bis zur tödlichen Erschöpfung oder verbrennen an offenen Leuchtkörpern. Diese Massen an Insekten, die tagsüber regungslos im Gras oder im Gesträuch verharren, und ihre Larvenstadien fehlen unseren Gartenvögeln als Futter.

Lichtquellen im Garten sollten daher nur dort eingesetzt werden, wo sie zur Sicherheit notwendig sind, zum Beispiel an Wegen und Auffahrten, und sie sollten zudem über Bewegungsmelder gesteuert werden. Lichtquellen, die rein gestalterische Akzente setzen, sollten nicht die ganze Nacht hindurch leuchten, sondern nur dann, wenn ihre Wirkung auch zur Kenntnis genommen wird. Steuern lassen sie sich zum Beispiel mithilfe von Zeitschaltuhren. Lampen sollten so gewählt werden, dass das Licht möglichst nur nach unten abstrahlt und nicht zur Seite, so wird verhindert, dass Insekten aus größerer Entfernung angelockt werden. Auch das Lichtspektrum spielt eine Rolle: Licht mit hohem UV-Anteil hat eine besonders anziehende Wirkung auf Nachtfalter und Co. Die Abstrahlung von Licht aus beleuchteten Räumen lässt sich durch Rollläden oder dichte Gardinen verhindern oder zumindest deutlich vermindern. Auch zu diesem Themenspektrum finden sich praktische Tipps in der oben genannten Broschüre.

Unzureichend untersucht ist – abgesehen von der beschriebenen Desorientierung durch starke, weithin sichtbare Lichtquellen – die Wirkung nächtlicher Beleuchtung auf die Vögel selbst. Es ist zum Beispiel nicht genau bekannt, ob durch die generelle »Lichtverschmutzung« besonders in Ballungsräumen auch bei ihnen – wie beim Menschen – durch Licht mit hohem Blauanteil die Produktion des Schlafhormons Melatonin behindert wird und es dadurch zu gesundheitsgefährdendem Schlafmangel kommt. Sicher ist hingegen, dass viele Vögel wie Amseln und Meisen, deren Geschlechtsdrüsenwachstum durch die (zunehmende) Tageslänge gesteuert wird, in ständig hell erleuchteten Innenstädten früher zu singen beginnen und auch früher mit der Brut beginnen als Artgenossen auf dem Lande – wobei die Jungen häufig verhungern müssen, weil es dann noch nicht genügend Nahrung für sie gibt.

Verletzungen und Krankheiten von Gartenvögeln

Die häufigsten Ursachen für Verletzungen bei Kleinvögeln im Siedlungsbereich sind Unfälle an Glasscheiben und Übergriffe von Katzen. Erstere enden oft tödlich durch Genickbruch, aber auch wenn der verunglückte Vogel nicht sofort tot ist, bleibt er meist benommen auf der Erde liegen. In diesen Fällen nimmt man ihn behutsam auf und setzt ihn in einen dunklen Karton mit Luftlöchern, den man an einen ruhigen, warmen Platz stellt, in der Hoffnung, dass sich der Vogel von allein erholt. Ohne Schutz wäre er draußen ein leichtes Opfer von Beutegreifern. Bitte niemals den Karton im Zimmer öffnen, sondern stets draußen, denn wenn der Vogel wieder fit ist, wird er schnell davonfliegen. Auf keinen Fall dürfen Sie ihn in einen Käfig setzen, der Vogel könnte sich in Panik an den Stäben verletzen. Wenn er aus dem Schnabel blutet, hat er möglicherweise schwerwiegende innere Verletzungen erlitten und ist dann meist nicht mehr zu retten. Ein einseitig hängender Flügel deutet auf eine Flügelverletzung hin, vielleicht einen Bruch oder eine Prellung. Ausgerissene Federn und blutverschmiertes Gefieder können die Folgen eines Katzenangriffs sein.

Ein kranker Vogel sitzt oft apathisch herum, ist aufgeplustert und hat häufig die Augen halb geschlossen und den Schnabel etwas geöffnet. Der Kot kann schmierig oder flüssig sein, das Gefieder um den After verklebt. Die genaue Diagnose, besonders wenn keine äußeren Verletzungen sichtbar sind, kann nur ein Tierarzt stellen. Bitte doktern Sie nicht eigenmächtig an dem Vogel herum, sondern bringen Sie ihn schnellstmöglich – am besten in einem Pappkarton – zum Tierarzt oder zu einer anerkannten Pflegestation.

Kranke Vögel an Futterstellen könnten auf eine Salmonelleninfektion oder andere Krankheiten hinweisen. Seit dem Jahr 2009 und auch in den Folgejahren kam es in ganz Deutschland besonders unter Grünfinken zu auffallenden, massenhaften Erkrankungen mit Todesfolge, hervorgerufen durch den einzelligen Erreger *Trichomonas gallinae.* Andere Vogelarten scheinen aus bisher unbekannten Gründen wesentlich weniger empfindlich gegenüber dem Erreger zu sein, vereinzelt waren aber auch andere Finken wie Gimpel, Stieglitz, Buchfink und Kernbeißer unter den Opfern. Infektionen mit *Trichomonas gallinae,* sogenannte Trichomonadosen, sind ebenfalls von Tauben (dort als »gelber Knopf« bekannt), Hühnern und Greifvögeln bekannt. Sie sind hoch infektiös und werden rasch von einem Tier auf das andere übertragen. Für Menschen und auch für Hunde und Katzen ist der Erreger nach Angabe von Tierärzten dagegen harmlos. Erkrankte Tiere zeigen typische Krankheitssymptome wie oben beschrieben. In der Regel sterben sie nach kurzer Krankheitsdauer an der Infektion. Eine Medikamentengabe ist nicht möglich, da Wirkstoffe bei frei lebenden Tieren nicht dosiert werden können. Die Trichomonas-Erkrankungen bei Grünfinken treten besonders im Sommer bei anhaltend warmer Witterung auf. Infektionsquellen sind Futterstellen und ganz besonders wohl künstliche Vogeltränken, in denen der Erreger, der mit dem Kot verbreitet wird, im von der Sonne aufgeheizten Wasser bis zu 24 Stunden überlebensfähig ist. Bei ersten Anzeichen einer Trichomonadose sollten Sie unbedingt Futterstellen und Tränken bis auf Weiteres entfernen. Regelmäßiges Säubern allein reicht nicht aus, da sich dort viele Vögel auf engem Raum treffen, was die Infektionsgefahr sehr erhöht. Für Schlagzeilen sorgte in den Jahren 2011 und 2012 ein bisher nie da gewesenes Massensterben von Amseln durch das ursprünglich aus Afrika stammende Usutu-Virus, das speziell Vögel befällt. Für Menschen ist es weitgehend ungefährlich, Infektionen wurden bisher nur in Einzelfällen nachgewiesen. Ausnahmsweise kommt es zu harmlosen Symptomen wie leichtem Fieber, Gliederschmerzen oder Hautausschlägen.

Übertragen wird das Usutu-Virus ausschließlich von infizierten Stechmücken, kranke und tote Vögel sind nicht ansteckend für Haustiere oder Menschen. Allgemein sollten Sie beim Umgang mit kranken oder toten Vögeln jedoch grundlegende Hygienemaßnahmen beachten, zum Beispiel Gummihandschuhe anziehen und gründlich Hände waschen.

Grundsätzlich kann eine Reihe von Vogelarten betroffen sein, doch ähnlich wie beim Grünfink und den Trichomonaden scheinen Amseln besonders empfindlich gegen das Virus zu sein. Die Gründe sind noch nicht bekannt. Befallene Vögel wirken offensichtlich krank, werden apathisch, flüchten nicht mehr und sterben meist innerhalb weniger Tage. Aufgrund der ursprünglich subtropischen Herkunft des Virus traten Usutu-Fälle in Deutschland zunächst in den klimabegünstigten Regionen am nördlichen Oberrheingraben auf. Dort und in benachbarten Regionen Südwestdeutschlands fielen in den Jahren 2011 und 2012 etwa 300000 Amseln dem neu aufgetauchten Erreger zum Opfer – bei einem Gesamtbestand von bundesweit rund acht Millionen Brutpaaren. Lokal verschwanden sie fast völlig, konnten jedoch in den Folgejahren die entstandenen Lücken recht schnell wieder besiedeln. Zumindest überregional waren bleibende Auswirkungen auf die Amselbestände bisher nicht festzustellen.

Inzwischen gab es Usutu-bedingte Todesfälle bei Amseln auch in anderen Regionen Deutschlands. Der weitere Verlauf des Auftretens von Usutu-Erkrankungen lässt sich schwer vorhersagen. Die Vermehrung und Verbreitung der Viren hängt vor allem von der Witterung in den Sommermonaten ab: Feuchtwarmes Wetter begünstigt die Verbreitung von Viren und Stechmücken, es sind vermehrt infizierte Vögel zu erwarten. Der Klimawandel dürfte die weitere Entwicklung noch beschleunigen. Es ist davon auszugehen, dass die Vögel in bekannten Ausbruchsgebieten zunehmend eine individuell erworbene Immunität gegen dieses neue Virus entwickeln. Es wird sich somit vermutlich räumlich weiter ausbreiten, aber nicht jedes Jahr zu einem Massensterben wie im Jahr 2011 führen. Stattdessen ist zu erwarten, dass sich die Ausbrüche in den betroffenen Gebieten zyklisch wiederholen, sobald eine Generation von Amseln mit erworbener Immunität von der nächsten Amselgeneration abgelöst wird.

Leider kann man Usutu-Infektionen weder verhindern noch behandeln. Wir können lediglich die einmalige Chance nutzen, die Auswirkungen einer für Deutschland neuen Vogelkrankheit auf wild lebende Vogelarten zu dokumentieren und deren Folgen abzuschätzen. Aus diesem Grunde sammelt die Naturschutzorganisation NABU seit 2011 verdächtige Todfundmeldungen. Gleichzeitig werden verendete Vögel im Labor untersucht. Ergänzend ist die weitere Erforschung unterschiedlichster Aspekte dieses komplexen und bislang beispiellosen Geschehens auch im Hinblick auf zukünftige Ausbrüche importierter Krankheitserreger notwendig. Die wichtigste Datengrundlage dazu sind Meldungen toter und kranker Amseln aus der Bevölkerung sowie eingeschickte Proben toter Vögel, die auf das Virus untersucht werden können. Daher fordert der NABU dazu auf, tote oder kranke Amseln zu melden. Ebenso sollten bundesweit auch Funde toter oder kranker Grünfinken gemeldet werden, um auch hier die Entwicklung verfolgen zu können. Auf der NABU-Homepage finden Sie weitere aktuelle Informationen zum Thema (s. S. 280).

Ein weiteres Thema, das in der Vergangenheit wiederholt und wochenlang die Schlagzeilen beherrschte, ist die Vogelgrippe, von Veterinärmedizinern auch aviäre Influenza genannt. Übertragen wird der Erreger, ebenfalls ein Virus, über Tröpfcheninfektion und Kotpartikel. Allgemein wird behauptet, Zugvögel, speziell Wasservögel, würden das Virus verbreiten und in Geflügelställe einschleppen. Entsprechend groß ist die Verunsicherung nicht nur unter Geflügelhaltern, die ihre frei laufenden Tiere einsperren müssen, sondern auch unter Normalbürgern, die sich besorgt fragen, ob die Vögel in ihrem Garten vielleicht eine Gesundheitsgefahr auch für den Menschen darstellen.

Kurz gesagt: Nein – von Amsel, Kohlmeise und Co. geht keine Gefahr aus! Mehr noch: Auch die immer wieder ins Visier genommenen wild lebenden Wasservögel sind nicht primär verantwortlich für die Verbreitung der gefährlichen Virusvariante. Diese tauchte zuerst in Ostasien auf und verbreitete sich innerhalb kurzer Zeit nach Westen über zahlreiche europäische Länder. Bei Vögeln gibt es schlicht keine entsprechenden Zugrouten von Ostasien nach Westeuropa. Zudem könnten infizierte Tiere solche Entfernungen überhaupt nicht lebend bewältigen.

Die großräumige Ausbreitung der Viren lässt sich hingegen gut und schlüssig durch den globalen Handel mit lebendem Hausgeflügel, Geflügelprodukten, Schlachtabfällen und Geflügelkot erklären. Letzterer wird zum Beispiel von China aus als Dünger für Felder und Fischteiche bis nach Europa exportiert – eine lukrative Art der Abfallentsorgung, die bei infektiösem Material zwangsläufig zu Opfern auch unter wild lebenden Vögeln führt. Schlachtabfälle und Kadaver werden zu Futtermitteln verarbeitet und ebenfalls exportiert – wiederum für Geflügel. Länder mit strikten Einfuhrkontrollen blieben generell von Ausbrüchen verschont – obwohl deren Luftraum nicht für Zugvögel gesperrt war. Diese und weitere zur Beurteilung der Vogelgrippe-Problematik sehr erhellenden Einzelheiten (mit Datenquellen) hat Klemens Steiof zusammengestellt (s. S. 278). Er ist Mitglied des »Wissenschaftsforum Aviäre Influenza«, eines politisch wie wirtschaftlich unabhängigen Forums aus Biologen, Veterinärmedizinern, Journalisten und anderen, welches sich nach eigenen Angaben darum bemüht, die epidemiologischen Zusammenhänge hinsichtlich der Vogelgrippe (allgemeiner: der Geflügelpest) auf wissenschaftlicher Grundlage zu klären und auf dieser Basis geeignete Gegenmaßnahmen aufzuzeigen.

Da aber liegt auch das Problem: Für Politik und Verwaltung ist es weitaus bequemer, wild lebende Wasservögel als Schuldige zu brandmarken, als sich mit der mächtigen Geflügelindustrie anzulegen. Diese wiederum hat ein elementares Interesse daran, die Freilandhaltung von Hühnern, Gänsen oder Enten zu diskreditieren, um die vermeintlichen Vorzüge der Massentierhaltung zu preisen. Und schließlich geht es auch darum, wer für den materiellen Schaden aufkommt, wenn Tausende oder Zehntausende Tiere in betroffenen Ställen gekeult, sprich getötet werden: Würden die wahren Schuldigen benannt, griffe das Verursacherprinzip. So aber zahlt die Bundesseuchenkasse – und damit der Steuerzahler. Der Öffentlichkeit wird wider besseres Wissen beharrlich vorgegaukelt, die »bösen« Wildvögel seien schuld an der Verbreitung der gefährlichen Vogelgrippe – »fake News« vom Feinsten und ein Skandal erster Güte! Dieser kurze, aber wichtige Exkurs sei daher erlaubt, auch wenn das Thema Vogelgrippe/Geflügelpest die Gartenvögel selbst nicht direkt betrifft.

Was tun mit (scheinbar) verlassenen Jungvögeln?

Jedes Jahr werden Tausende scheinbar verlassene, durchdringend piepsende Jungvögel eingesammelt. Auch wenn sie unbeholfen und hilflos wirken – die wichtigste Maßnahme ist fast immer die, nicht einzugreifen. Denn nur in den seltensten Fällen sind diese Vögel tatsächlich verwaist. Junge Amseln etwa verlassen das Nest, bevor sie richtig fliegen können, verteilen sich im Garten und stehen mit ihren Eltern in ständigem Rufkontakt. Auch soeben flügge Vogelkinder anderer Arten verhalten sich so. Die Elterntiere wissen so stets genau, wo ihr Nachwuchs sitzt, und füttern ihn regelmäßig. Lassen Sie sie also bitte in Ruhe.

Nur wenn unmittelbare Gefahr droht oder der Jungvogel auf einem belebten Bürgersteig oder einer Straße landet, setzen Sie ihn behutsam an einen geschützten, möglichst erhöhten Platz in der Nähe. Das gilt auch für junge Eulen, erkennbar an ihrem weißen oder grauen Dunenkleid, dem Hakenschnabel und kräftigen, spitzen Krallen. Insbesondere Waldkäuze und Waldohreulen verlassen schon früh und noch flugunfähig das Nest und erkunden ihre Umgebung. Fallen sie dabei mal zu Boden, klettern sie meist geschickt mithilfe ihrer scharfen Krallen und ihres Schnabels wieder auf den nächstgelegenen Baum. Sie werden nur nachts gefüttert. Setzen Sie sie falls nötig auf einen Ast in der Nähe. Jungvögel kann man ohne Weiteres mit bloßen Händen anfassen, denn anders als bei Rehen oder Hasen stören sich die Elterntiere nicht am menschlichen Geruch.

Junge Bachstelze

Für den Fall, dass Kinder aus falsch verstandener Tierliebe einen Jungvogel mit nach Hause bringen, kann man ihn auch noch Stunden später wieder an den Fundort zurückbringen. Die potenzielle Gefahr durch Katzen ist kein Grund, einen gesunden Jungvogel vorsorglich mit nach Hause zu nehmen, das verbietet auch das Naturschutzgesetz. Nur wenn ein Jungvogel erkennbar krank oder verletzt ist oder auch nach Stunden intensiver Beobachtung nicht gefüttert wird, benötigt er Hilfe. Sehr kleine, noch nackte Jungvögel, die man am Boden findet, wurden häufig von den eigenen Eltern aus dem Nest geworfen, weil sie krank oder schwach waren. Diese sind oft schon so unterkühlt und ausgezehrt, dass jede gut gemeinte Rettungsaktion zu spät kommt. Auch wenn es hart klingt: Überlassen Sie sie am besten ihrem Schicksal.

Die Küken von Hühnervögeln, Enten, Gänsen, Schwänen, Watvögeln und Rallen sind Nestflüchter, die von ihren Eltern oder einem Elternteil geführt werden. Irrt ein solches Küken über längere Zeit allein umher, ist es tatsächlich verlassen und braucht Hilfe. Es nützt nichts, beispielsweise ein verwaistes Entenküken einer anderen führenden Entenmutter unterschieben zu wollen, sie wird es vertreiben oder sogar versuchen, es zu töten. Solche Findelkinder bringt man am besten nach vorheriger telefonischer Kontaktaufnahme unverzüglich zu einer entsprechenden Pflegestation oder sonstigen fachkundigen Personen. Denn die Aufzucht besonders von Singvögeln erfordert sehr viel Erfahrung, einen hohen Zeitaufwand fast rund um die Uhr sowie artgerechtes Futter. Unsachgemäße Pflege, zu lange Fütterungsintervalle und falsches Futter führen oft zu Krankheiten, Wachstumsstörungen oder gar zum Tode der Pfleglinge. Sie müssen außerdem an ein selbstständiges Leben in Freiheit gewöhnt werden, anderenfalls haben sie in der Natur keine Überlebenschance. Der Findling sollte also schnellstmöglich in fachkundige Hände gelangen, das gilt in jedem Fall für Greifvögel und Eulen. Jungvögel und auch verletzt aufgefundene erwachsene Tiere von Arten, die dem Jagdrecht unterliegen, wie Greifvögel, Wildenten oder Fasanen, sind dem zuständigen Jagdpächter zu melden – im Prinzip durch den Finder. Adressen spezieller Pflegestationen oder fachkundiger, ehrenamtlich tätiger Privatpersonen erfahren Sie über Tierheime oder Vogelschutzvereine.

Zum Transport eignet sich ein Pappkarton mit Luftlöchern im Deckel. Als Unterlage nehmen Sie am besten Küchenpapier, auf keinen Fall Holzwolle, Watte oder grobmaschige Textilien, da sich die Vögel darin verheddern oder gar strangulieren könnten. Unterkühlte Vögel setzt man als Sofortmaßnahme an einem ruhigen, zugfreien Platz zunächst unter eine Wärmelampe, am besten eine Infrarotlampe, die Temperatur um den Vogel sollte bei 35 – 37 °C liegen. Sie können tröpfchenweise Wasser aus der Pipette anbieten, geeignetes Futter dagegen nur, wenn Sie genau wissen, welcher Art der Jungvogel angehört und welche Nahrung er braucht. Ansonsten ist nicht füttern besser als falsches Futter zu geben. In der Vogelpflegestation wird er artgerecht versorgt. Weitere Informationen finden Sie zum Beispiel auf der Homepage www.wildvogelhilfe.org.

Vögel beobachten in Garten und Park

Vögel beobachten kann man nahezu überall und jederzeit – in Wald, Feld und Flur ebenso wie am Meer oder im Hochgebirge. Besonders gut gelingt dies aber in Gärten und Parks, wo sich viele Vögel an den Menschen gewöhnt haben und oft nur wenig Scheu zeigen. Für viele Ornithologen und Naturschützer, so auch für mich, waren Begegnungen mit diesen gefiederten Nachbarn der erste Anstoß, sich näher mit der heimischen Vogelwelt und überhaupt mit der Natur zu beschäftigen und letztlich für ihren Schutz einzutreten. Für viele wurde das Hobby sogar zum Beruf, ja zur Berufung.

Einige persönliche Voraussetzungen sollten allerdings gegeben sein: Wichtig sind vor allem Aufmerksamkeit und wache Sinne, außerdem Neugier, Geduld und Ausdauer. Die Begeisterung kommt dann von ganz allein. Ich kann mich erinnern, dass ich als Schüler und angehender Vogelbeobachter einmal wohl eine halbe Stunde lang in einen Baum starrte, in dessen Krone ich einen Kleinvogel entdeckt hatte – so lange, bis ich zweifelsfrei erkennen konnte, dass ich einen weiblichen Grünfink vor mit hatte. Schneller wäre es mit einem brauchbaren Fernglas gegangen, das man sich unbedingt zulegen sollte. Auch ein Vogelbestimmungsbuch sowie eine CD, DVD oder ein anderer Tonträger zum Studium der Vogelstimmen gehören zur Grundausstattung eines »Nachwuchs-Birders«. Für den Anfang ist es ratsam, sich angesichts der Fülle an Bestimmungsliteratur und CDs zunächst auf solche zu beschränken, die nur die häufigsten Arten behandeln, denen man in Gärten und Parks oder auf Ausflügen in die nähere Umgebung mit großer Wahrscheinlichkeit begegnet. Ab S. 279 ist eine Auswahl entsprechender Werke aufgeführt, darunter die CD »Der Garten erwacht« und die DVD »Unsere Gartenvögel ganz nah«, die (nur) die Stimmen nahezu aller in diesem Buch vorgestellten Vogelarten enthalten.

Auf diese Weise kann man sich einen Grundstock erarbeiten, ohne von der Fülle der Arten und ihrer Lautäußerungen »erschlagen« zu werden. Wer darauf aufbauen möchte, findet im Fachhandel umfangreiche Bestimmungsliteratur (»Feldführer«) und Tonträger, die neben sämtlichen europäischen Arten häufig auch Vögel aus Nordafrika und dem Nahen Osten und sogar Irrgäste aus Sibirien oder Nordamerika erklären. Sehr zu empfehlen ist außerdem ein Notizbuch, um besondere Beobachtungen festzuhalten oder Skizzen anzufertigen.

Als Einsteiger schließen Sie sich am besten einer vogelkundlichen Wanderung an, die viele Natur- und Vogelschutzverbände vor allem im Frühjahr anbieten. Um Vögel und ihre Stimmen kennenzulernen, ist es am besten, im Winter oder Vorfrühling zu beginnen, dann ist das Artenspektrum noch überschaubar, und die Vögel lassen sich gut beobachten. Anfang Mai, wenn alle Zugvögel zurück sind, steht man vor einem großen Orchester, deren Solisten überwiegend im Laub verborgen sind.

Schwanzmeisen

Wenn Sie einmal die einzelnen Vogelarten anhand ihrer Gefiedermerkmale und ihrer Stimme unterscheiden können, werden Sie bald mehr über sie erfahren wollen. Durch eigene intensive Beobachtungen können Sie sehr viel lernen und sich selbst kleine Forschungsaufgaben stellen. Das geht besonders gut im eigenen Garten oder in einem nahegelegenen Park, wo man regelmäßig das ganze Jahr über beobachten kann. Wissen Sie, wie viele Amselpaare in Ihrem Garten brüten? Oder was das »zrrretetetet« der Kohlmeise bedeutet? Wann kehrt die Singdrossel aus dem Winterquartier zurück, wann die Mönchsgrasmücke? Finden Sie es heraus! Schauen Sie hin, hören Sie hin! Immer wieder. Dabei ist es wichtig, nicht nur gelegentlich einmal aus dem Fenster zu schauen, sondern systematisch zu beobachten und die Beobachtungen sinnvoll und nachvollziehbar zu notieren. Nur so kann man vor allem längerfristige Entwicklungen dokumentieren.

Und um Beobachtungen einordnen zu können, ist es unerlässlich, den Blick über den eigenen Gartenzaun zu richten. Sind möglicherweise festgestellte Phänomene wie auffallende Bestandsveränderungen oder ein verändertes Zugverhalten bestimmter Vogelarten auf ein kleinräumiges Gebiet beschränkt oder passen sie in einen allgemeinen, überregionalen Trend? Was können mögliche Ursachen sein? Wichtig daher: Tauschen Sie sich mit Gleichgesinnten aus! Zusammen hat man nicht nur mehr Spaß am gemeinsamen Interesse: Nirgendwo sonst als in der praktischen Vogelkunde, der Feldornithologie, gibt es so viele Amateure, die den wenigen Profis ihrer Zunft an Fachwissen und Erfahrung kaum nachstehen. Die Feldornithologie lebt geradezu von der Mitarbeit begeisterter Amateurforscher, zum Beispiel bei flächendeckenden Bestandserfassungen oder speziellen Fragestellungen, etwa zum Zugverhalten oder zur Brutbiologie.

Dabei setzt man seit einigen Jahren verstärkt auf eine Beteiligung interessierter Laien, die in bundesweite Übersichtszählungen häufiger Vogelarten eingebunden werden, etwa bei der vom Naturschutzbund NABU organisierten »Stunde der Gartenvögel« oder der »Stunde der Wintervögel«: Jährlich zur gleichen Zeit und mit derselben Methodik durchgeführt, liefern sie ausreichend Daten, um mögliche großräumige Bestandsveränderungen zu erkennen und Schutzmaßnahmen für gefährdete Arten einzuleiten, falls nötig. Auf diese Weise konnten zum Beispiel auch die Auswirkungen der durch Krankheitserreger verursachten Massensterben von Amseln und Grünfinken (s. S. 256) dokumentiert werden – eine Aufgabe, die Berufsornithologen auf so großer Fläche niemals hätten allein bewältigen können.

In Großbritannien, wo das »Birding«, also die Vogelbeobachtung, als eine Art Volkssport gilt, wird die Beteiligung der Bevölkerung an wissenschaftlichen Fragestellungen noch wesentlich intensiver betrieben als bei uns. Dafür haben die Briten sogar einen eigenen Begriff geprägt: »citizen science«, übersetzt etwa »Bürgerwissenschaft«. So hat sich dort beispielsweise die in den 1970er-Jahren ins Leben gerufene Aktion »Big Garden Bird Watch« zum wohl größten Vogelbeobachtungsprojekt weltweit gemausert, an dem sich mittlerweile jährlich eine halbe Million Menschen beteiligen.

Natürlich ist nicht auszuschließen, dass mangels ausreichender Kenntnisse von teilnehmenden Laien auch einmal fehlerhafte Meldungen eingehen, aber durch die Masse an Daten wirken solche Fehler nicht gravierend, vor allem dann nicht, wenn es darum geht, mittelfristige oder langfristige Bestandstrends zu erkennen. Für speziellere Fragestellungen werden wissenschaftlich belastbare Daten benötigt, aber auch hier spielen fortgeschrittene Hobby-Ornithologen eine unverzichtbare Rolle. Und ohne das Heer an Amateur-Vogelforschern könnten ehrgeizige Projekte wie der »Atlas Deutscher Brutvogelarten« (ADEBAR) oder ein langfristiges, bundesweites Vogelmonitoring zur Erfassung von Bestandstrends niemals realisiert werden. All dies dient letztlich als Grundlage für sinnvolle und effektive Schutzmaßnahmen.

Vogelschutz bedeutet immer auch Lebensraumschutz. Das Spektrum reicht dabei von praktischen Biotop-Pflegemaßnahmen in Naturschutzgebieten bis zu politischer Lobbyarbeit für eine naturverträgliche Land- und Forstwirtschaft oder dem Einsatz auf internationaler Ebene zum Schutz von Rast- und Überwinterungsgebieten für Zugvögel, die keine Grenzen kennen. Die großen Natur- und Vogelschutzverbände leisten all diese Aufgaben und sind dankbar für jede Unterstützung.

Vogelschutz beginnt aber immer auch im eigenen Garten. Und dort kann jeder Gartenbesitzer, jede Gartenbesitzerin selber tätig werden, unabhängig davon, ob und wie intensiv er oder sie sich nun in eine bürgerwissenschaftliche Vogelbeobachtung vertiefen möchte.

In den vorangegangen Kapiteln wurde dargelegt, wie man den Vögeln im Garten helfen kann, insbesondere durch eine naturnahe Gartengestaltung mit heimischen Stauden und Gehölzen. Der Lohn ist ein vielfältiges Vogelleben. Angesichts der Tatsache, dass die uns umgebende Kulturlandschaft für Tiere und Pflanzen immer unwirtlicher wird, haben wir eine besondere Verantwortung für die Natur rund um Haus und Garten. Gärten sind sicherlich keine Naturschutzgebiete im klassischen Sinne, können aber doch überlebenswichtige Oasen sein. Und das kommt nicht nur unseren Gartenvögeln und vielen anderen Mitgeschöpfen zugute, sondern letztlich auch uns selbst. Ein natürliches Umfeld steigert nachweislich unser Wohlbefinden. Vogelfreundliche Gärten sind immer auch menschenfreundliche Gärten. Wo Amsel, Zaunkönig und Co. zwitschern und tirilieren, können sich Körper und Seele im tieferen Sinne zu Hause, im Einklang mit der Natur fühlen – ein unbezahlbares Gut in unserer zunehmend hektischen, vielfach verstörenden Welt.

Blaumeisen

Systematische Auflistung der vorgestellten Vogelarten mit deutschen und wissenschaftlichen Namen

In der folgenden Auflistung wurde für die wissenschaftlichen Bezeichnungen, die Zuordnung der einzelnen Arten in die jeweiligen Vogelfamilien sowie die Reihenfolge der Familien und der Arten innerhalb der Verwandtschaftsgruppen die »Artenliste der Vögel Deutschlands« (Barthel & Krüger 2018) zugrunde gelegt. Aus Gründen der besseren Übersicht blieben in den einzelnen Artkapiteln lediglich namentlich erwähnte oder kurz zum Vergleich vorgestellte Vogelarten in der Aufstellung ebenso unberücksichtigt wie die im Kapitel »Seltenere gefiederte Gäste im Garten« genannten Vertreter. Ab den Krähen-Verwandten (einschließlich) zählen alle aufgeführten Familien und Arten zu den Singvögeln.

Die Seitenzahlen beziehen sich auf wesentliche Textstellen, nicht auf Abbildungen der jeweiligen Vogelarten.

Nisthöhle für Höhlenbrüter (Höhlenbrüter-Kasten)

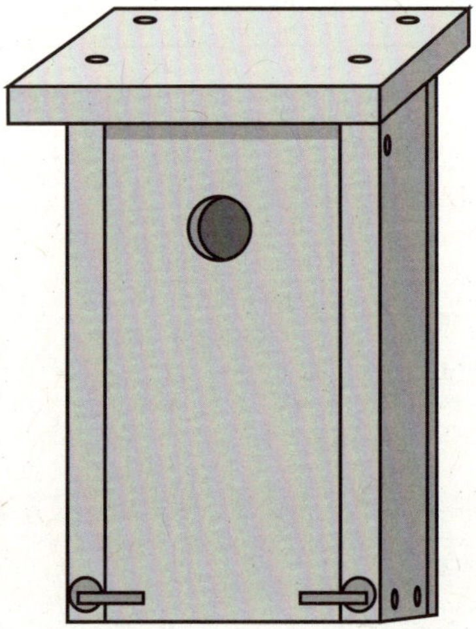

Holz-Einzelteile und Maße für die Nisthöhle

Jeweils sägeraue, unbehandelte Nadelholzbretter mit einer Brettstärke von 2 cm:

- 1 Dachplatte: 19 cm × 25 cm
- 1 Bodenbrett: 12 cm × 13 cm
- 1 Rückwand: 16 cm × 28,5 cm
  (obere Breite um 0,5 cm auf 28 cm Höhe abschrägen)
- 1 Vorderwand (Fluglochwand): 11,8 cm × 26 cm
  (obere Breite um 0,5 cm auf 25,5 cm Höhe abschrägen; die Vorderwand kann mit einer Minustoleranz von 0,2 cm zugeschnitten werden, damit man sie auch bei feuchtem, gequollenem Holz zum Reinigen des Kastens herausnehmen kann
  [ohne Minustoleranz: 12 cm breit])
- 2 Seitenwände: Breite 15 cm, Höhe 26 cm (vorne) / 28 cm (hinten)
- Fluglochdurchmesser: 2,6 cm oder 3,2 – 3,4 cm

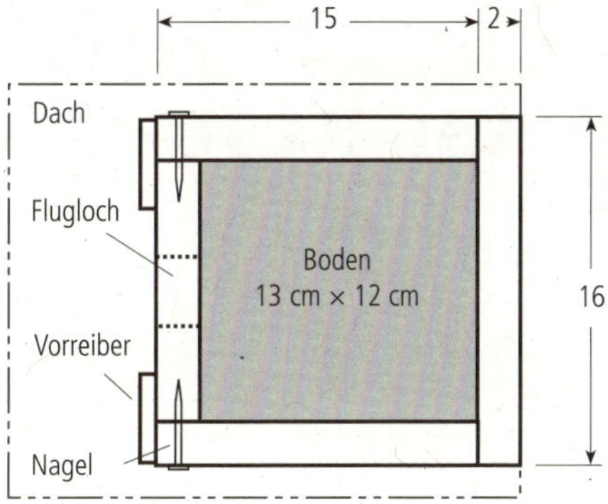

Aufsicht

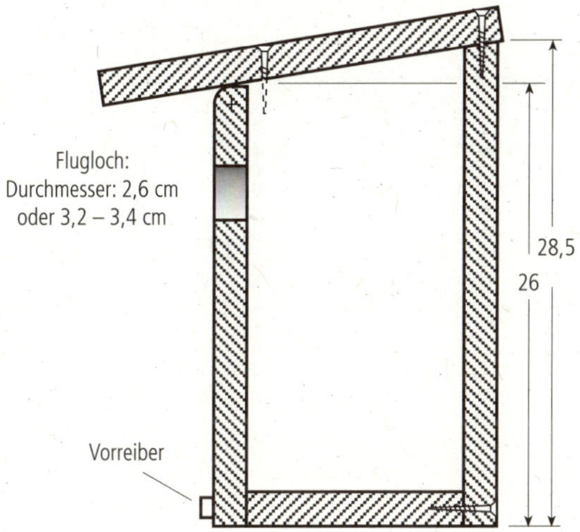

Querschnitt

So wird die Nisthöhle zusammengebaut

- Schrauben Sie die Seitenwände an die Rückwand und setzen dann das Bodenbrett dazwischen.
- Bringen Sie geeignete Aufhängeösen an der Rückwand an.
- Fixieren Sie die Vorderwand, indem Sie beidseitig oben jeweils einen Nagel oder eine Schraube durch die Seitenwände in die Seiten der Vorderwand treiben.
  So lässt sich die Vorderwand für die spätere Reinigung nach vorne hochklappen.
- Befestigen Sie im unteren Bereich der Seitenwände jeweils einen Schraubhaken (»Wiener Vorreiber« / »Vorreiber«). Damit wird die Vorderwand gesichert.
  Zum Öffnen der Wand die Haken einfach nach oben drehen.
- Setzen Sie das Dach auf und verschrauben Sie es.

Halbhöhle für Halbhöhlenbrüter (Nischenbrüter-Kasten / Halbhöhlenbrüter-Kasten)

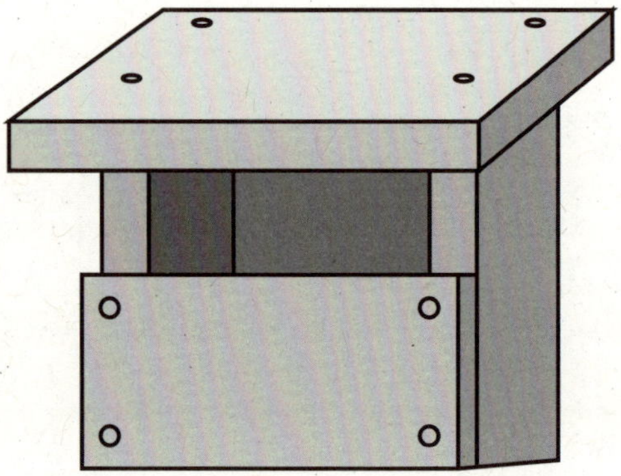

Holz-Einzelteile und Maße für die Halbhöhle

Jeweils sägeraue, unbehandelte Nadelholzbretter mit einer Brettstärke von 2 cm:

- 1 Dachplatte: 20 cm × 22 cm
- 1 Bodenbrett: 12 cm × 12 cm
- 1 Rückwand: 12 cm × 17 cm
  (obere Breite um 0,5 cm auf 16,5 cm Höhe abschrägen)
- 1 Vorderwand: 16 cm × 8 cm
- 2 Seitenwände: Breite 14 cm, Höhe 14 cm (vorne) / 17 cm (hinten)

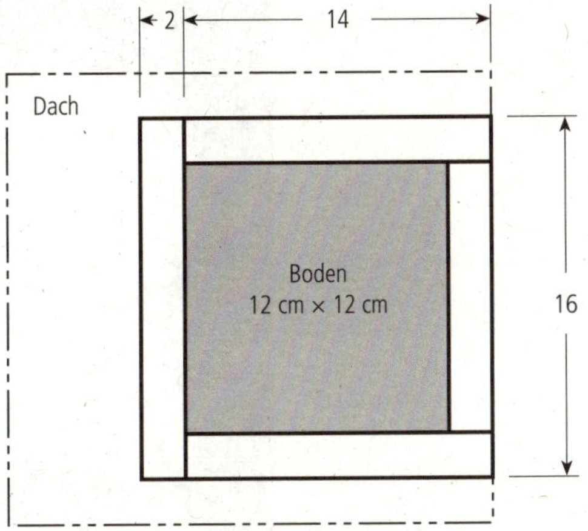

Aufsicht

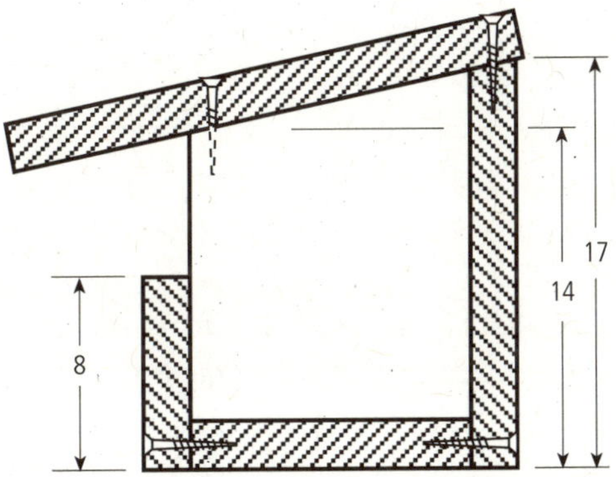

Querschnitt

So wird die Halbhöhle zusammengebaut

Der Zusammenbau der Halbhöhle entspricht in der Reihenfolge der Arbeitsschritte dem Bau der Nisthöhle (siehe Seite 271).

Der Autor

Dr. Uwe Westphal (Jahrgang 1957) ist Diplom-Biologe und beschäftigt sich seit seinem elften Lebensjahr intensiv mit der heimischen Vogelwelt. Nach langjähriger hauptamtlicher Tätigkeit im Naturschutz und einer anschließenden Ausbildung zum Fachzeitschriftenredakteur lebt und arbeitet er heute als freier Publizist, Exkursions- und Seminarleiter in der Nähe von Hamburg. Er ist Autor und Coautor mehrerer Bücher und Audio-CDs und verfasste zahlreiche populärwissenschaftliche Artikel insbesondere über heimische Vögel, Natur und Garten.

Uwe Westphal gründete und leitete die Fachgruppe Ornithologie im Naturschutzbund Deutschland, Landesverband Hamburg, und ist seit vielen Jahren ehrenamtlicher Mitarbeiter im Arbeitskreis an der Staatlichen Vogelschutzwarte Hamburg. Hier beteiligt er sich an ornithologischen Bestandserfassungen (Brutvogelmonitoring, Wintervogelzählung, Atlaskartierungen) und war 20 Jahre lang Mitglied im Redaktionsteam der Fachpublikation »Hamburger avifaunistische Beiträge«.

Seit 1978 begeistert er Menschen auf zahlreichen vogelkundlichen und allgemein naturkundlichen Wanderungen und Seminaren für die Natur und speziell die Vogelwelt, vorrangig im Raum Hamburg und im Biosphärenreservat Schaalsee.

Einem breiten Publikum ist Uwe Westphal durch zahlreiche Auftritte bei Veranstaltungen, in Hörfunk und Fernsehen als Vogelstimmen-Imitator bekannt, der auch die Lautäußerungen vieler anderer Tierarten beherrscht. Sein bisher schönstes Kompliment:

»Bei Ihnen ist die Seele der Vögel mit dabei.«

Weitere Informationen:

www.westphal-naturerleben.de

Von Uwe Westphal sind im pala-verlag neben diesem Buch die Titel »Hecken – Lebensräume in Garten und Landschaft«, »Schräge Vögel«, »Mehr Platz für den Spatz!« und »Vogelstimmen in Wald und Hecke« erschienen.

Der Maler

Christopher Schmidt (Jahrgang 1965) malt seit seiner frühesten Kindheit nahezu täglich all das, was ihm in der Natur begegnet. Auf diese Weise hat er unzählige Skizzenbücher gefüllt, die seine Reisen in verschiedene Regionen der Erde dokumentieren. Zusätzlich hat er Bestimmungsbücher für renommierte Verlage illustriert sowie eigene Buchprojekte realisiert. Seit Jahrzehnten arbeitet Christopher Schmidt als Illustrator für verschiedene Naturschutzorganisationen. Für seine Arbeiten hat er internationale Preise gewonnen.

»Das Ziel meiner Bilder ist es, den Vogel nicht nur so zu malen, wie ich ihn gesehen, sondern wie ich ihn erlebt habe.«

Weitere Informationen:

www.naturillustrationen.de

Von Christopher Schmidt ist im pala-verlag das Buch »Die Kraniche der Welt« erschienen. Neben dem hier vorliegenden Buch hat er die Titel »Schräge Vögel« und »Mehr Platz für den Spatz!« aus dem pala-verlag illustriert. Darüber hinaus erscheint jährlich der Wochenkalender »Mein Naturkalender« von Christopher Schmidt im pala-verlag.

Anhang

Literatur, CDs, weitere Informationen

Literatur

- Aufderheide, U.: **Der sanfte Schnitt.** pala-verlag, 4. Aufl. 2020
- Aufderheide, U.: **Rasen und Wiesen im naturnahen Garten.** pala-verlag, 3. Aufl. 2020
- Barthel, P. H. & T. Krüger: **Artenliste der Vögel Deutschlands.** Vogelwarte 56 (2018): 171–203
- Bauer, H.-G., Bezzel, E. & W. Fiedler (Hrsg.): **Kompendium der Vögel Mitteleuropas.** AULA-Verlag, 2. Aufl. 2005
- Bergmann, H.-H. & U. Westphal: **Welcher Vogel singt denn da?** Quelle & Meyer Verlag, 3. Aufl. 2019
- Berthold, P. & G. Mohr: **Vögel füttern – aber richtig.** Kosmos 2008
- Bezzel, E.: **Erlebnis-Guide Vögel.** Sehen, hören und erleben. BLV 2017
- Busch, H. M.: **Gartenvögel bestimmen** (mit CD). Weltbild ohne Jahresangabe
- David, W.: **Lebensraum Totholz.** Gestaltung und Naturschutz im Garten. pala-verlag, 3. Aufl. 2018
- Dierschke, V.: **Welcher Gartenvogel ist das?** Kosmos 2016
- Flade, M.: **Neue Prioritäten im deutschen Vogelschutz: Kleiber oder Wiedehopf?** Der Falke 45 (1998): 348–355
- Flade, M. & J. Schwarz: **Bestandsentwicklung von Waldvögeln in Deutschland 1989 – 2003.** Vogelwelt (2004): 177–213
- Gabler, E.: **Vogel- und Futterhäuschen.** BLV 2017
- Gattiker, E. & L. Gattiker: **Die Vögel im Volksglauben.** AULA-Verlag 1989
- Gerlach, B., Dröschmeister, R., Langgemach, T., Borkenhagen, K., Busch, M., Hauswirth, M., Heinicke, T., Kamp, J., Karthäuser, J., König, C., Markones, N., Prior, N., Trautmann, S., Wahl, J. & C. Sudfeldt (2019): **Vögel in Deutschland – Übersichten zur Bestandssituation.** DDA, BfN, LAG VSW, Münster
- Glutz von Blotzheim, Urs N. (Hrsg.): **Handbuch der Vögel Mitteleuropas.** AULA-Verlag (CD-ROM-Ausgabe 2004)
- Günzel, W. R.: **Lebensraum Gartenteich.** pala-verlag 2009

- Hallmann C. A., Sorg M., Jongejans E., Siepel H., Hofland N., Schwan H. et al. (2017): **More than 75 percent decline over 27 years in total flying insect biomass in protected areas.** PLoS ONE 12(10): e0185809. https://doi.org/10.1371/journal.pone.0185809 (abgerufen am 20. Februar 2018)
- Hofmann, H.: **Gartenvögel.** Die wichtigsten Arten entdecken und bestimmen. GU 2013
- Jonsson, L.: **Wintervögel.** Kosmos 2016
- Kightley, C., Madge, S. & D. Nurney: **Taschenführer Vögel.** Alle Arten Mitteleuropas. BLV 2000
- Kleinod, B.: **Grüne Wände für Haus und Garten.** Attraktive Lebensräume mit Kletterpflanzen. pala-verlag 2014
- Kleinod, B. & F. Strickler: **Naturnahe Dachbegrünung.** Kreative Ideen für Garage, Carport, Laube & Co. pala-verlag 2012
- Kleinod, B. & F. Strickler: **Schön wild!** Attraktive Beete mit heimischen Wildstauden im Garten. pala-verlag, 4. Aufl. 2021
- Kosmos-Naturführer: **Welcher Vogel ist das?** Kosmos, 3. Aufl. 2016
- Lieckfeld, C.-P. & V. Straaß: **Mythos Vogel.** BLV 2002
- Lohmann, M.: **Vogelparadies Garten.** BLV 2007
- Lohmann, M.: **Vögel am Futterhaus.** BLV 2011
- Mitschke, A.: **Wo sind all die Haussperlinge geblieben?** 25 Jahre Stadtkorridorkartierung in Hamburg. Hamburger avifaunistische Beiträge 36 (2009): 147–196
- Moning, C., Griesohn-Pflieger, T. & M. Horn: **Grundkurs Vogelbestimmung.** Quelle & Meyer Verlag 2010
- NABU Baden-Württemberg e. V. (Hrsg.): **Nistquartiere an Gebäuden.** Ein Ratgeber für Bauherren, Architekten und Handwerker bei Neubau, Umbau und Sanierung. Broschüre 2002
- NABU Bundesverband (Hrsg.): **Wohnen nach Maß.** Broschüre mit Bauanleitungen für Nisthilfen
- Pahler, A.: **Das Kompostbuch.** pala-verlag, 4. Aufl. 2021
- Philipp, K.: **Vogelstimmen nach Volksmundversen erkannt.** Fauna-Verlag 1994
- Polak, P.: **Regenwasser im Garten nachhaltig nutzen.** pala-verlag 2011
- Richarz, K.: **Vögel in der Stadt.** In enger Nachbarschaft mit Mauerseglern, Spatzen, Falken und vielen anderen Vogelarten. pala-verlag 2015
- Richarz, K. & M. Hormann: **Nisthilfen für Vögel und andere heimische Tiere.** Mit 80 Bauanleitungen auf CD-ROM. AULA-Verlag 2008

- Richarz, K. & M. Hormann: **Einfach selber bauen.** Artgerechte Nist- und Futterhäuser für heimische Vögel. AULA-Verlag 2013
- Ryslavy, T., Bauer, H.-G., Gerlach, B., Hüppop, O., Stahmer, J., Südbeck, P. & C. Sudfeldt: **Rote Liste der Brutvögel Deutschlands – 6. Fassung, 20. September 2020.** Ber. Vogelschutz 57: 131–145
- Schäffer, A. & N. Schäffer: **Gartenvögel.** Naturbeobachtungen vor der eigenen Haustür. AULA-Verlag, 2. Aufl. 2008
- Schäffer, A. & N. Schäffer: **Vögel füttern im Garten.** Ulmer-Verlag 2017
- Schmid, H., Doppler, W., Heynen, D. & M. Rössler: **Vogelfreundliches Bauen mit Glas und Licht.** Schweizerische Vogelwarte Sempach 2012
- Schmid, U.: **Welcher Gartenvogel ist das?** (mit TING-Funktion zum Abhören der Vogelstimmen) Kosmos, 3. Aufl. 2017
- Senatsverwaltung für Stadtentwicklung Berlin: **Tiere als Nachbarn.** Artenschutz an Gebäuden. Broschüre 2000
- Steiof, K., Mooij, J. & P. Petermann: **Die »Wildvogelthese« zum Auftreten hoch pathogener Vogelgrippeviren** – aktueller Stand und kritische Prüfung der Position des Friedrich-Loeffler-Instituts. Vogelwelt 135 (2015): 131–145
- Stiftung Vogelmonitoring Deutschland & Dachverband Deutscher Avifaunisten (Hrsg.): **Atlas Deutscher Brutvogelarten (ADEBAR).** Eigenverlag 2014
- Strauß, D.: **Gartenvögel lebensgroß.** Kosmos 2015
- Strauß, D.: **Gartenvögel erleben, beobachten, schützen.** Kosmos 2016
- Thiede, W.: **Der kleine Vogelführer.** BLV 2017
- Tiessen, H.: **Musik der Natur.** Über den Gesang der Amsel und anderer Singvögel. Atlantis Musikbuch-Verlag. 2. Aufl. 1989
- Tinz, S.: **Haufenweise Lebensräume.** Ein Lob der Unordnung im Garten. pala-verlag, 2. Aufl. 2020
- Westphal, U.: **Das große Buch der Wintervögel.** AULA-Verlag, 2021
- Westphal, U.: **Hecken – Lebensräume in Garten und Landschaft.** pala-verlag, 3. Aufl. 2021
- Westphal, U.: **Mehr Platz für den Spatz!** Spatzen erleben, verstehen, schützen. pala-verlag, 3. Aufl. 2022
- Westphal, U.: **Schräge Vögel.** Begegnungen mit Rohrdommel, Ziegenmelker, Wiedehopf und anderen heimischen Vogelarten. pala-verlag, 2. Aufl. 2016
- Westphal, U.: **Vogelstimmen in Wald und Hecke.** Vögel, Bäume, Sträucher – entdecken und verstehen. pala-verlag, 2022
- Witt, R.: **Ein Garten für Vögel.** Kosmos 1999

- Witt, R.: **Der Naturgarten.** BLV 2001
- Witt, R.: **Natur für jeden Garten.** 10 Schritte zum Natur-Erlebnis-Garten. Verlag Naturgarten, 2. Aufl. 2015 (erhältlich nur beim Autor, s. Bezugsquelle S. 281)
- Wohlleben, P.: **Bäume verstehen.** pala-verlag, 9. Auf. 2020

CDs und DVDs

- Bergmann, H.-H. & W. Engländer: **Amsel, Drossel, Fink und Star.** (DVD, Stimmen von 30 der wichtigsten Vogelarten mit schnabelsynchronen Filmaufnahmen). Kosmos
- Bergmann, H.-H. & W. Engländer: **Unsere Gartenvögel ganz nah.** (DVD, schnabelsynchrone Film- und Tonaufnahmen von 40 Gartenvögeln). Kosmos
- Dingler, K.-H.: **Der Garten erwacht.** (Gesänge und Rufe von 42 Gartenvögeln in der zeitlichen Abfolge ihres Gesangsbeginns). Edition AMPLE
- Hoffmann, S.: **Die Vogelwelt in Gärten und Parks.** (DVD). Edition AMPLE
- Hoffmann, S.: **Die Vogelwelt am Futterplatz.** (DVD). Edition AMPLE
- Schulze, A.: **Vogelstimmen in Park und Garten.** (Stimmen von 25 häufigen Vogelarten mit gesprochenen Erläuterungen). Edition AMPLE
- Schulze, A.: **Vogelstimmen-Trainer.** Edition AMPLE (auch als App erhältlich)
- Westphal, U.: **Vogelexkursion mit Uwe Westphal.** Audio-CD mit Begleitheft. Edition AMPLE 2007
- Westphal, U.: **Naturexkursion mit Uwe Westphal.** Audio-CD mit Begleitheft. Edition AMPLE 2008
- Westphal, U.: **Die wichtigsten Vogeltipps.** Audio-CD mit Begleitheft. Edition AMPLE 2012

Broschüre: Vogelfreundliches Bauen mit Glas und Licht

Schweizerische Vogelwarte Sempach
Seerose 1
6204 Sempach
Schweiz
www.vogelwarte.ch

Broschüre »Vogelfreundliches Bauen mit Glas und Licht«, als pdf-Datei unter: www.vogelglas.vogelwarte.ch

Adressen

Fundmeldung toter oder kranker Amseln und Grünfinken

Fundmeldung toter oder kranker Amseln:
www.nabu.de/tiere-und-pflanzen/voegel/gefaehrdungen/krankheiten/usutu-melden.html
(freigeschaltet während der Usutu-Saison beziehungsweise Stechmücken-Saison von Mai bis November)

Fundmeldung toter oder kranker Grünfinken:
Ingo.Ludwichowski@NABU-SH.de

Naturschutz und Umweltschutz

Naturschutzbund Deutschland e. V. (NABU)
Charitéstraße 3
10117 Berlin
www.nabu.de

Bund für Umwelt und Naturschutz Deutschland e. V. (BUND)
Kaiserin-Augusta-Allee 5
10553 Berlin
www.bund.net

Bund Naturschutz in Bayern e. V. (BN)
Dr.-Johann-Maier-Straße 4
93049 Regensburg
www.bund-naturschutz.de

Landesbund für Vogelschutz in Bayern e. V. (LBV)
Eisvogelweg 1
91161 Hilpoltstein
www.lbv.de

Naturschutzbund Österreich
Museumsplatz 2
5020 Salzburg
Österreich
www.naturschutzbund.at

Pro Natura – Schweizerischer Bund für Naturschutz
Dornacherstrasse 192
4053 Basel
Schweiz
www.pronatura.ch

Naturgarten, Naturgarten-Fachbetriebe, Bezugsquellen für Wildstauden und Wildgehölze

Naturgarten e. V.
Verein für naturnahe Garten- und Landschaftsgestaltung
Reuterstraße 157
53113 Bonn
www.naturgarten.org

Fachbetriebe für Naturnahes Grün – empfohlen von Bioland
Reuterstraße 157
53113 Bonn
www.naturgarten-fachbetriebe.de

Verein REWISA-Netzwerk Fachbetriebe Naturnahes Grün
Tulpengasse 8 A
4400 Steyr
Österreich
www.rewisa.at

Bioterra
Scheideggstrasse 73
8083 Zürich
Schweiz
www.bioterra.ch

Dr. Reinhard Witt
Buchshop für Naturgartenbücher des Autors Dr. Reinhard Witt
www.naturgartenplaner.de, www.reinhard-witt.de

Ausgewählte Bezugsquellen für Nisthilfen, Futterhäuser, Vogelfutter

Rosenlöcher GmbH & Co.
Spezialfuttermittel und Heimtiernahrung KG
Gewerbering 33
01809 Dohna
www.rosenloecher.de

Naturschutzbedarf Strobel
Fachhandel und -beratung Fa. Pröhl
Nitzschkaer Straße 29/1
04626 Schmölln, OT Kummer
www.naturschutzbedarf-strobel.de

Naturschutzprodukte der Deutschen Wildtier Stiftung
Christoph-Probst-Weg 4
20251 Hamburg
www.deutschewildtierstiftung.de

Hasselfeldt Nisthilfen und Artenschutzprodukte GmbH
Dorfstraße 10
24613 Aukrug
www.nistkasten-hasselfeldt.de

Trixie Heimtierbedarf GmbH & Co. KG
(auch Nistkästen und Futterhäuser für heimische Vögel)
Industriestraße 32
24963 Tarp
www.trixie.de

GEVO GmbH
Am Nüttermoorer Sieltief 41
26789 Leer
www.gevo-gmbh.info

ARIES Umweltprodukte GmbH & Co. KG
(Garten)
Stapeler Dorfstraße 23
27367 Horstedt OT Stapel
www.aries.de
(kein Versand)

Vitakraft pet care GmbH & Co. KG
Mahndorfer Heerstraße 9
28307 Bremen
www.vitakraft.de

Bioland Hof Jeebel GmbH & Co. KG
Jeebel 17
29410 Salzwedel OT Jeebel
www.biogartenversand.de

Der Natur-Shop
Berliner Allee 22
30855 Langenhagen
www.der-natur-shop.de

Manufactum GmbH
Hiberniastraße 5
45731 Waltrop
www.manufactum.de

Vivara-Naturschutzprodukte
Zum Eisenhammer 53
46049 Oberhausen
www.vivara.de

Humanitas Handelsgesellschaft mbH
(Nistkästen, Futterhäuser, Vogelfutter, Literatur)
Industriepark 3
56291 Wiebelsheim
www.humanitas-versand.de

Claus, T & N Tier und Natur GmbH
Friedensau 11
67117 Limburgerhof
www.vogel-shop.de

Schwegler Vogel- & Naturschutzprodukte GmbH
Heinkelstraße 35
73614 Schorndorf
www.schwegler-natur.de

Rahmer Mühle GmbH & Co. KG
Marke »Vogelpick«
Horkheimer Straße 67 – 71
74081 Heilbronn
www.muehlenverkauf.de

Biokeller Garten & Gesundheit
Konradstraße 17
79100 Freiburg
www.biokeller.de

Waschbär GmbH
Wöhlerstraße 4
79108 Freiburg
www.waschbaer.de

Donath Vogelfutter GmbH & Co. KG
Zur Mühle 8
86473 Schönebach
www.donath-vogelfutter.de

LBV NaturShop
Eisvogelweg 1
91161 Hilpoltstein
www.lbv-shop.de

Weinhardt Artenschutz
Gauchsdorfer Hauptstraße 17
91186 Büchenbach
E-Mail: weinhardt-artenschutz@gmx.de

Häufig bieten auch verschiedene Lebenshilfewerke / Werkstätten für Menschen mit Handicap handgefertigte Nisthilfen für Vögel und andere Tiere in guter Qualität und zu günstigen Preisen an.

Garten und Natur

Uwe Westphal:
Vogelstimmen in Wald und Hecke
ISBN: 978-3-89566-416-8

Uwe Westphal:
Hecken – Lebensräume in Garten und Landschaft
ISBN: 978-3-89566-296-6

Uwe Westphal:
Mehr Platz für den Spatz!
ISBN: 978-3-89566-353-6

Elvira Werkman:
Vögel und die Liebe
ISBN: 978-3-89566-409-0

ISBN: 978-3-89566-375-8

5. Auflage 2023
Am Molkenbrunnen 4, 64287 Darmstadt
www.pala-verlag.de

Umschlag- und Innenillustrationen:
© 2018 Christopher Schmidt
www.naturillustrationen.de

Illustrationen der Bauanleitungen (Seite 270 bis 273): Konrad Algermissen
www.algermissen-illustration.de

Lektorat und Gestaltung: Angelika Eckstein

Druck und Bindung: Beltz Grafische Betriebe GmbH, Bad Langensalza
www.beltz-grafische-betriebe.de
Printed in Germany

Gedruckt auf
100% Recyclingpapier